职业教育智能制造领域高素质技术技能人才培养系列教材

陕西省“十四五”职业教育规划教材

GZZK2023-1-035

机床电气控制与PLC技术项目教程（S7-1200）

主　编　刘保朝　董青青

副主编　梁盈富　王　萍

参　编　李　珑　罗　康　李　雯　江　南　杨星晨

机械工业出版社

本书为陕西省“十四五”职业教育规划教材。本书以从事机电设备设计、安装、调试、操作、维修等岗位群的职业能力构成为起点，确定职业能力培养目标。以岗位群所需的知识和技能构建本书内容，介绍了机床常用低压电器、机床控制线路基本环节、典型机床电气控制系统、PLC 的基础知识、PLC（S7－1200）控制指令及编程方法、数控机床电气控制系统等内容。全书设置 7 个对应工作场景的教学项目，24 个以工作岗位典型工作任务为导向的“教学做一体”学习任务。以学习任务为载体，以任务实施为核心，将课程专业知识、职业技能融入书中。

本书可作为高职高专机电一体化技术、电气自动化技术、智能制造装备技术、机械制造及自动化、数控技术、模具设计与制造、工业机器人技术等专业的教材，也适合工业自动化技术人员用作自学的参考书，还能作为职业本科教育相关课程的教材。

为方便教学，本书植入二维码微课视频和动画，配有电子课件、课后测试题答案、模拟试卷及答案等，凡选用本书作为授课教材的教师可登录机械工业出版社教育服务网（www.cmpedu.com）注册后下载。若有问题，可联系编辑热线：010-88379564。

图书在版编目（CIP）数据

机床电气控制与 PLC 技术项目教程：S7－1200/刘保朝，董青青主编．—北京：机械工业出版社，2022.7（2025.2 重印）
职业教育智能制造领域高素质技术技能人才培养系列教材
ISBN 978-7-111-70747-9

Ⅰ.①机… Ⅱ.①刘… ②董… Ⅲ.①机床-电气控制-高等职业教育-教材②PLC 技术-高等职业教育-教材 Ⅳ.①TG502.35②TM571.61

中国版本图书馆 CIP 数据核字（2022）第 094242 号

机械工业出版社（北京市百万庄大街 22 号　邮政编码 100037）
策划编辑：冯睿娟　　　责任编辑：冯睿娟　苑文环
责任校对：梁　静　张　薇　封面设计：鞠　杨
责任印制：郜　敏
三河市宏达印刷有限公司印刷
2025 年 2 月第 1 版第 8 次印刷
184mm×260mm · 15 印张 · 390 千字
标准书号：ISBN 978-7-111-70747-9
定价：49.90 元

电话服务	网络服务
客服电话：010-88361066	机　工　官　网：www.cmpbook.com
010-88379833	机　工　官　博：weibo.com/cmp1952
010-68326294	金　　书　　网：www.golden-book.com
封底无防伪标均为盗版	机工教育服务网：www.cmpedu.com

前　言

《国家职业教育改革实施方案》提出了“三教”改革的任务。“三教”改革中，教师是根本，教材是基础，教法是途径。其落脚点是培养适应行业企业需求的复合型、创新型高素质技术技能人才。机床装备在先进制造业领域中广泛应用，PLC是新一轮科技创新中控制部分的核心产品，特别是在高端机床中发挥着十分重要的作用。随着中国制造2025的推进，中国制造产业升级，高端装备制造业人才缺口不断增大。在此背景下，依据机电类专业培养高素质技术技能人才的目标，运用适合学生的教学方法，按照“项目导向，任务驱动”理念开发本书。

本书具有以下特点：

1. 携手企业专家联合开发。本书内容基于数控机床电气控制系统的安装与调试，可编程控制器工程应用，通用机电设备操作、安装、调试、维护与维修等岗位职业任务，与行业、企业实际需求紧密结合。

2. 深化岗课赛证融通综合育人理念，紧扣专业新标准、岗位新技术、新规范设置本书内容。本书以机电一体化技术专业岗位群为逻辑主线，依据典型工作任务确定教学内容并开发教学项目。同时，对接全国职业院校技能大赛机电一体化项目（高职组）赛项，以技能竞赛的能力和素养要求为目标整合教学内容，将大赛考核内容融入书中。

3. 以项目的方式组织教学内容，以任务实施为核心。项目编排遵循学生的认知规律，对学习任务精心设计：“任务布置”和“学习目标”引导工作任务的重、难点和学习思路；“知识准备”提供专业知识和信息咨询；“任务实施”描述生产情景、任务内容、实施思路与步骤；“拓展知识”和“拓展任务”对专业岗位必需的知识和技能进行拓宽和进阶，满足分层教学需求；“课后测试”紧扣知识、技能出题，帮助学生自我评估学习效果，形成学习闭环；“拓展思考与训练”引发学生思考专业深层问题，引导和培养创新能力。

4. 配套有丰富的立体化教学资源。以二维码形式植入微课视频，对教学中的重点、难点进行剖视和展现。在智慧职教平台配套有线上课程——《数控机床电气控制》，包含课程介绍、微课、动画、习题、试题等资料。

本书由陕西工业职业技术学院刘保朝、陕西能源职业技术学院董青青担任主编；陕西工业职业技术学院梁盈富、王萍担任副主编；参加编写的还有陕西工业职业技术学院李珑、罗康，宝鸡职业技术学院李雯，陕西能源职业技术学院江南、杨星晨。其中，刘保朝和李雯合作编写项目1中任务1.1～任务1.3；罗康编写项目1中任务1.4、任务1.5；李珑编写项目2；江南编写项目3中任务3.1、任务3.2；杨星晨编写项目3中任务3.3；刘保朝编写项目4；董青青编写项目5；王萍编写项目6；梁盈富编写项目7。全书由刘保朝、董青青统稿。另外，陕西汽车控股集团有限公司（校企合作单位）高级工程师周方伟从自动化设备管理和维护、工业机器人应用、数字化工厂等领域对本书的编写提出了很多宝贵建议，在此表示感谢。

由于编者水平有限，书中难免存在疏漏和不妥之处，敬请广大读者和专家批评指正。

编　者

二维码索引

（续）

名称	图形	页码	名称	图形	页码
三相异步电动机Y-△减压起动线路		39	C650 型卧式车床主电路和控制电路分析		54
三相异步电动机串电阻减压起动线路		39	电气控制系统设计的原则与步骤		57
低压电器—速度继电器		43	电气控制电路设计注意的问题		57
三相异步电动机反接制动和能耗制动		45	PLC 的产生与定义		69
三相异步电动机反接制动控制线路		45	PLC 的应用与分类		71
三相异步电动机能耗制动控制线路		46	PLC 的硬件结构		76
电气原理图的画法和阅读分析		48	PLC 的软件系统		78
C650 型卧式车床的电力拖动方案和控制要求		54	PLC 的工作原理		79

（续）

名称	图形	页码	名称	图形	页码
博途软件的硬件组态		97	PLC 控制十字路口交通信号灯系统		128
程序编辑的基本方法		99	计数器指令		135
梯形图语言基础		111	加计数器		135
位操作（逻辑）指令		112	基本数据类型		143
PLC 的存储器、编址及寻址		118	移动指令		144
接通延时输出定时器指令		120	比较指令		147
PLC 控制电动机Y-△减压起动设计		121	数据移位指令		154
定时器指令		125	数学运算指令		159

（续）

目 录

项目1

机床电动机基本电气控制线路分析

机床电气控制系统是由电动机基本电气控制线路组成的。想要快速掌握机床电气控制系统的分析、调试方法，必须先学习电动机控制电路。电动机控制电路是由不同的电气元件组成的，其电气原理图须按照国家电气行业相关标准设计、绘制。因此要阅读、分析电动机控制电路，首先要熟悉各种电气元器件，了解国家电气行业相关标准。本项目将围绕电动机的典型控制电路介绍常用低压电器的用途、结构、工作原理、品牌、选用方法、绘图符号等知识，并完成电动机典型电气控制电路的设计、分析、线路接线与调试等工作内容。

任务 1.1　三相异步电动机点/长动运行控制

【任务布置】

一、任务引入

日常生活中大多数电器的核心都是电动机，这些电器让我们享受着现代工业文明，而在电动机的发明过程中，众多科学家付出了艰辛的努力。

1821 年，英国科学家法拉第首先证明电力能转变为旋转运动，发现了电磁感应定理，这是电气科学领域的重大突破之一。1834 年前后，德国的雅可比最先制成电动机，并将其装在小艇上航行，时速为 2.2km/h。1870 年，比利时工程师格拉姆发明了直流电动机。同时，德国的西门子制造出了更好的电动机用于驱动车辆。

1888 年，科学家特斯拉到爱迪生的公司工作，重新设计了整个发电机，使公司从中获得巨大的利润和数个新的专利。后来特斯拉根据电磁感应原理发明了交流电动机。1888 年，西屋电气公司运用特斯拉的多向交流感应电动机和变压器专利把交流异步电动机成功推向市场。

特斯拉在借鉴前人科研成果的基础上，不畏惧科学界的“权威”，秉持科学精神、创新意识，不怕打击和污蔑，坚持科学研究，成功发明了高频交流电动机，把人类带入了第二次工业革命时代。

在企业生产中，很多机械设备都采用三相异步电动机实现拖动，其优点包括：安装方便、操作简单、运行成本低、易于维护。工作中有些设备需要点动运行，如普通车床在换刀和卡盘上下物料时，要灵活调整溜板箱的位置，拖动电动机需要采用点动方式运行；而另外一些设备，如物料输送传送带，为了使用方便，需要拖动电动机长动运行；还有很多设备在不同工况下既需要灵活控制，又要使用方便，因此其拖动电动机要采用点/长动方式运行。设备使用要求不同，其电气系统的控制要求也不同，电气工程人员需要根据要求完成相应电气控制系统的设计、分析和装调工作。

二、问题思考

1. 电动机点动、长动运行的内涵是什么？

2. 电气控制系统原理如何表达？电器元件应如何表示？与机械图样有哪些主要区别？

3. 怎样分析电气控制线路的工作原理？

【学习目标】

一、知识目标

1. 了解低压电器的定义和分类。

2. 认识组合开关、熔断器、接触器、热继电器、按钮等低压电器，掌握其国家标准规定的图形、文字符号，熟悉其用途、结构、工作原理、常见品牌及选用方法。

二、能力目标

1. 能够正确判别低压电器元件的类别、用途和动作方式，会根据设备工作场景正确选用常用低压电器元件。

2. 能够准确识别低压电器元件的名称，根据低压电器元件的铭牌看懂其型号、规格和主要技术参数。

3. 能够识别电动机的点动、长动、点/长动控制电路，并能正确分析控制电路的工作过程，完成电路的连接与调试。

三、素养目标

1. 培养学生的理解能力、观察能力、知识应用能力，激发学生投身工业自动化控制行业的自豪感、责任感和使命感。

2. 通过回顾科学家发明交流异步电动机的艰难历程，培养学生的科学态度、科学方法、科学精神和创新意识，为学生种下从事科学研究思想的种子。

【知识准备】

知识点1：低压电器的定义与分类

凡是根据外界特定的信号或要求自动或手动接通和断开电路，断续或连续地改变电路参数，实现对电路或非电路对象的切换、控制、保护、检测和调节的电气设备均称为电器。

工作在交流额定电压1200V及以下、直流额定电压1500V及以下的电器称为低压电器。

低压电器品种繁多、功能多样、用途广泛、结构各异。按用途和控制对象可以分为配电电器和控制电器；按动作或操作方式可以分为自动电器（如低压断路器、接触器、继电器等）和手动电器（如刀开关、按钮、转换开关等）。

配电电器主要用于低压供电系统。当电路出现故障（过载、短路、欠电压、失电压、断相、漏电等）时起保护作用，可断开故障电路，如低压断路器、熔断器、刀开关和转换开关等。

控制电器主要用于电力传动控制系统，能分断过载电流，但不能分断短路电流，如接触器、继电器、控制器及主令电器等。低压电器的分类及用途见表1-1。

表1-1　低压电器的分类及用途

分类		用途
配电电器	开关电器	不频繁的接通或分断电源
	熔断器	用于线路或设备短路或严重过载保护

（续）

<table>
<tr><th colspan="2">分类</th><th>用途</th></tr>
<tr><td rowspan="4">控制电器</td><td>控制器</td><td>控制电动机的起动、停止、正转、反转及调速等动作，如按钮、继电器、接触器</td></tr>
<tr><td>保护电器</td><td>保护电动机，如熔断器、电流继电器、热继电器</td></tr>
<tr><td>主令电器</td><td>发布控制指令，如刀开关、按钮、位置开关等</td></tr>
<tr><td>执行电器</td><td>直接带动、操纵生产机械的电器，如电磁铁、电磁离合器、电磁工作台</td></tr>
</table>

知识点2：组合开关

组合开关可实现多组触点组合，具有结构紧凑、体积小、操作方便等优点。

组合开关在机床电气控制中主要用作电源开关，不带负载接通或断开电源，供转换之用；也可以直接控制5kW以下异步电动机的起动、停止等，此时其额定电流一般取电动机额定电流的1.5~2.5倍。组合开关不适于频繁操作的场所使用。

组合开关有多对静触点和动触点，分别安装在由绝缘材料隔开的胶木或塑料盒内，静触点固定在绝缘垫板上，动触点套装在有手柄并与其绝缘的转动方轴上。组合开关的结构如图1-1所示。

转动手柄控制动触片每次做90°正或反方向的转动，从而实现控制线路的通或断，操作过程如图1-2所示。当手柄处于初始位置时，三对触点处于断开状态，如图1-2a所示；当手柄旋转90°后，三对触点处于接通状态，如图1-2b所示。三相组合开关简图如图1-2c所示。

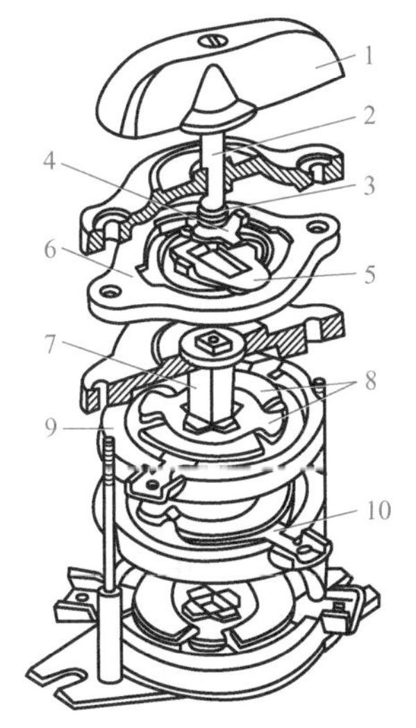

图1-1　组合开关的结构

1—转动手柄　2—转轴　3—扭簧　4—导板　5—滑板　6—定位板　7—绝缘方轴　8—动触点部件　9—胶木触点座　10—静触点

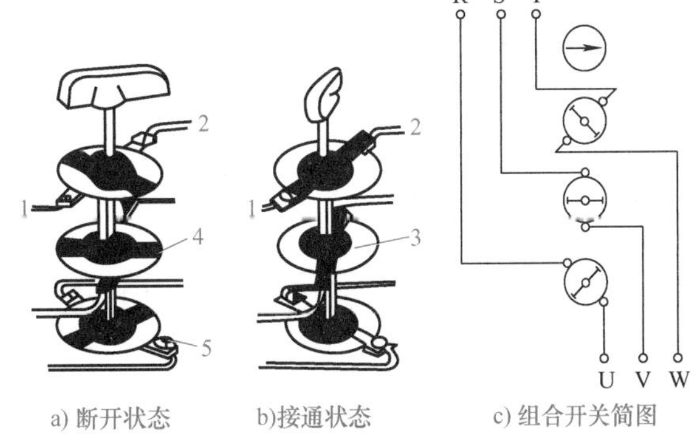

图1-2　组合开关操作过程

1—进线接点　2、5—出线接点　3—静触座　4—动触片

常见组合开关有单极、双极、三极和四极等形式，单极和三极组合开关的图形符号和文字符号如图1-3所示。

组合开关的额定电流有10A、25A、60A和100A等多种。常见产品有HZ10系列、HZ5系列、HZ12系列、LW5系列万能转换开关。如HZ10-10/03型组合开关的额定电流为10A，3极。

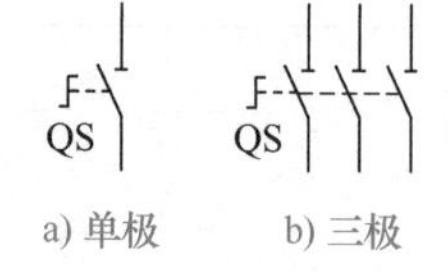

图1-3　组合开关的图形符号和文字符号

组合开关的型号含义如下：

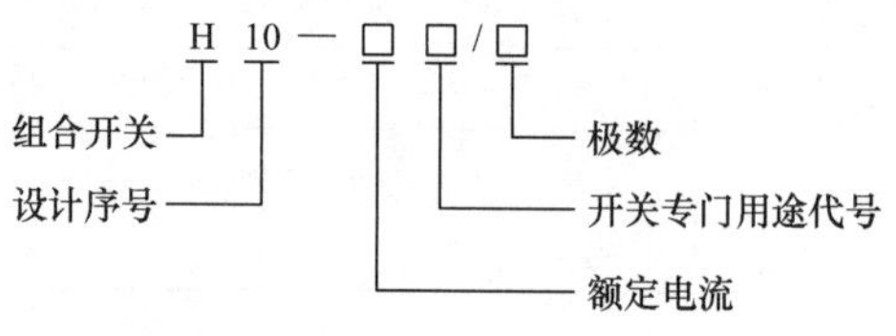

知识点3：熔断器

熔断器是一种当电流超过规定值（严重过载一般是指10倍额定电流以下的过电流；短路则是指超过10倍额定电流以上的过电流）一定时间后，以它本身产生的热量使熔体熔化而分断电路的电器。熔断器主要用于短路保护，广泛应用于低压配电系统及用电设备中作为短路和过电流保护。熔断器可分为瓷插（插入）式、螺旋式、无填料封闭管式、有填料（石英砂等材料增加灭弧能力）封闭管式熔断器、快速熔断式和自恢复式等。

熔断器串接于被保护电路的首端，主要由熔体（是感测元件也是执行元件）、安装熔体的熔管（在熔体熔断时灭弧）和绝缘底座三部分组成。熔体的材料有两类：在小容量电路中，多用分断能力不高的低熔点材料，如铅-锡合金、铅等；在大容量电路中用分断能力较高的高熔点材料，如铜、银等。熔断器的图形符号和文字符号如图1-4所示。

图1-4　熔断器的图形符号和文字符号

1. 熔断器的主要参数

1）额定电压：熔断器能长期工作的最高电压，其值一般等于或大于电气设备的额定电压。

2）额定电流：熔断器长期正常工作的电流，由熔断器长期工作时各部分允许的温升决定。

① 熔体的额定电流：熔体长期通过而不会熔断的电流值。

② 支持件的额定电流：熔断器长期工作所允许的温升电流值。

3）极限分断能力：熔断器在规定的额定电压和功率因数（或时间常数）条件下能分断的最大电流值。

熔断器的典型产品有RL6、RL7、RL96、RLS2系列螺旋式熔断器，RL1B系列带断相保护螺旋式熔断器，RT18、RT18-□X系列熔断器及RT14系列有填料密封管式熔断器，还有NT系列有填料密闭式刀型触点熔断器与NGT系列半导体器件保护用熔断器等。

2. 熔断器的选用

选择熔断器时主要是选择熔断器的类型、额定电压、额定电流及熔体的额定电流。熔断器的额定电压必须等于或高于熔断器工作电路的额定电压，额定电流必须等于或高于熔断器工作电路的额定电流。电路保护用熔断器熔体的额定电流基本上可按电路的额定负载电流来选择。熔断器类型根据使用环境和负荷性质选择。

熔断器额定电流的选择主要考虑以下几方面。

① 照明、电热负载，熔体的额定电流应等于或稍大于负载的额定电流。

② 对于保护一台电动机的情况，当起动不频繁时，$I_{RN} \geqslant (1.5 \sim 2.5) I_N$；当起动频繁时，$I_{RN} \geqslant (3 \sim 3.5) I_N$。其中，$I_{RN}$ 为熔体的额定电流；I_N 为电动机的额定电流。

③ 对于保护多台电动机的情况，$I_{RN} \geqslant (1.5 \sim 2.5) I_{Nmax} + \sum I_N$。其中，$I_{Nmax}$ 为最大功率电动机的额定电流，$\sum I_N$ 为其余各台电动机额定电流之和。

知识点 4：接触器

接触器是用于中远距离频繁地接通或断开交直流主电路及大容量控制电路的自动控制电器，具有欠电压和失电压保护。接触器按其主触点通过电流的种类可分为交流接触器和直流接触器两种。

接触器主要由电磁系统、触点系统、灭弧装置和辅助机构（由复位弹簧等组成）四部分组成。其中，电磁系统包括驱动线圈、铁心、衔铁。触点系统包括主触点和辅助触点（常开辅助触点和常闭辅助触点）。接触器的结构组成如图 1-5 所示。

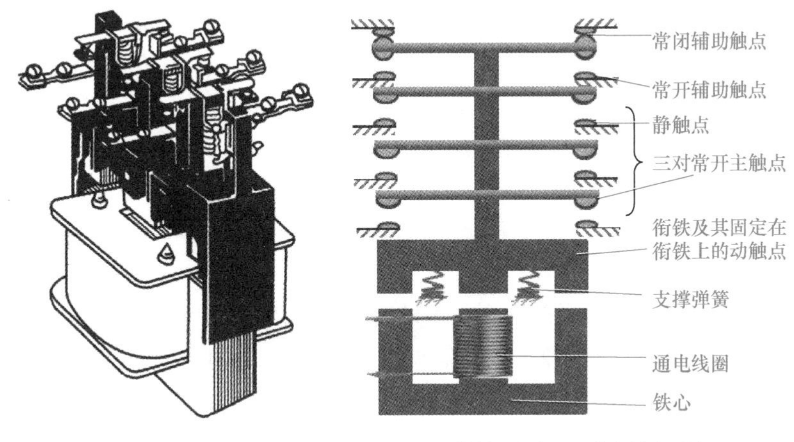

a) 接触器的内部结构　　b) 接触器的电磁系统和触点系统

图 1-5　接触器的结构组成

接触器的工作原理：当接触器电磁线圈通电（线圈加额定电压）时，铁心产生电磁吸力，衔铁（动铁心）克服弹簧弹力，通过线架带动触点移动。此时，主触点闭合，常闭辅助触点断开，常开辅助触点闭合。当断开接触器电磁线圈电路时，在复位弹簧的推力下衔铁（动铁心）复位，触点状态也复位，触点恢复常态。

灭弧装置用来保证触点断开电路时，产生的电弧能可靠地熄灭，减少电弧对触点的损伤。为了迅速熄灭断开电路时的电弧，额定电流大于 20A 的接触器通常都装有灭弧装置。接触器的图形符号和文字符号如图 1-6 所示。

KM　KM　KM　KM

a) 线圈　b) 主触点　c) 常开辅助触点　d) 常闭辅助触点

图 1-6　接触器的图形符号和文字符号

接触器的主要技术参数如下。

1）额定电压：接触器的铭牌额定电压是指主触点的额定电压。交流接触器常用的电压等级有 110V、127V、220V、380V、440V、660V；直流接触器常用的电压等级有 110V、220V、380V、500V。

2）额定电流：接触器的铭牌额定电流是指主触点的额定电流。交流接触器常用的电流等级有5A、10A、20A、40A、60A、100A、150A、250A、400A、600A；直流接触器常用的电流等级有25A、40A、60A、100A、150A、250A、400A、600A。

3）线圈的额定电压：接触器线圈正常工作的电压。交流线圈的额定电压有36V、110V、127V、220V、380V；直流线圈的额定电压有24V、48V、220V、440V。

4）额定接通和分断能力：接触器主触点在规定的条件下能可靠地接通和分断的电流值。在此电流值以下，接触器接通时主触点不发生熔焊，接触器断开时主触点不发生长时间燃弧。若超出此电流值，则熔断器、断路器等保护电器会将电流分断。

5）额定操作频率：每小时接通次数。交流接触器最高为600次/h；直流接触器可高达1200次/h。

目前我国常用的交流接触器主要有CJ20、CJX1、CJX2、CJ12和CJ10等系列。CJ20系列交流接触器主要用于交流50Hz、电压为660V及以下（部分产品可用于1140V），电流为630A及以下的电力系统中。引进德国BBC公司制造技术生产的B系列，德国SIEMENS公司的3TB系列等，B系列和3TB系列主要适用于交流50Hz或60Hz、电压660V及以下、电流475A及以下的电力线路中。交流接触器的型号含义如下：

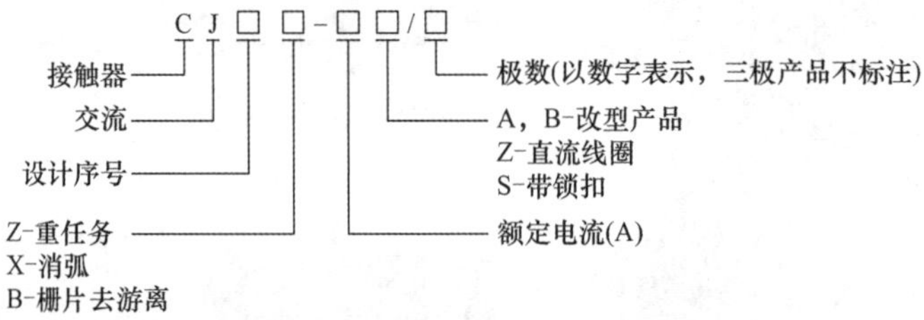

例如，CJ12－250/3为CJ12系列交流接触器，额定电流为250A，有三个主触点。

交流接触器铁心中的磁通量及吸引力周期变化，在$f=50\text{Hz}$时，每个周期内衔铁吸引力两次过零，将产生频率为100Hz的持续抖动与撞击，导致衔铁振动并产生噪声。为此，在铁心端面上装一个铜质分磁环（或称为短路环），其结构如图1-7所示。短路环把极面上的交变磁通分成两个相位相差90°的交变磁通，安装短路环后，磁通及电磁力分布如图1-8所示。这两部分磁吸引力不会同时达到零值，其合吸引力就不会有零值的时刻，只要保证合成后的吸引力在任一时刻都大于弹簧拉力，就能消除振动。

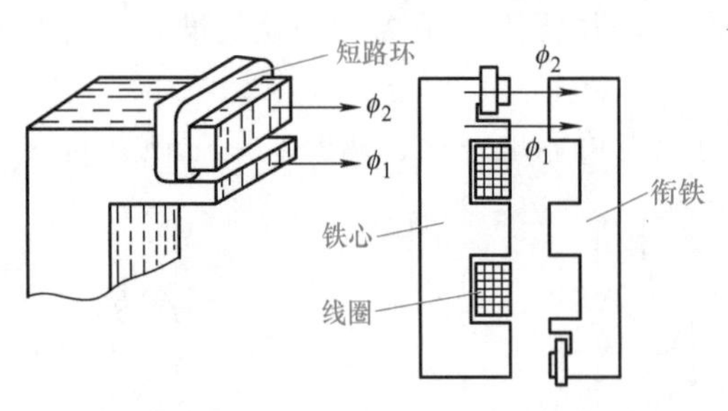

图1-7　交流接触器铁心加短路环图

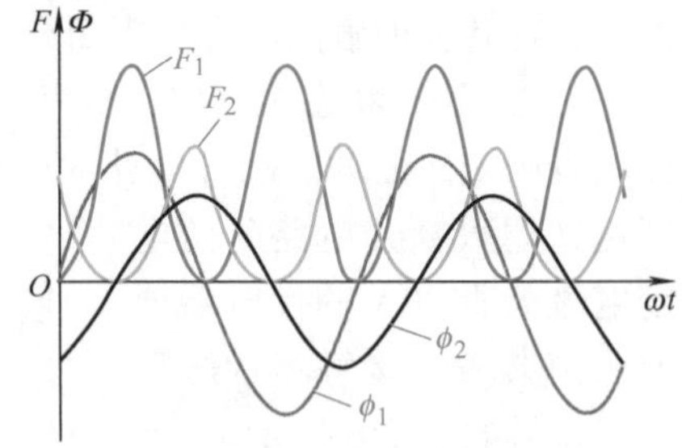

图1-8　交流接触器安装短路环后磁通及电磁力分布图

选用接触器时，要满足以下要求：接触器主触点的额定电压应大于或等于被控电路额定电压，接触器主触点的额定电流应大于或等于1.3倍电动机额定电流。正确选择接触器线圈额定电压，满足控制线路对接触器触点数量、种类的要求，接触器的操作频率的应满足控制电路要求。

知识点5：热继电器

电动机长期过载、频繁起动、欠电压、断相运行均会引起过电流。绕组超过允许温升时，将会加剧绕组绝缘的老化，缩短电动机的使用年限，严重时会将电动机烧毁。热继电器是利用电流的热效应原理切断电路以实现过载保护的电器，可以用于电动机或其他设备的过载保护、断相保护。

负载过电流时，由于热惯性的作用，热继电器并不能立即动作，因此热继电器不起短路保护的作用。由于热惯性的作用，电动机负载短时过载时，热继电器不动作，可避免电动机不必要的停车；长时间过载时，热继电器动作，切断电动机电源而停车。

热继电器可分为双金属片式、热敏电阻式、易熔合金式。其中，双金属片式热继电器由发热元件、双金属片、触点及动作机构等部分组成，其工作原理如图1-9所示。发热元件接入电动机主电路，若长时间过载，双金属片（由两种线膨胀系数不同的金属片压焊而成）被烤热，因双金属片的下层膨胀系数大，使其向上弯曲，扣板被弹簧拉回，常闭触点断开。

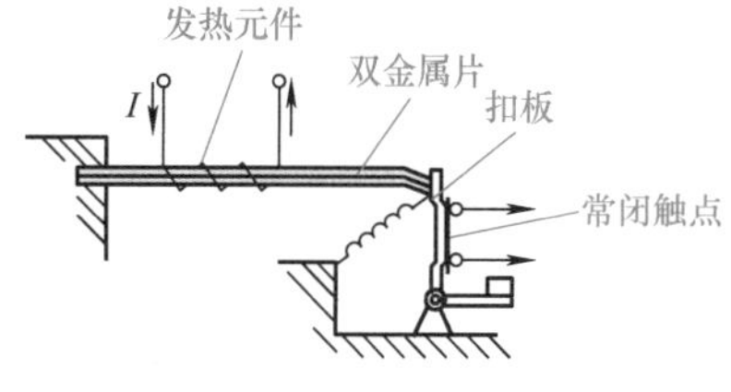

图1-9　双金属片式热继电器工作原理图

三相电动机常采用三相双金属片式热继电器进行过载保护，其结构原理如图1-10所示。当工作回路电流不超过额定电流时，热驱动元件使双金属片达到临界温度，导板接触到补偿双金属片。当电路过载时，双金属片温度上升，导板推动推杆，借助速动弓簧机构使动触点移动，常闭触点断开，从而切断工作回路。当工作回路故障消除后，通过手动复位按钮使热继电器复位。另外，通过电流调节凸轮可以调节热继电器的整定电流。

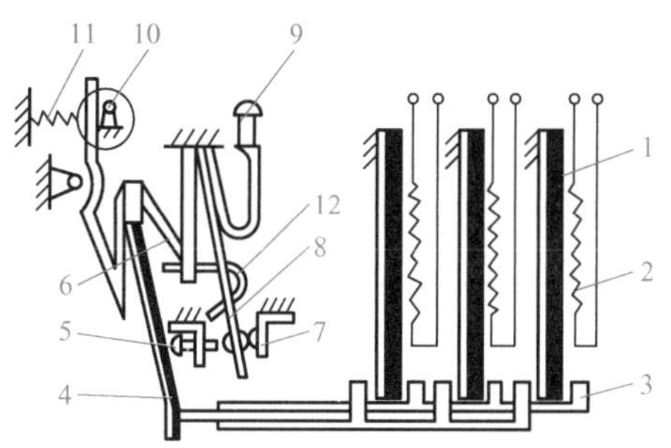

图1-10　三相双金属片式热继电器结构原理图

1—双金属片　2—热驱动元件　3—导板　4—补偿双金属片　5—复位调节螺钉　6—推杆　7—静触点　8—动触点　9—复位按钮　10—电流调节凸轮　11—压簧　12—速动弓簧

热继电器可以分为单相、两相、三相式（不带断相保护、带断相保护）。带断相保护的热继电器工作原理如图1-11所示。当工作回路断开或正常通电时，如图1-11a、b所示，杠杆没有推动常闭触点，常闭触点导通。当工作回路过载或其中一相或两相断相时，如图1-11c、d所示，杠杆推动常闭触点移动，常闭触点断开，切断回路，保护负载。

热继电器的图形符号和文字符号如图1-12所示。JR0系列热继电器有20A、40A、60A、100A四种，除40A为二热元件外，其余都为三热元件；电流为0.35～160A，可用于交流电压500V以下的电路中；热元件按照负载电流选择，当电流超过额定电流的20%时，在

20min 内动作，超过额定电流的 50% 时，在 2min 内动作。

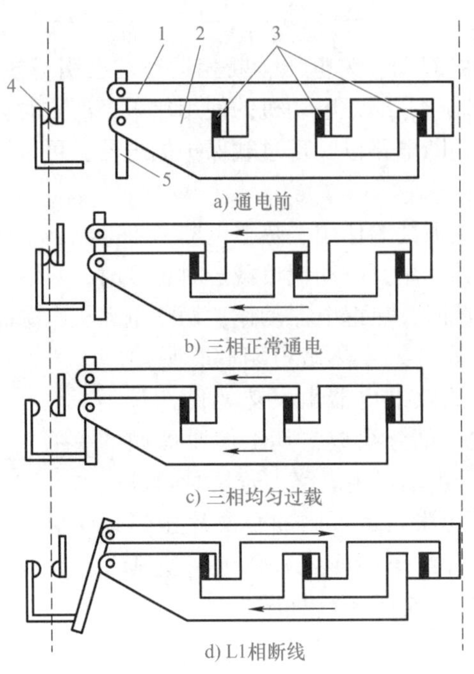

图 1-11　带断相保护的热继电器

1—上导板　2—下导板　3—双金属片

4—常闭触点　5—杠杆

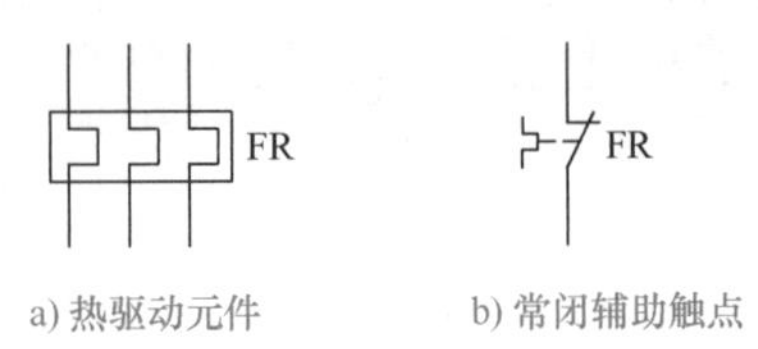

图 1-12　热继电器的图形符号和文字符号

选用热继电器时，其额定电流应接近或大于电动机或被保护电路的额定电流，约为 1.15～1.25 倍。对于星形联结的电动机，可选用普通二相保护式或三相保护式热继电器。对三角形联结的电动机，普通热继电器不能起到断相保护作用，必须选用带断相保护装置的热继电器，这时热元件整定电流可以与电动机额定电流相等。在电动机频繁起动，正反转、起动时间长或带有冲击性负载等情况下，热元件的整定电流应为电动机额定电流的 0.95～1.05 倍。对于点动、重载起动、频繁正反转及带反接制动等运行的电动机，一般不宜用热继电器作为过载保护。

知识点 6：三相笼型异步电动机

三相笼型异步电动机主要由定子、转子和气隙组成，其结构组成如图 1-13 所示。

定子铁心是电动机磁路的一部分，并起固定定子绕组的作用。为了增强导磁能力和减小铁耗，定子铁心常选用 0.5mm 或 0.35mm 厚的硅钢片冲制叠压而成，片间涂上绝缘漆。定子铁心内圆均匀冲出许多形状相同的槽，用以嵌放定子绕组。

定子绕组是异步电动机的电路部分，其材料主要采用纯铜。小型异步电动机常采用三相单层绕组，大中型异步电动机常采用三相双层短距叠绕组形式，三相绕组的六个出线端子均接在机座侧面的接线板上，可根据需要将三相绕组接成星形或三角形。

转子铁心也是电动机磁路的组成部分，并用来固定转子绕组。铁心材料也用 0.5mm 或 0.35mm 厚的硅钢片冲制叠压而成，故通常用冲制定子铁心冲片剩余下来的内圆部分制作。

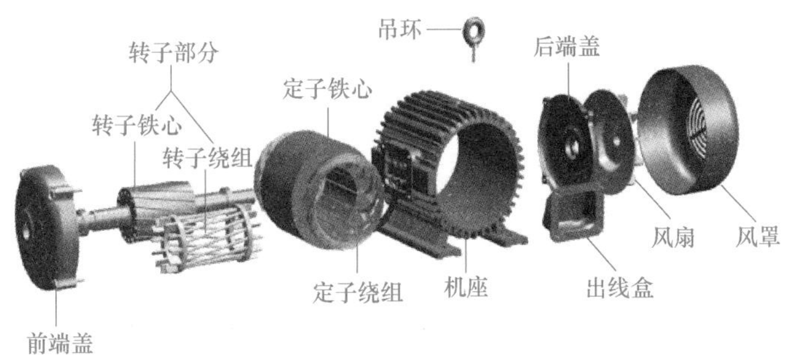

图 1-13　三相笼型异步电动机结构组成

转子铁心固定在转轴上，其外圆上开有槽，用来嵌放转子绕组。根据转子绕组的结构形式可分为笼型转子和绕线式转子。笼型转子铁心的每个槽内插入一根裸导条，形成一个多相对称短路绕组。绕线式转子绕组为三相对称绕组，嵌放在转子铁心槽内。异步电动机的气隙是均匀的，大小为机械条件所能允许达到的最小值。

三相异步电动机的铭牌用于标注电动机的关键信息，现以 Y112M－4 型三相异步电动机的铭牌为例介绍铭牌的含义，如图 1-14 所示。

三相异步电动机			
型号：Y112M–4		编号	
4.0　kW		8.8　A	
380 V	1440　r/min		LW　82dB
接法　△	防护等级 IP44	50Hz	45kg
标准编号	工作制　SI	B级绝缘	2000年8月
中原电机厂			

图 1-14　Y112M－4 的铭牌

其中，Y112M－4 中“Y”表示 Y 系列笼型异步电动机（YR 表示绕线转子异步电动机），“112”表示电动机的中心高为 112mm，“M”表示中机座（L 表示长机座，S 表示短机座），“4”表示 4 极电动机。

知识点 7：控制按钮

主令电器是用来发布命令、改变控制系统工作状态的电器。常用主令电器有控制按钮、行程开关、万能转换开关等。

控制按钮又称为按钮，其结构简单、应用广泛。在低压控制系统中，按钮用于手动发出控制信号，可远距离操纵各种电磁开关，如继电器、接触器等，用做短时接通和分断 5A 以下的小电流电路。

控制按钮的外形及结构示意图如图 1-15 所示。它主要由按钮帽、复位弹簧、动触点、静触点组成。当按下按钮帽时，推杆使动触点向下移动，常闭触点断开后，常开触点接通。当松开按钮帽时，在复位弹簧的作用下，动触点向上移动，控制按钮复位。按用途和触点结构的不同，按钮可分为起动按钮、停止按钮和复合按钮。控制按钮图形符号和文字符号如图 1-16 所示。

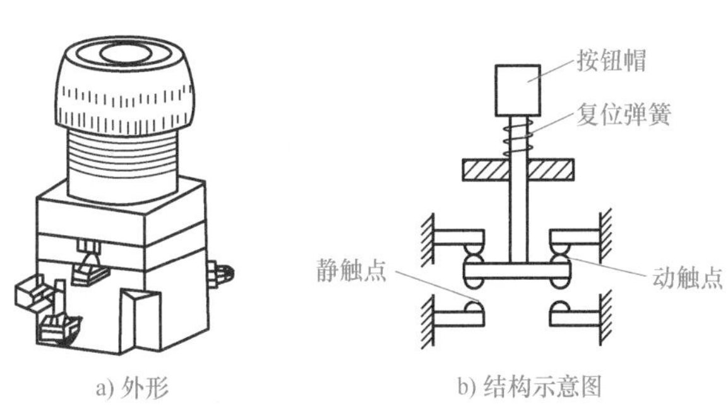

图 1-15　控制按钮的外形及结构示意图

指示灯按钮内可装入信号灯以显示信号，紧急式按钮装有蘑菇形钮帽，以便于紧急操作，另外，还有旋钮式、钥匙式按钮。按钮选择的主要依据是使用场所、所需要的触点数量、种类及颜色。常用的按钮种类有 LA2、LA18、LA19、LA20、LA25 等系列。

工作中，为便于识别不同作用的按

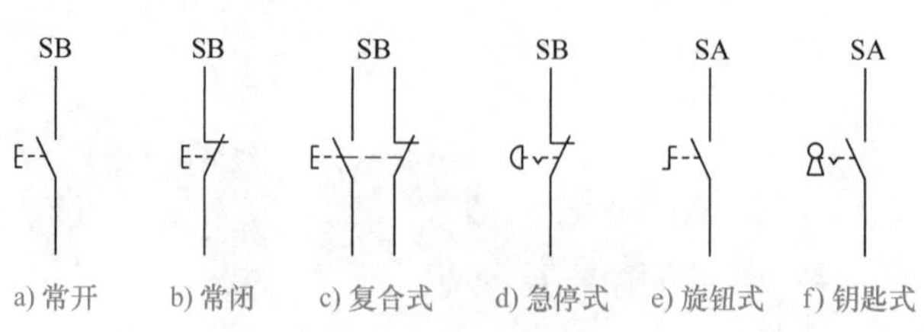

图 1-16　控制按钮图形符号和文字符号

钮，避免误操作，对按钮的颜色有如下规定：停止和急停按钮为红色，用于使设备断电、停车；起动按钮为绿色；点动按钮为黑色；起动与停止交替按钮必须是黑色、白色或灰色，不得使用红色和绿色；复位按钮必须是蓝色，当其兼有停止作用时，必须是红色。

选用按钮时，应注意其额定电压不小于电路的工作电压，额定电流一般在 5A 以下。由于按钮常用于控制电路，电流很小，当电路规模不大时，一般不需要校核。注意常开、常闭触点的对数要满足电路控制的要求。

知识点 8：电动机点动运行

电动机点动运行是指当按下起动按钮时电动机得电运转；当松开按钮后电动机失电停止运转。在如图 1-17 所示电动机点动运行控制线路中，闭合电源开关 QS 后，当按下起动按钮 SB 时，接触器 KM 线圈得电，接触器 KM 主触点闭合，电动机 M 转动。当松开起动按钮 SB 后，接触器 KM 线圈失电，电动机停止。

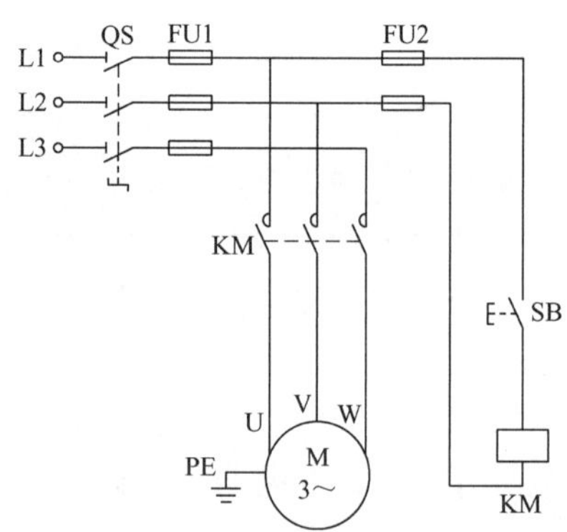

图 1-17　电动机点动运行控制线路

为了保护电路安全，需要采取短路保护措施。由于点动运行时间较短，同时电动机本身允许短时过载，可以不采用过载保护措施。

知识点 9：电动机长动运行

电动机长动运行是指当按下起动按钮时，电动机才得电运转，当松开起动按钮后，通过交流接触器的自锁使电动机保持运转。当按下停止按钮时，交流接触器失电并解除自锁，使电动机失电停止运转。在图 1-18 所示的电动机长动运行控制线路中，闭合电源开关 QS 后，当按下起动按钮 SB2 时，接触器 KM 线圈得电，接触器 KM 主触点闭合，电动机 M 转动。同时，接触器 KM 常开辅助触点闭合，电流可以经过常开触点使接触器 KM 线圈通电。因此，松开起动按钮 SB2，接触器 KM 线圈保持通电，电动机继续运行。这种使电动机保持运行的方法称为（接触器）自锁或自保。

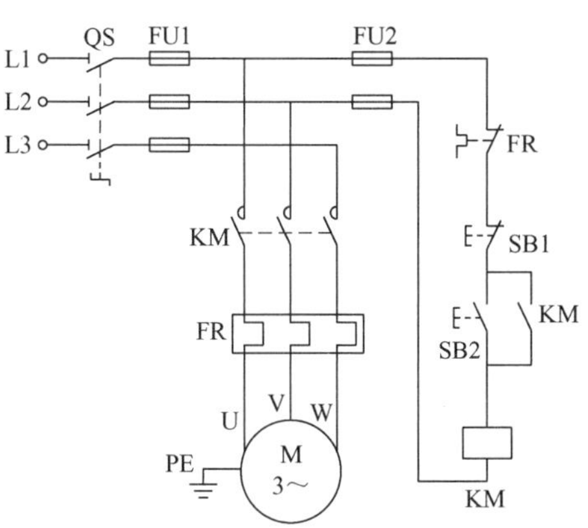

图 1-18　电动机长动运行控制线路

当按下停止按钮 SB1 时，接触器 KM 线圈失电，其主触点断开，辅助触点断开，解除自锁（松开停止按钮 SB1 后，电动机仍然处于停止状态）。

当发生短路时，由熔断器 FU1 或 FU2 熔断电路；当发生电动机长时间过载时，热继电器切断电路，电动机失电停止。

【任务实施】

对电动机点/长动运控制线路进行设计、分析与接线调试。某些机床（如 C6140 型车床）在加工过程中大部分时间需要主轴电动机单向连续运行，但是在对机床移动部件位置调整或在完成一些特殊工艺、精细加工或调整工作时，要求机床主轴电动机能点动运行。因此，要求该机床电气控制系统能实现点/长动运行，即电动机既能点动运行，也能长动连续运行。请设计电动机点/长动运行电气控制线路，分析电路工作原理，完成电路接线并调试。

实施步骤

1. 控制要求

要求电动机既能实现点动运行，也能实现长动运行。系统上电后，按下点动起动按钮，三相异步电动机得电运行；松开按钮后，电动机失电停止。按下长动起动按钮，三相异步电动机得电长动运行；按下停止按钮，电动机失电停止。

2. 电路设计

电动机点/长动运行控制可采用旋钮开关和复合按钮两种方案实现，设计其电路如图 1-19 所示。其中，主电路如图 1-19a 所示，采用旋钮开关的控制电路如图 1-19b 所示，通过旋钮开关 SA 的通断来控制接触器 KM 是否能实现自锁，从而实现电动机点/长动运行。

当 SA 处于接通位置时，KM 常开触点实现自锁功能，电路长动运行；当 SA 处于断开位置时，KM 常开触点不能实现自锁功能，电路点动运行。

采用复合按钮的控制电路如图 1-19c 所示，复合按钮 SB3 的常闭触点与 KM 常开触点串联，当按下 SB3 时，其常闭触点断开，接触器 KM 不能自锁，电路点动运行。当按下 SB2，未按下 SB3 时，KM 常开触点能实现自锁，电路长动运行。

3. 电路分析

（1）旋钮开关方式控制电动机点/长动运行电路分析

系统上电后，闭合电源开关 QS，在图 1-19b 中，当旋钮开关 SA 旋断时，“KM 常开 +

SA 常开”支路一直断开，可以忽略这一支路。此时，KM 不能自锁，操作按钮 SB2 控制电动机点动运行。

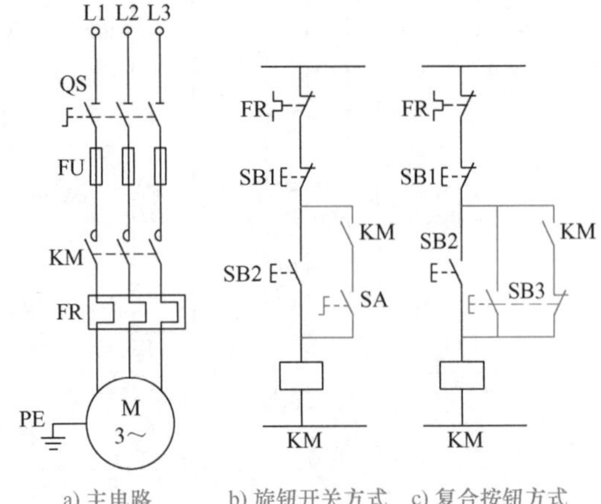

a) 主电路　b) 旋钮开关方式　c) 复合按钮方式

图 1-19　电动机点/长动运行两种控制方式

当旋钮开关 SA 旋合时，SA 一直导通，相当于导线。此时，“KM 常开 + SA 常开”支路能自锁，按下 SB2 起动电动机，按下 SB1 停止电动机，实现电动机长动运行。

总结：当旋钮开关 SA 旋断时，图 1-19b 所示电路点动运行；当旋钮开关 SA 旋合时，电路长动运行。

（2）复合按钮方式控制电动机点/长动运行电路分析

在图 1-19c 中，若按下按钮 SB3，则 SB3 常闭触点切断“KM 常开 + SB3 常闭”支路，KM 不能自锁，此时图 1-19c 等效为点动运行电路。当未按下按钮 SB3 时，若按下起动按钮 SB2，则“KM 常开 + SB3 常闭”支路能自锁，此时图 1-19c 等效为长动运行电路。

总结：当采用按钮 SB3 起动时，图 1-19c 所示电路点动运行；当采用按钮 SB2 起动时，电路长动运行。

4. 电路调试

（1）旋钮开关方式点/长动电路调试

1）按照图 1-19a、b 准备低压电器元件：组合开关、熔断器、交流接触器、热继电器、三相笼型异步电动机、旋钮开关和控制按钮，并检查外观是否完好。

2）按图 1-19a、b 完成电器元件布局并将它们安装在电气控制板上，正确连接主电路和控制电路，并检查线路是否正确、接线是否牢固。

3）接通电源总开关 QS，当旋断旋钮开关 SA 时，按下、松开控制按钮 SB2，观察电动机动作是否满足点动运行要求。当旋合旋钮开关 SA 时，先后按下按钮 SB2、SB1，观察电动机动作是否能实现长动运行起动和停止。

如果电路不能实现电动机点/长动运行，请对照图 1-19a、b 分析、检查、修改电路，并记录对应的现象和解决办法，直到完全实现电路功能。

4）电路运行结束后断开电源总开关 QS。

（2）复合按钮方式点/长动电路调试

1）按照电路图 1-19a、c 准备低压电器元件：组合开关、熔断器、交流接触器、热继电器、三相笼型异步电动机和控制按钮，并检查外观是否完好。

2）按图 1-19a、c 完成电器元件布局并将它们安装在电气控制板上，正确连接主电路和控制电路，并检查线路是否正确、接线是否牢固。

3）接通电源总开关 QS，先后按下按钮 SB2、SB1，观察电动机动作是否能实现长动运行起动和停止。按下、松开控制按钮 SB3，观察电动机动作是否能实现点动运行。

如果电路不能实现电动机点/长动运行，请对照图 1-19a、c 分析、检查、修改电路，并记录对应的现象和解决办法，直到完全实现电路功能。

4）电路运行结束后断开电源总开关 QS。

【拓展知识】

拓展知识点：低压电器的触点

【拓展任务】

电动机两地控制线路设计、分析与接线调试

三相异步电动机多地控制线路设计与分析

【课后测试】

1. 电动机点动控制要变为长动控制，需在起动按钮上加上________环节。

2. 热继电器具有________保护功能，是利用________原理来工作的保护电器。熔断器是由________、________和________三部分组成，具有________保护功能，其保护特性具有________特性。

3. 交流接触器的触点系统分为________和________，分别用来接通和分断交流主电路和控制电路。

4. 选用接触器时，其主触点的额定电压应______或______负载电路的电压，主触点的额定电流应______或______负载电路的电流，吸引线圈的额定电压应与控制电路______。

5. 要实现电动机的多地控制，应把所有的起动按钮的________触点________联起来，所有的停止按钮的________触点________联起来。

6. 为了避免误操作，通常将控制按钮的按钮帽制成不同颜色。按国标规定，停止按钮必须是________色，起动按钮必须是________色。

7. CJ20－160 型交流接触器在 380V 时的额定电流是（　　）。

A. 160A　　B. 20A　　C. 100A　　D. 80A

8. 按钮、行程开关、万能转换开关按用途或控制对象分属于（　　）。

A. 低压保护电器　B. 低压控制电器　C. 低压主令电器　D. 低压执行电器

9. 判断交流或直流接触器的依据是：（　　）。

A. 线圈电流的性质　　B. 主触点电流的性质

C. 主触点的额定电流　　D. 辅助触点的额定电流

10. 选择熔断器时，熔断器的额定电流应（　　）电动机的额定电流。

A. 稍大于　　B. 等于　　C. 小于　　D. 无关

【拓展思考与训练】

一、拓展思考

1. 在电动机主电路中，既然装有熔断器，为什么还要装热继电器？

2. 接触器主要由哪几部分组成？简述接触器的工作原理，为什么要在接触器铁心上加短路环？

3. 简述长动运行电路的工作原理，说明自锁是怎么实现的。

4. 控制按钮为什么属于主令电器？使用时，应用在主电路还是控制电路？为什么不同颜色按钮规定应用在不同的场合？

二、拓展训练

训练任务1：试设计一台电动机长动/点动电气控制电路。电路既能长动运行，也能点动运行，且有短路和过载保护功能。请设计主电路和控制电路，并分析电路的工作过程。

训练任务2：试设计电动机三地控制电路。电动机在甲、乙、丙三个地方都能独立实现起动与停止控制，要求具有保护环节。请设计主电路和控制电路，并分析电路的工作过程。

任务1.2 三相异步电动机顺序运行控制

【任务布置】

一、任务引入

很多工业设备上装有多台电动机，以满足生产安全、润滑和生产工艺等要求，各电动机需要按照特定的顺序工作。例如，通用机床一般要求主轴电动机起动后进给电动机再起动。

在工业生产中，遵守企业工艺规范，严格按照手册操作设备，确保设备按规定的顺序运行十分重要。一旦违反规程操作，往往会酿成严重的事故，带来巨大的经济损失。例如，在某工程施工时，塔吊在顶升作业过程中因指挥人员违章指挥，操作人员违章操作变幅小车，使塔吊平衡失稳，导致塔吊吊臂、操作平台整体倾翻，从55m高处坠落。两名操作人员随塔吊坠落，当场死亡。地面两名工人也被吊臂当场砸死。塔吊司机在吊臂倾覆瞬间从驾驶室跳至塔身扶墙处，手臂折断，直接经济损失达80余万元。

事故调查发现，塔吊司机在施工作业中违反操作顺序，导致重大伤亡事故。《特种设备安全监察条例》明确规定，特种设备使用单位应当对特种设备作业人员进行特种设备安全、节能教育和培训；特种设备作业人员在作业中应当严格执行特种设备的操作规程和有关的安全规章制度。

带有液压系统的机床多数需要先起动液压泵电动机后，才能起动其他电动机。某企业的生产车间应用的三级传送带运输线如图1-20所示。在这些场合，生产设备必须按顺序运行。电气工程人员设计电气控制系统时，应当使其具备顺序控制功能。

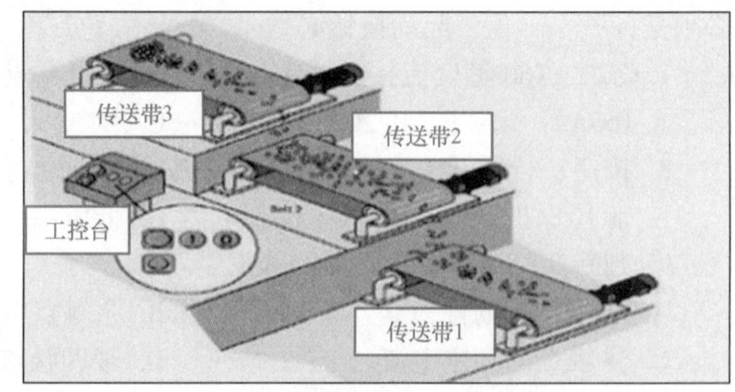

图1-20　三级传送带运输线布局图

二、问题思考

1. 电动机顺序起停控制的内涵是什么？
2. 什么工业情境下需要控制电动机的顺序起停？
3. 设计电动机顺序起停控制电路的基本思想是什么？

【学习目标】

一、知识目标

1. 熟悉刀开关、万能转换开关、低压断路器的用途、结构、工作原理、型号规格、符号、常见品牌及选用方法。

2. 掌握电动机顺序控制的实现方法。

二、能力目标

1. 能够准确识别刀开关、万能转换开关、低压断路器，并结合低压电器元件的铭牌识别其型号、规格及主要技术参数。

2. 能够根据设备工作场景正确选用低压电器元件。

3. 能正确分析电动机顺序控制电路的工作过程，并完成电路的连接与调试。

三、素养目标

1. 培养学生的社会主义核心价值观念、职业道德和行为标准，做到心中有敬畏、行有所止。通过生产事故案例的反思分析，提高学生的辨识能力与责任意识。

2. 培养学生遵守企业规章制度和工艺规范，严格按照手册操作设备的职业素养和安全生产意识，引导学生自觉实践各行业企业生产的安全规范，培养良好的职业品格，增强职业责任感。

【知识准备】

知识点1：刀开关

开关是可以接通、断开工作电路的电器元件，其作用是分合电路、通断电流。

刀开关是一种结构简单、应用广泛的手动电器。在低压电路中用于不频繁地接通和分断电路，其作用是隔离电源，故又称为隔离开关；还可用于不经常地起动和停动容量小于 5kW 的异步电动机。刀开关的结构如图 1-21所示，它主要由操作手柄、触刀、静插座和绝缘底板组成。

低压电器—刀开关、万能转换开关

刀开关的种类很多，按极数可分为单极、双极和三极，其图形和文字符号如图 1-22 所示。按刀的转换方向可分为单掷和双掷；按灭弧情况可分为带灭弧罩和不带灭弧罩；按接线方式可分为板前接线式和板后接线式。

刀开关垂直安装在控制屏或开关板上，绝不允许倒装或平装，以防止手柄因自身重力而引起误合闸。接线时，刀开关的上端接电源进线，下端接负载。采用这种上进下出的接线方式，当电路发生短路故障时，只需向下扳动瓷柄即可断开刀开关，便于更换熔丝。刀开关的额定电流一般应等于或大于所分断电路中各个负载额定电流的总和，对于电动机负载，应考虑其起动电流，应选用额定电流为电动机额定电流的 3 倍。

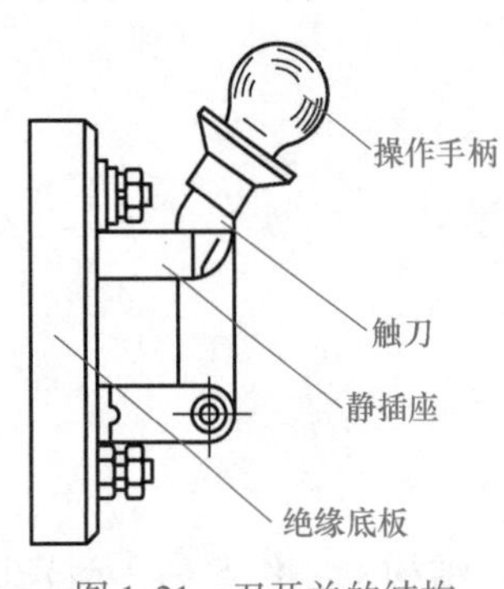

图 1-21　刀开关的结构

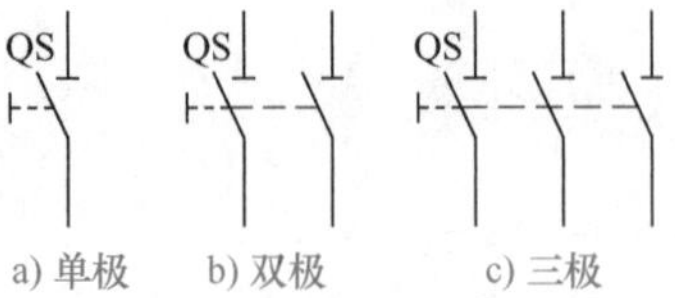

QS QS QS

a) 单极　b) 双极　c) 三极

图 1-22　刀开关图形及文字符号

刀开关中带灭弧装置的一般可带负荷接通、分断工作电路，又称为负荷开关。刀开关中不带灭弧装置的又称为普通刀开关，如图 1-21 所示，仅用于隔离电源，不能作为负荷开关使用。负荷开关分为开启式负荷开关和封闭式负荷开关两种。常用的有 HK 系列的开启式负荷开关。HK 系列开启式负荷开关由刀开关和熔断器组合而成，其结构如图 1-23 所示。瓷底板上装有进线座、静触点、熔丝、出线座、手动操作式瓷柄及刀片式动触点，工作部分用胶盖罩住，以防电弧灼伤人手。HK 系列开启式负荷开关的型号含义如图 1-24 所示。

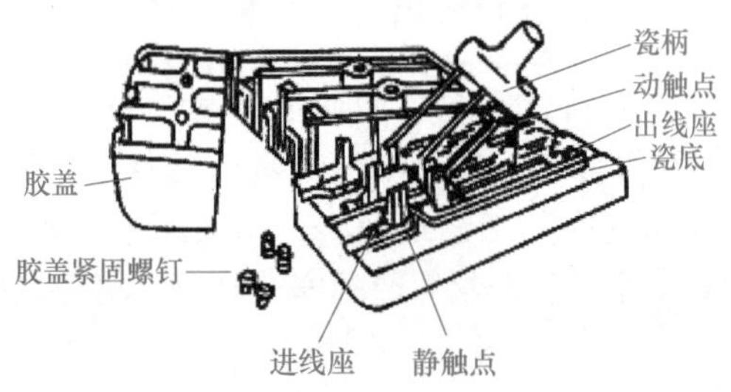

图 1-23　HK 系列开启式负荷开关的结构

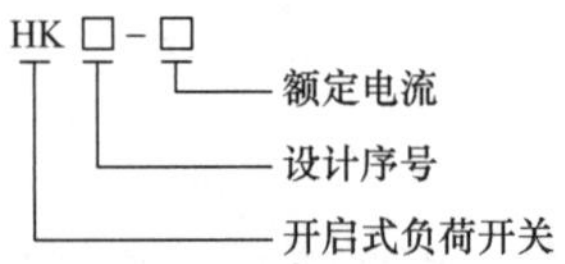

图 1-24　HK 系列开启式负荷开关的型号含义

常用的 HK 系列开启式负荷开关有 HK1 和 HK2 系列，HK1 系列基本技术参数见表 1-2。

表 1-2　HK1 系列开启式负荷开关基本技术参数

型号	极数	额定电流值/A	额定电压值/V	可控制电动机最大容量值/kW		配用熔丝规格			
						熔丝成分（%）			熔丝线径/mm
						铅	锡	锑	
HK1 - 15	2	15	220	—	—				1.45 ~ 1.59
HK1 - 30	2	30	220	—	—				2.30 ~ 2.52
HK1 - 60	2	60	220	—	—				3.36 ~ 4.00
HK1 - 15	3	15	380	1.5	2.2	98	1	1	1.45 ~ 1.59
HK1 - 30	3	30	380	3.0	4.0				2.30 ~ 2.52
HK1 - 60	3	60	380	4.5	5.5				3.36 ~ 4.00

封闭式负荷开关是在开启式负荷开关的基础上改进设计的一种开关，如图 1-25 所示。其灭弧性能、操作性能、通断能力和安全防护性能都优于开启式负荷开关。

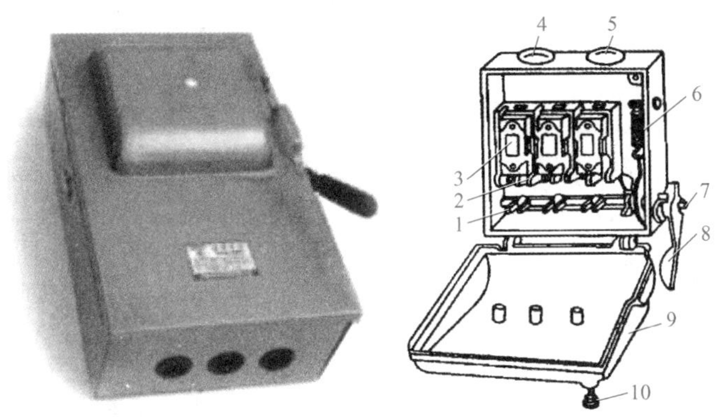

图 1-25　封闭式负荷开关

1—闸刀　2—夹座　3—熔断器　4—进线孔　5—出线孔　6—速动弹簧　7—转轴
8—手柄　9—上盖　10—调节螺栓

知识点 2：万能转换开关

万能转换开关实际是多档位、控制多回路的组合开关，是一种主令电器。由于触点档数多，换接线路多，能控制多个回路，能满足复杂线路要求，故称为万能转换开关。

万能转换开关主要用于各种控制电路的转换，电压表、电流表的换相测量控制，配电装置线路的转换和遥控等。万能转换开关还可用于直接控制小容量电动机的起动、调速和换向。

万能转换开关的接触系统由许多接触元件组成，每一接触元件均有一胶木触点座，中间装有一对或三对触点，分别由凸轮通过支架操作。操作时，手柄带动转轴和凸轮一起旋转，凸轮推动触点接通或断开，如图 1-26 所示。由于凸轮的形状不同，当手柄处于不同的操作位置时，触点的分合情况也不同，从而达到换接电路的目的。

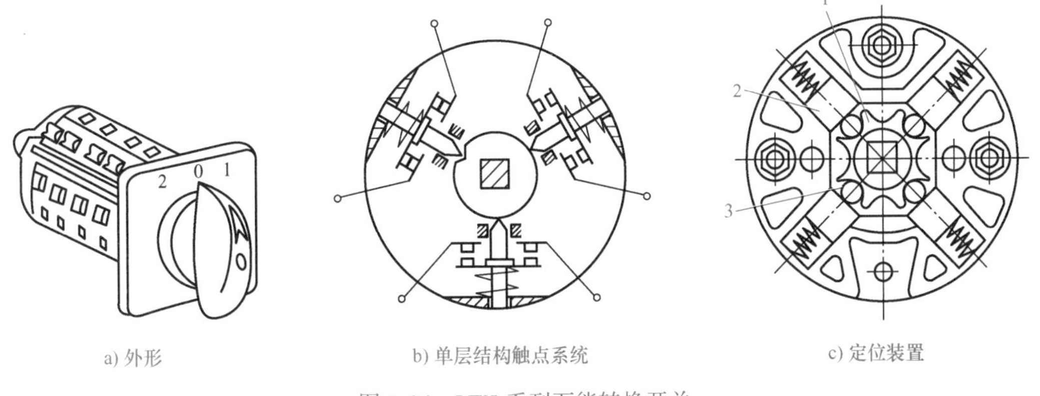

a) 外形　　b) 单层结构触点系统　　c) 定位装置

图 1-26　LW5 系列万能转换开关

1—棘轮　2—滑块　3—滚轮

LW5 系列万能转换开关的型号含义如下：

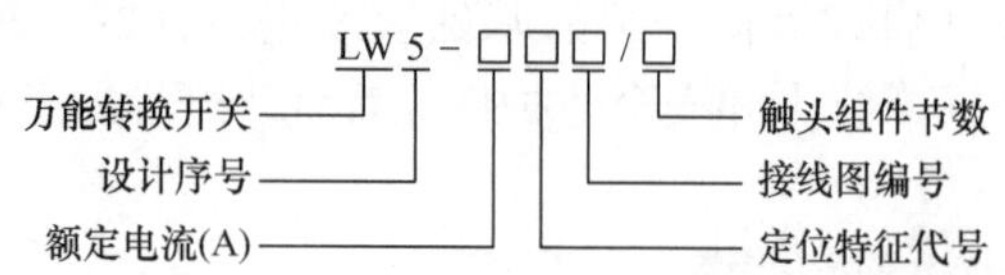

知识点 3：低压断路器

低压断路器俗称自动开关或空气开关，常作为不频繁接通和断开电路的总电源开关或部分电路的电源开关。它相当于刀开关、熔断器、热继电器和欠电压继电器的组合，是一种既有手动开关作用又能自动进行欠电压、失电压、过载和短路保护的电器，兼有刀开关和熔断器的作用。它既能带负荷通断电路，又能在失电压、短路和过负荷时自动跳闸，以保护线路和电气设备。低压断路器按结构形式可分为框架式断路器、塑料外壳式断路器、快速断路器、限流断路器、剩余电流断路器，最常用的是塑壳式、框架式两种。

塑壳式低压断路器把所有的部件都装在一个塑料外壳里，其结构紧凑、安全可靠、轻巧美观、可独立安装，适用于交流电压500V以下和直流电压220V以下的电路，用于不频繁地接通和断开的电路。在机床电气控制线路中常用DZ10、DZ15、DZ5－20、DZ5－50等系列塑壳式断路器（以下简称断路器）。

其中，DZ5系列为小电流系列，其额定电流为10～50A。低压断路器主要由动触点、静触点、灭弧装置、操作机构、热脱扣器、电磁脱扣器及外壳等部分组成。其结构采用立体布置，操作机构在中间，下面是由加热元件和双金属片等构成的热脱扣器，用于过载保护。低压断路器的结构原理如图1-27所示。使用时，低压断路器的三个主触点串联在被控制的三相电路中，按下接通按钮时，外力使锁扣克服反作用弹簧的反力，将固定在锁扣上面的动触点与静触点闭合，并由锁扣锁住搭钩使动、静触点保持闭合，开关处于接通状态。

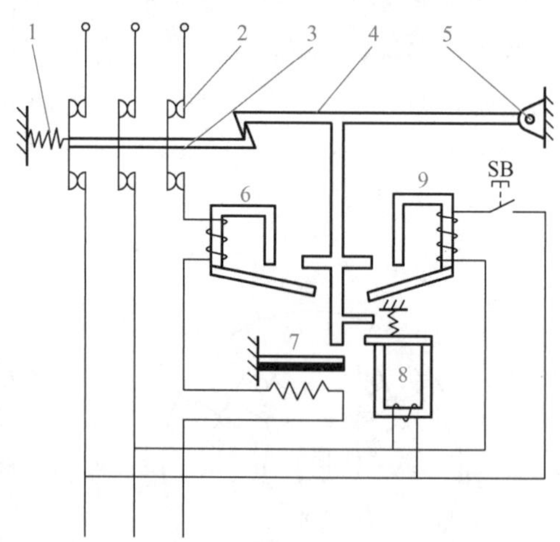

图1-27　低压断路器结构原理

1—释放弹簧　2—主触点　3—传动杆　4—锁扣　5—转轴　6—过电流脱扣器
7—热脱扣器　8—欠电压（失电压）脱扣器　9—分励脱扣器

如图1-27所示，主触点通常由手动操作机构实现闭合，闭合后，主触点2被锁扣4锁住。如果电路中发生故障，脱扣机构就在有关脱扣器的作用下将锁扣脱开，于是主触点在释放弹簧1的作用下迅速分断。脱扣器有过电流脱扣器6、欠电压（失电压）脱扣器8、热脱扣器7和分励脱扣器9，它们都是电磁铁。正常情况下，过电流脱扣器的衔铁是释放的，一旦发生严重过载或短路故障，与主电路串联的线圈将产生较强的电磁吸力吸引衔铁，从而推动杠杆顶开锁扣，使主触点断开。热脱扣器用于线路的过负荷保护，工作原理和热继电器相同。

欠电压（失电压）脱扣器用于欠电压保护，欠电压脱扣器的线圈直接接在电源上，初始时处于吸合状态，断路器可以正常合闸；当电压很低或停电时，欠电压脱扣器的吸力小于弹簧的反力，弹簧拉动衔铁向上移动，使锁扣脱扣，实现断路器的跳闸功能。分励脱扣器用于远方跳闸，当在远方按下按钮时，分励脱扣器得电产生电磁力，使其脱扣跳闸。DZ5－20型低压断路器的型号含义如下：

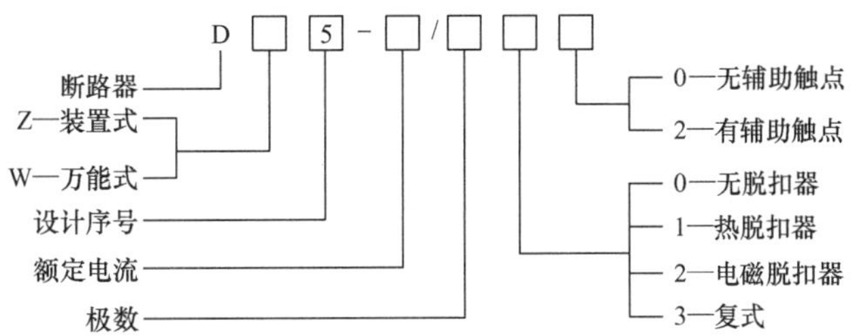

DZ10 系列为大电流系列，其额定电流的等级有 100A、250A、600A 三种，分断能力为 7～50kA。

框架（万能）式低压断路器适用于需要手动不频繁地接通和断开容量较大的低压网络或控制较大容量电动机（40～100kW）的场合。

剩余电流断路器俗称漏电开关，是一种安全保护电器，在电路中作为触电和漏电保护之用。电磁式电流动作型剩余电流断路器的结构原理如图 1-28 所示。为了经常检测剩余电流断路器的可靠性，开关上设置一个常开试验按钮。

小型断路器主要用于照明配电系统和控制电路。机床常用 DZ30－32、DZ47－60 等系列小型断路器。小型断路器主要用于交流 50Hz/60Hz，单极 230V，二、三、四极 400V 线路的过载、短路保护，同时也可以在正常情况下不频繁地通断电器装置和照明线路。

低压断路器的图形符号和文字符号如图 1-29 所示。低压断路器的主要技术参数有额定电压、额定电流、通断能力、分断时间、各种脱扣器的整定电流、极数、允许分断的极限电流等。

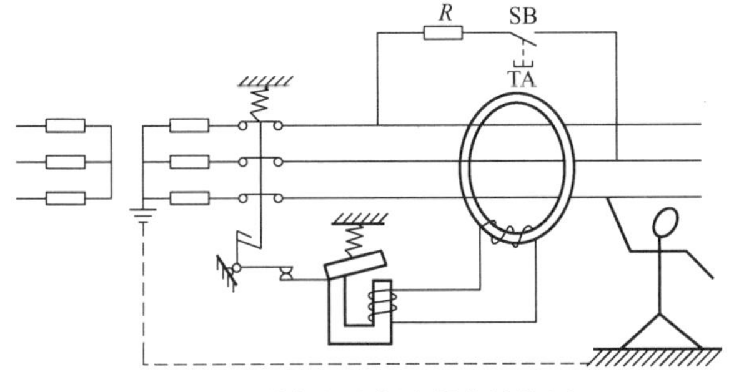

图 1-28　剩余电流断路器的结构原理

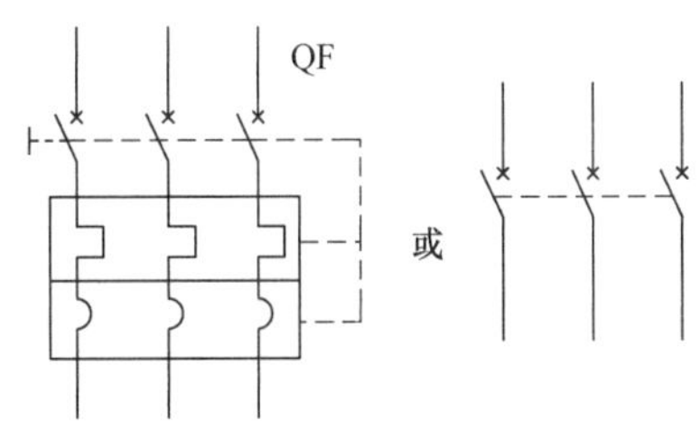

图 1-29　低压断路器的图形符号和文字符号

低压断路器的选用原则：主要根据被控电路的额定电压、负载电流及短路电流的大小来选用相应额定电压、额定电流及分断能力的低压断路器。

知识点4：顺序运行控制

所谓顺序控制，是指按照生产工艺预先规定的顺序，在各个输入信号的作用下，在生产过程中控制各个执行机构按顺序运行和停止。例如，某型号的铣床为了保障运行安全，要求主轴起动后才能起动X、Y、Z三个进给轴中的一个（三个进给方向的运动由同一电动机驱动，由各方向离合器选择）。

铣床的主轴和进给轴顺序起动采用主电路接触器顺序接通方式实现，如图1-30所示。系统上电后，闭合电源开关QS，当按下电动机M1的起动按钮SB2时，接触器KM1线圈通电并自锁，M1长动运行；当按下电动机M2的起动按钮SB3时，接触器KM2线圈通电并自锁，M2长动运行。

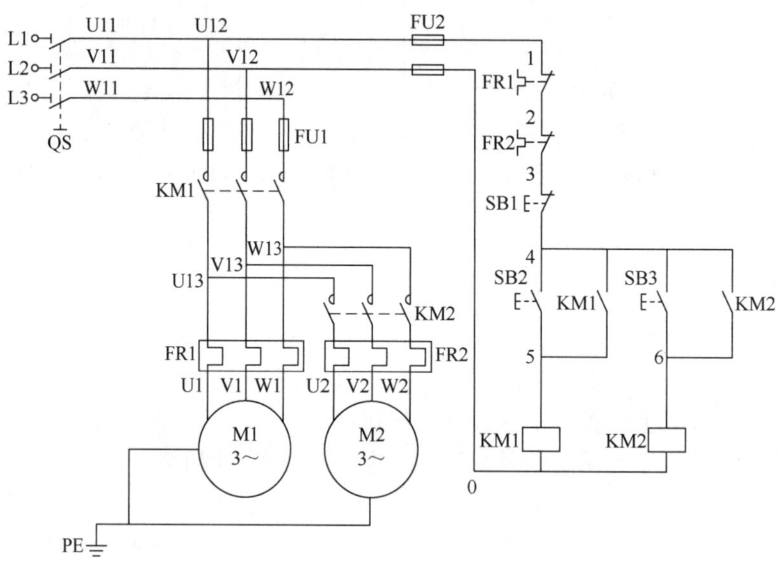

图1-30 铣床顺序起动控制电路

当按下停止按钮SB1时，接触器KM1、KM2线圈失电并解除自锁，电动机M1、M2失电停止。

注意： 起动时，如果先按下按钮SB3，电动机M2不能起动。该控制电路必须按照先起动M1，再起动M2，同时停止M1、M2的顺序工作。

机床的顺序控制也可以通过控制电路逻辑实现。例如，某机床主轴运转时，为保障充分润滑，在主轴电动机起动前，必须先起动油泵电动机，其顺序起动控制电路如图1-31所示。闭合电源开关QS，系统上电后，当按下油泵电动机起动按钮SB2时，接触器KM1线圈通电并自锁，油泵电动机长动运行；当按下主轴电动机起动按钮SB4时，接触器KM2线圈通电并自锁，主轴电动机长动运行。

当按下停止按钮SB1时，接触器KM1、KM1线圈失电并解除自锁，主轴、油泵电动机失电停止。

注意： 起动时，如果先按下按钮SB4，则不能直接起动电动机M2。控制电路必须按照先起动M1，再起动M2，同时停止M1、M2的顺序工作。

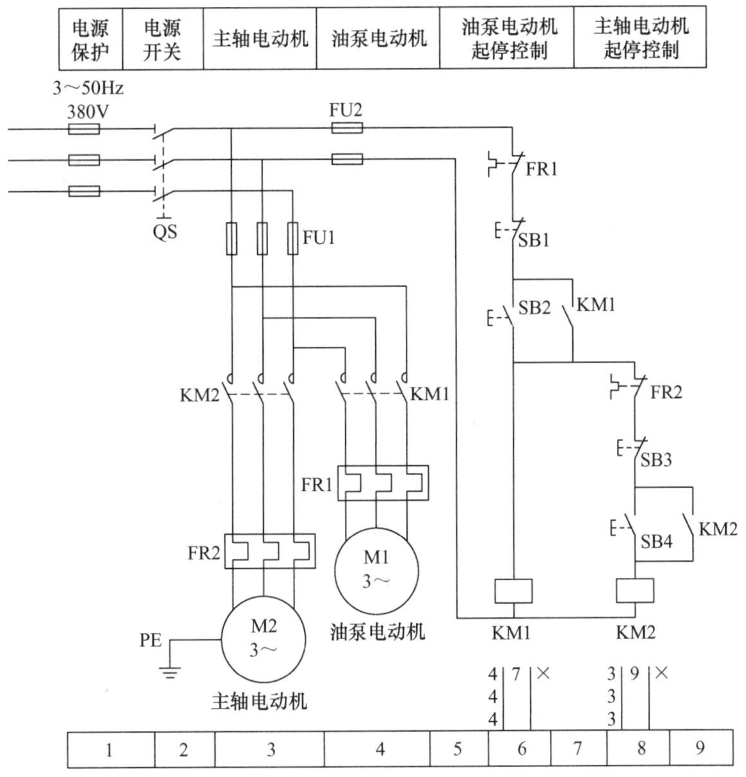

图1-31　机床主轴顺序起动控制电路

【任务实施】

某机床由两台电动机拖动，运行时为满足生产工艺的要求，要求两台电动机顺序起动、逆序停止。请设计该机床电气控制系统中两台电动机的顺序起动、逆序停止电气控制线路，并分析电路工作原理，完成电路接线并调试。

实施步骤

1. 控制要求

要求先按下起动按钮 SB3，电动机 M1 起动运行；然后按下起动按钮 SB4，电动机 M2 起动运行；当按下停止按钮 SB2 时，电动机 M2 失电停止；然后按下停止按钮 SB1，电动机 M1 失电停止。电动机需要采取过载和短路保护。

2. 电路设计

两台电动机通过控制电路实现顺序起动、逆序停止控制，设计其控制线路如图 1-32 所示。

3. 电路分析

系统上电后，闭合电源开关 QS，当按下电动机 M1 起动按钮 SB3 时，接触器 KM1 线圈通电并自锁，M1 长动运行；当按下电动机 M2 起动按钮 SB4 时，接触器 KM2 线圈通电并自锁，M2 长动运行。

当按下停止按钮 SB2 时，接触器 KM2 线圈失电并解除自锁，电动机 M2 失电停止；当按下停止按钮 SB1 时，接触器 KM1 线圈失电并解除自锁，电动机 M1 失电停止。

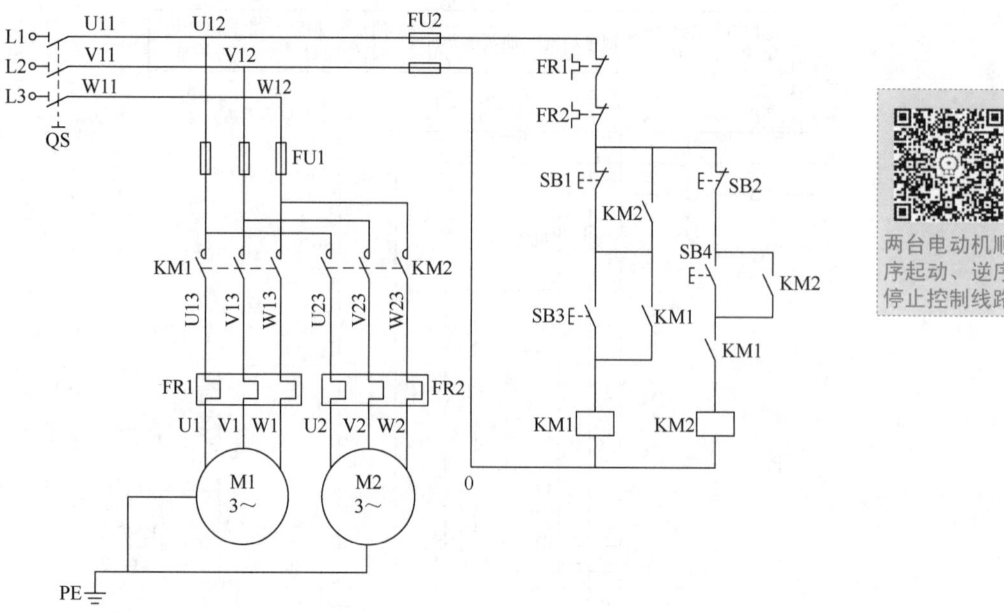

图 1-32　两台电动机顺序起动、逆序停止控制线路

两台电动机顺序起动、逆序停止控制线路

注意：起动时，如果先按下按钮 SB4，则不能起动电动机 M2。必须先起动 M1，再起动 M2。停止时，必须先停止 M2，然后才能停止 M1。

4. 电路调试

1）按照图 1-32 准备低压电器元件：组合开关、熔断器、交流接触器、热继电器、三相笼型异步电动机和控制按钮，并检查外观是否完好。

2）按图 1-32 正确连接主电路和控制电路，并检查线路是否正确，接线是否牢固。

3）接通电源总开关 QS，先后按下按钮 SB3、SB4，顺序起动 M1、M2。停止时，先后按下按钮 SB2、SB1，顺序停止 M2、M1。观察电动机动作是否满足顺序起动、逆序停止的要求。

如果电路不能实现电动机 M1、M2 顺序起动、逆序停止，请对照图 1-32 分析、检查、修改电路，并记录对应的现象和解决办法，直到完全实现电路功能。

4）电路运行结束后断开电源总开关 QS。

【拓展知识】

拓展知识点：电气配线工艺

【拓展任务】

输送带顺序起动、逆序停止电路的设计、分析与接线调试

三台电动机顺序起动、逆序停止控制线路的接线与调试

【课后测试】

1. 安装刀开关时，必须垂直安装在控制屏或开关板上。接线时，刀开关的上端接________，下端接________，这样，拉闸后，刀片与电源隔离，可防止意外事故发生。

2. 万能转换开关实际是多档位、控制多回路的________。万能转换开关主要用于________、电压表、电流表的换相测量控制，配电装置线路的转换和遥控等。万能转换开关还可用于直接控制小容量电动机的________、调速和换向。

3. 低压断路器俗称________，常作为不频繁接通和断开电路的总电源开关或部分电路的电源开关，具有短路、过载、过电流、欠电压等保护功能。它相当于________、________、________和欠电压继电器的组合。

4. 某一元器件的型号规格为 HZ10 - 60/3，其中，60 代表（　　）。

A. 组合开关　　B. 设计序号　　C. 极数　　D. 额定电流

5. 低压断路器的电气文字符号是（　　）。

A. SB　　B. QF　　C. FR　　D. FU

6. 举例说明在工业生产中顺序控制的应用。

【拓展思考与训练】

一、拓展思考

1. 怎样选用不同类型的低压断路器？
2. 电气施工时，为什么要遵守电气配线工艺？
3. 顺序控制有什么意义，与多地控制有什么区别？
4. 顺序控制电路的特点是什么？

二、拓展训练

训练任务 1：试设计某设备的控制电路，该设备由三台电动机拖动。电动机须按照 M1、M2、M3 的顺序起动，M1、M2、M3 同时停止的顺序工作，需要采取过载和短路保护。请设计主电路和控制电路，并分析电路的工作过程。

训练任务 2：试设计完成某传送带的控制电路，其由四条传送带组成。四条传送带分别由四台电动机 MI、M2、M3、M4 拖动。起动顺序为 1 号→2 号→3 号→4 号，停止顺序为 4 号→3 号→2 号→1 号。传送带单向长动运行，需要采取过载和短路保护。请设计主电路和控制电路，并分析电路的工作过程。

任务 1.3　三相异步电动机双重互锁正、反转运行控制

【任务布置】

一、任务引入

三相交流异步电动机工作过程可按以下三个阶段理解。

1）电生磁：三相对称绕组通入三相对称电流产生旋转磁场。

2）磁生电：旋转磁场切割转子导体感应出电动势和电流。

3）电磁力：转子载流（有功分量电流）体在磁场作用下受电磁力作用，形成电磁转矩，驱动电动机旋转，将电能转换为机械能。

在定子绕组中产生旋转磁场，然后使转子线圈做切割磁感线的运动，转子线圈产生感应电流，感应电流产生的感应磁场和定子磁场方向相反，转子受到旋转磁场力矩的驱动实现旋转。当任意改变两相绕组电源的相序时，定子绕组产生旋转磁场的方向就会改变，从而使电动机反转。

磨床是用磨具和磨料（如砂轮、砂带、油石、研磨剂等）对工件表面进行磨削加工的一种机床。通过磨削加工，使工件的形状及表面精度、光洁度达到较高的技术要求。某企业生产车间有一台平面磨床，如图 1-33 所示。磨床通过进给运动和主运动（见图 1-34），可以加工各种表面，如平面、内外圆柱面、圆锥面和螺旋面等。

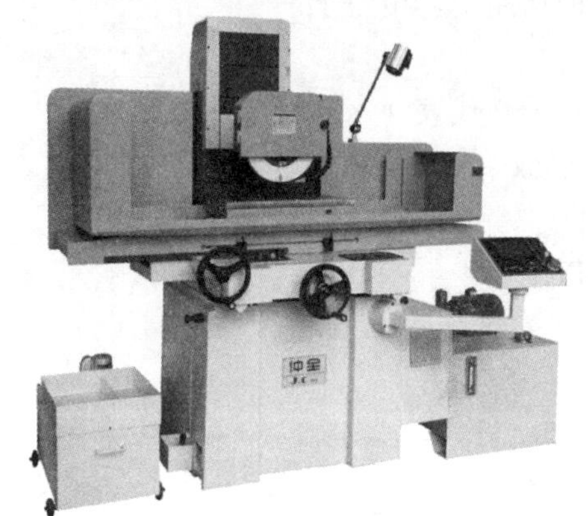

图 1-33　磨床外形

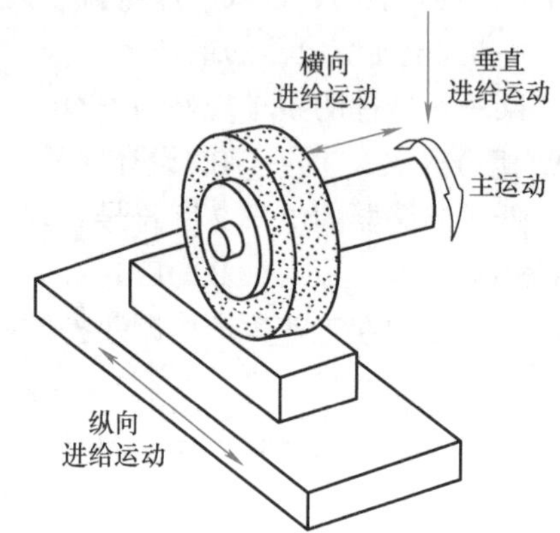

图1-34　磨床磨削工件的进给运动和主运动

在生产过程中，通常需要对待加工表面反复磨削。为了方便工人操作，要求工作台能够自动往返。工作台运动系统通常由电动机、联轴器、高精度丝杠组件、工作台、挡铁和行程开关组成，如图 1-35 所示。当电动机正反转时，拖动工作台往复运动，行程开关用于设定往复运动的终端位置及工作台的最大工作行程。

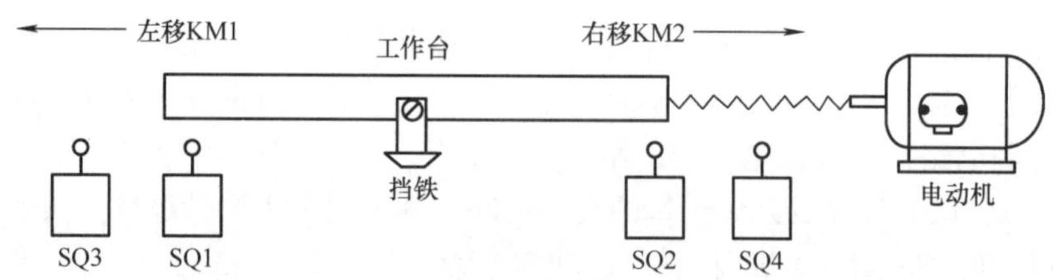

图 1-35　磨床工作台运动系统组成

二、问题思考

1. 电动机正、反转的原理是什么？怎样实现电源相序交换？
2. 电动机正、反转控制接触器能同时接通吗？应怎样避免同时接通？
3. 接触器互锁电路的要点是什么？有哪些优缺点？
4. 什么是双重互锁？双重互锁主要解决哪些问题？

【学习目标】

一、知识目标

1. 熟悉行程开关、接近开关、光电开关的用途、结构、工作原理、型号规格、符号、常见品牌和选用方法。

2. 掌握电动机正、反转控制电路的工作原理及安装接线方法。

3. 掌握机床移动部件自动往返控制电路的工作原理及安装接线方法。

二、能力目标

1. 能够准确识别行程开关、接近开关、光电开关，并结合低压电器元件的铭牌识别其型号、规格、主要技术参数。

2. 能够根据设备工作场景正确选用低压电器元件。

3. 能够正确分析电动机正、反转控制电路和机床移动部件自动往返控制电路。

三、素养目标

1. 培养学生认真严谨的工作态度和团队协作的职业精神。

2. 培养学生运用辩证唯物主义观点客观地认识世界的对立、统一和发展，提高学生认识问题、分析问题和解决问题的能力。

【知识准备】

知识点1：行程开关

行程开关又称为位置开关或限位开关，其作用是将机械位移转换成电信号，使电动机运行状态发生改变，即按一定的行程自动停车、反转、变速或循环，实现终端限位保护。行程开关是一种短时接通或断开小电流电路的主令电器。

各种系列行程开关的基本结构大体相同，都是由操作头、触点系统和外壳组成。操作头接收机械设备发出的动作指令或信号并将其传递到触点系统，触点再将操作头传递来的动作指令或信号通过本身的结构功能变成电信号，输出到有关控制电路，做出必要的反应。行程开关的种类很多，常用的行程开关有按钮（直动）式、单轮旋转式和双轮旋转式，如图 1-36 所示。

直动式行程开关的动作原理与控制按钮类似，其结构原理如图 1-37 所示。它通过运动部件上的撞块来碰撞行程开关的推杆，引起触点动作。

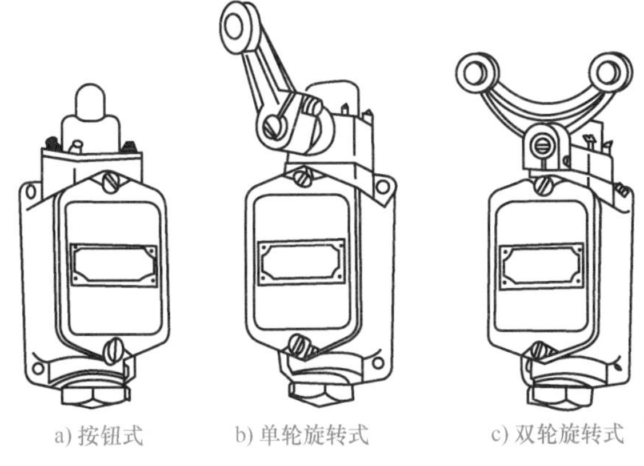

a) 按钮式　b) 单轮旋转式　c) 双轮旋转式

图 1-36　行程开关的种类

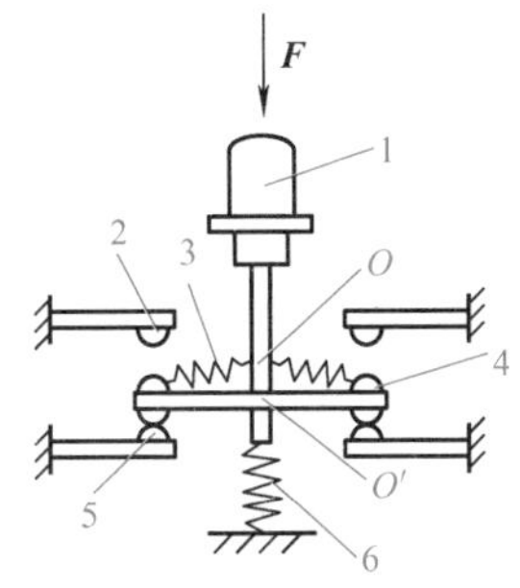

图 1-37　直动式行程开关的结构原理

1—推杆　2—常开静触点　3—速动弹簧　4—动触点　5—常闭静触点　6—复位弹簧

滚轮旋转式行程开关的结构如图 1-38 所示。它采用能瞬时动作的滚轮旋转式结构，当滚轮 1 受到向左的外力作用时，上转臂 2 向左下方转动，推杆 4 向右转动，并压缩右边弹簧 10，同时下面的小滚轮 5 也很快沿着擒纵件 6 向右转动，小滚轮滚动又压缩弹簧 9，当小滚轮 5 走过擒纵件 6 的中点时，盘形弹簧 3 和弹簧 9 都使擒纵件 6 迅速转动，从而使动触点 11 迅速地与右边的静触点分开，并与左边的静触点闭合。行程开关的图形符号及文字符号如图 1-39 所示。

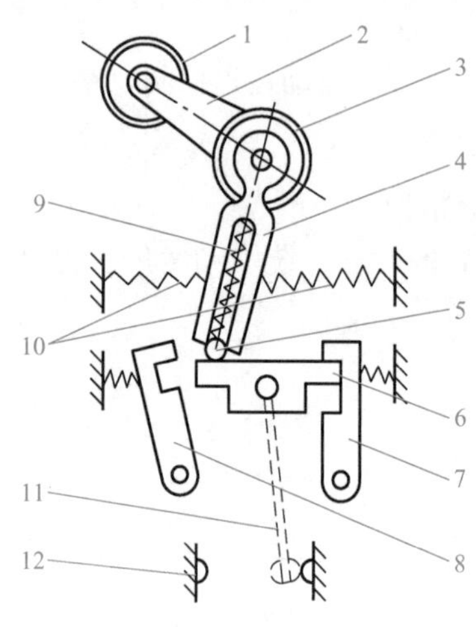

图 1-38　滚轮旋转式行程开关的结构

1—滚轮　2—上转臂　3—盘形弹簧
4—推杆　5—小滚轮　6—擒纵件　7、8—压板
9、10—弹簧　11—动触点　12—静触点

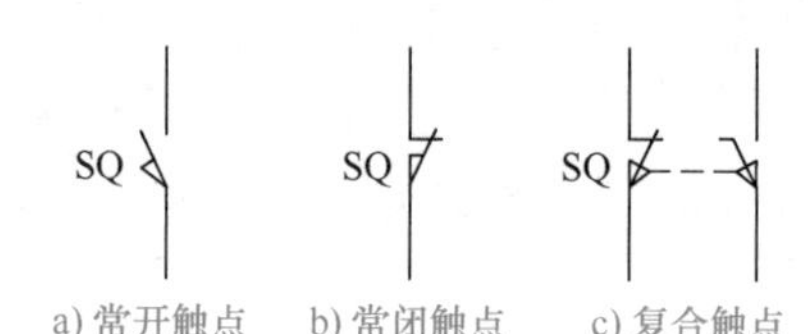

图 1-39　行程开关的图形符号及文字符号

选用行程开关时，应根据安装环境选择防护形式（是开启式还是防护式）；根据控制电路的电压和电流选择采用何种系统的行程开关；根据机械与行程开关的传力与位移关系选择合适的头部结构形式。安装行程开关时，位置要准确，否则不能达到位置控制和限位的目的。应定期检查行程开关，以免因触点接触不良而达不到位置控制和限位的目的。

目前国内生产的行程开关有 LXK3、3SE3、LX19、LX32、JL33 等系列，其型号含义如下：

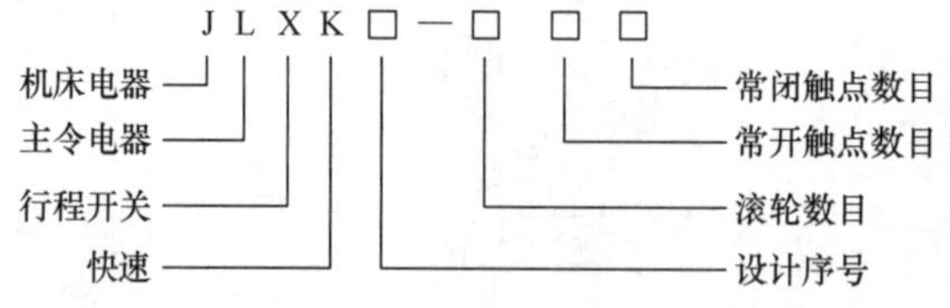

知识点 2：接近开关

接近开关是一种开关型传感器。它既有行程开关、微动开关的特性，同时又具有传感器的性能，且动作可靠、性能稳定、频率响应快、使用寿命长、抗干扰能力强；还具有防水、防振、耐腐蚀等特点。接近开关的种类很多，主要有电感式、电容式、霍尔式、遥测遥感式、红外线感测式、交直流探测式等类型。

接近开关是由工作电源、信号发生器（感测机构）、振荡器、检波器、鉴幅器和输出电路等基本部分组成。感测机构的作用是将物理量转换成电量，再通过输出电路实现由非电量向电量的转换。接近开关不仅能代替有触点限位开关来完成行程控制和限位保护，还可用于高频记数、测速、液面控制、零件尺寸检测、加工程序的自动衔接等场合。

电感式接近开关的主要组成：高频振荡电路、整形检波电路、信号放大电路及开关量输出电路，如图 1-40 所示。

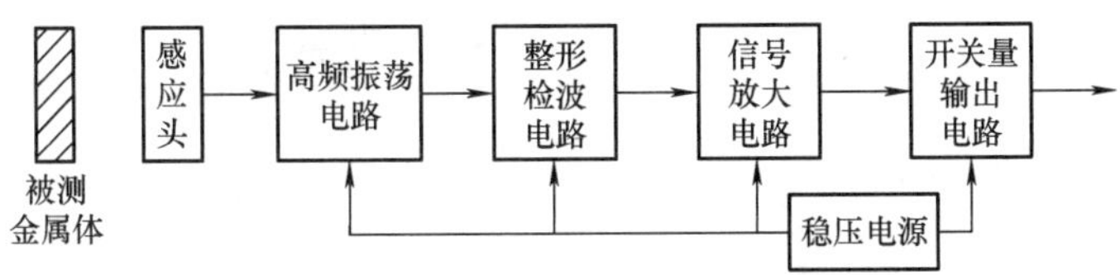

图 1-40　电感式接近开关的组成

电感式接近开关工作原理示意图如图 1-41 所示，振荡器产生一个交变磁场，当金属目标接近这一磁场并达到感应距离时，在金属目标内产生涡流，从而导致振荡衰减，以至停振。振荡器振荡及停振的变化被后级放大电路处理并转换成开关信号，触发驱动控制器件，从而达到非接触式检测的目的。

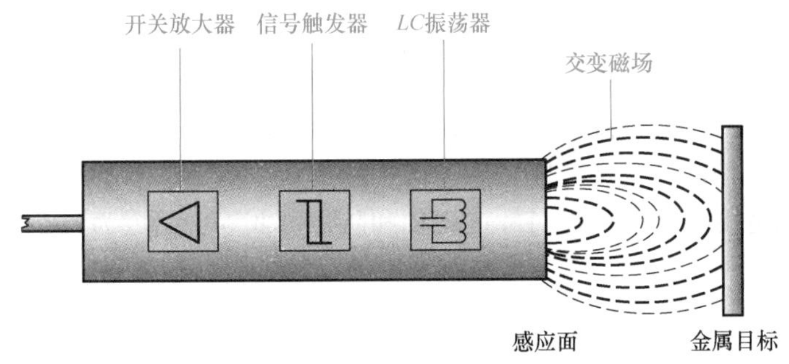

图 1-41　电感式接近开关工作原理示意图

接近开关的图形符号及文字符号如图 1-42 所示。接近开关与行程开关都是位置开关，但有明显区别，接近开关依靠感应而动作；而行程开关依靠机械撞块的触碰而动作，应用广泛。一般的工业生产场所通常都选用涡流式接近开关和电容式接近开关，因为这两种接近开关对环境条件的要求较低。

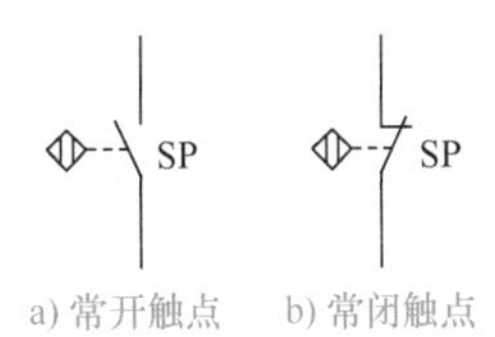

图 1-42　接近开关的图形符号及文字符号

当被测对象是导电物体或可以固定在一块金属上的物体时，一般都选用涡流式接近开关，因为它的响应频率高、抗环境干扰性能好、应用范围广、价格较低。

知识点 3：光电开关

光电开关又称为无接触检测式控制开关。它是利用物质对光束的遮蔽、吸收或反射等作用，对物体的位置、形状、标志、符号等进行检测。光电开关中的光电器件是把光照强弱的变化转换为电信号的传感元件。光电器件主要有发光二极管、光敏电阻、光电晶体管、光耦合器等，它们构成了光电开关的传感系统。

光电开关可分为直射型和反射型两大类，如图 1-43 所示。直射型光电开关的发射器和接收器相对安放，轴线严格对准。当有物体在两者中间通过时，红外光束被遮断，接收器接收不到红外线而产生一个负脉冲信号。直射型光电开关的检测距离一般可达十几米，对所有能遮断光线的物体均可检测。

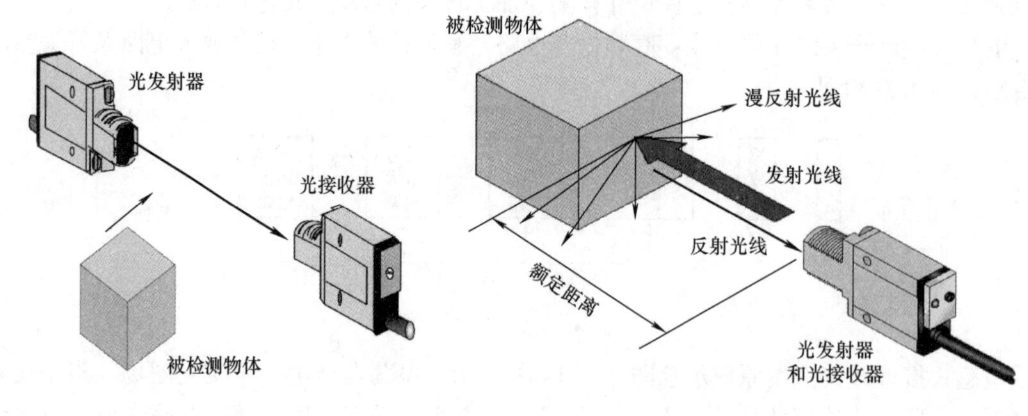

图 1-43　光电开关工作示意图

反射型光电开关集光发射器和光接收器于一体。当被测物体经过该光电开关时，发射器发出的光线经被测物体表面反射由接收器接收，于是产生开关信号。

光电开关能非接触、无损伤地检测各种固体、液体、透明体、烟雾等，具有体积小、功能多、寿命长、功耗低、精度高、响应速度快、检测距离远和抗光、电、磁干扰性能好等优点。它广泛应用于各种生产设备中以实现物体检测、液位检测、行程控制、产品计数、速度监测、尺寸控制、宽度鉴别、色斑与标记识别和防盗警戒等，已成为自动控制系统和生产线中不可缺少的重要元件。光电开关在某咖啡罐装生产线上检测成品的数量和高度如图 1-44 所示。

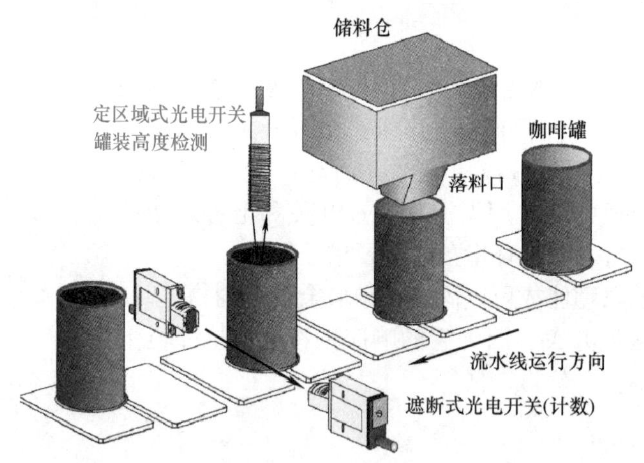

图 1-44　光电开关在某咖啡罐装生产线上的应用

知识点 4：电动机正、反转

三相异步电动机反转运行的工作原理是当流入电动机的三相电源中的任意两相交换相序时，在电动机定子绕组中产生与原来方向相反的旋转磁场，驱动电动机转子反向旋转。在图 1-45 所示电动机接触器互锁正、反转运行控制线路中，闭合电源开关 QF 后，若按下起动按钮 SB2，接触器 KM1 线圈得电，三相交流电源 L1、L2、L3 依次流入电动机 M 的 U、V、

W 相绕组，电动机正方向长动运行。若按下反向起动按钮 SB3，接触器 KM2 线圈得电，三相交流电源 L1、L2、L3 依次流入电动机 M 的 W、V、U 相绕组，电动机反方向长动运行。如果 KM1、KM2 线圈同时得电，会使 L1 和 L3 直接接通，造成短路，发生危险。为了避免这种情况发生，在图 1-45 中，将接触器 KM2 常闭触点接入接触器 KM1 线圈控制回路里。同样，把接触器 KM1 常闭触点接入接触器 KM2 线圈控制回路里。这样，当其中一个接触器得电动作后，另一个接触器线圈就不可能形成闭合回路，从而避免了两个接触器同时得电而造成短路。这种利用接触器辅助触点实现相互制约的方法称为互锁或联锁。这种互锁能保证即使某个接触器发生触点“冷焊”或有杂物卡住等故障，KM1 与 KM2 的主触点也不会同时闭合，不会发生短路事故。

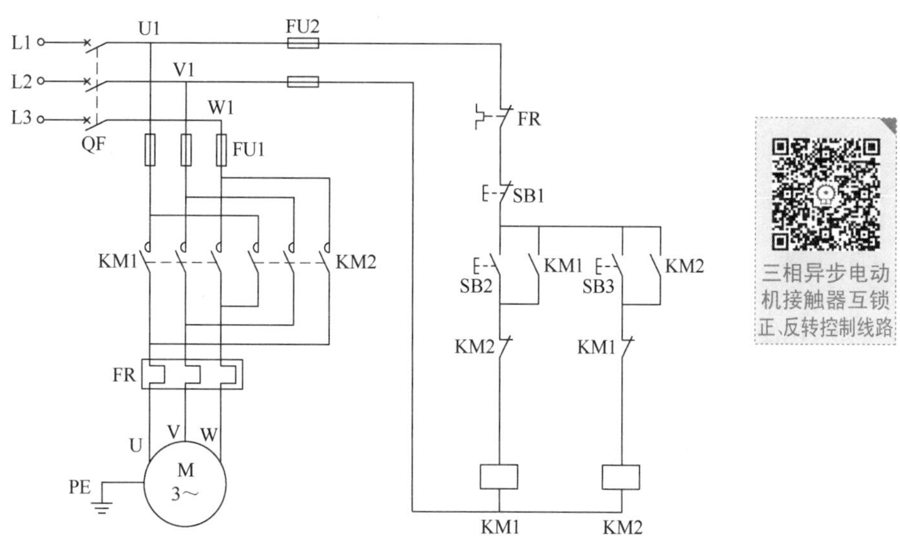

图 1-45　电动机接触器互锁正、反转运行控制线路

当电动机正在沿某个方向转动时，按下另一方向的起动按钮，由于互锁不能使另一个接触器通电，也就不能直接切换电动机转向，即工作方式为“正转–停止–反转”。这种工作方式有时会给生产带来不便。

【任务实施】

对电动机双重互锁正、反转控制电路进行设计、分析与接线调试。在电动机接触器互锁正、反转控制线路中，正转情况下想要反转，必须先按停止按钮 SB1，显然这在操作上十分不便。为减少操作，方便生产，某设备运行时要求能直接实现电动机正、反转换向。请设计该设备电动机双重互锁正、反转控制线路，分析电路工作原理，完成电路接线并调试。

实施步骤

1. 控制要求

要求先按下起动按钮 SB1，电动机 M 正向起动运行。再按下反向起动按钮 SB2，电动机 M 直接反向运行。当按下停止按钮 SB3 时，电动机 M 失电停转。电动机采取过载和短路保护。

2. 电路设计

设计的电动机双重互锁正、反转控制线路如图 1-46 所示。与电动机接触器互锁正、反转控制电路相比，它在控制电路中增加了正、反向起动按钮的常闭触点，实现接触器 KM1 与 KM2 互锁。由于控制电路中包含接触器和按钮两种互锁，因此称为双重互锁。

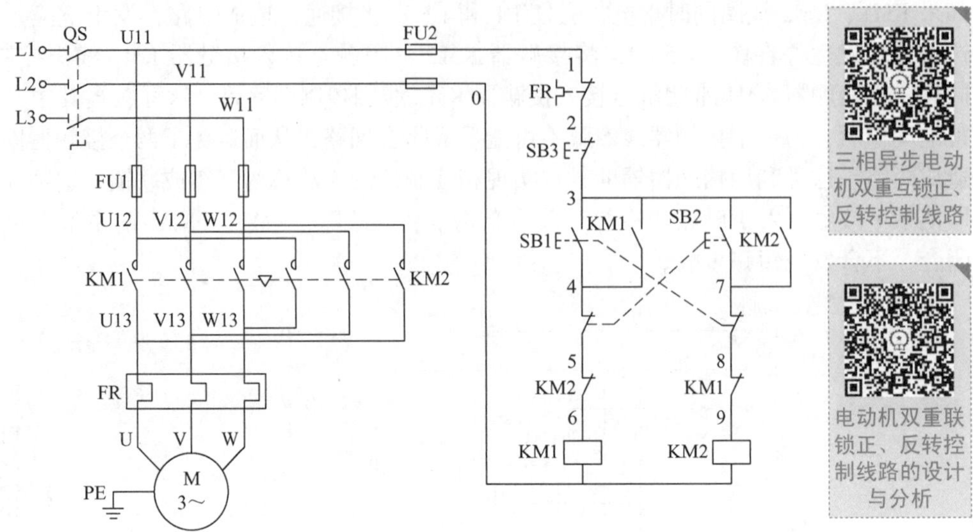

三相异步电动机双重互锁正、反转控制线路

电动机双重联锁正、反转控制线路的设计与分析

图 1-46　电动机双重互锁正、反转控制线路

3. 电路分析

系统上电后，闭合电源开关 QS，当按下电动机 M 正向起动按钮 SB1 时，接触器 KM1 线圈通电并自锁，电动机正向长动运行。

当按下反向起动按钮 SB2 时，SB2 先切断接触器 KM1 线圈电路，KM1 常闭触点闭合；当 SB2 的常开触点闭合时，接触器 KM2 线圈通电并自锁，M 反向长动运行。

当按下停止按钮 SB3 时，接触器 KM1 或 KM2 线圈失电并解除自锁，电动机 M 失电停止。

注意： 电动机双重互锁电路可以控制电动机正、反转直接切换，使用方便，操作简单，节省时间。但同时也要注意，在电动机正、反转直接切换时，工作电流很大，远远超出额定电流，不利于电动机的安全。因此，这种电路适合应用在轻载、不频繁换向的场合。

4. 电路调试

1）按照图 1-46 准备低压电器元件：组合开关、熔断器、交流接触器、热继电器、三相异步电动机和控制按钮，并检查外观是否完好。

2）按图 1-46 正确连接主电路和控制电路，并检查线路是否正确，接线是否牢固。

3）接通电源总开关后，依次操作按钮 SB1、SB2、SB1，观察电动机 M 正向起动、反向运行、正向运行的过程。按下 SB3，电动机停止。

如果电路不能实现电动机正、反转直接换向，请对照图 1-46 分析、检查、修改电路，并记录对应的现象和解决办法，直到完全实现电路功能。

4）电路运行结束后，断开电源总开关 QS。

【拓展知识】

拓展知识点：电气线路保护环节

【拓展任务】

机床移动部件自动往返控制电路的设计、分析与接线调试

机床移动部件（工作台）自动往返控制线路设计与分析

工作台自动往返控制线路

【课后测试】

1. 行程开关又称________，其作用是将机械位移转换成________，当电动机按一定行程自动停车、反转、变速或循环时进行________保护。

2. 接近开关是一种__________型传感器，它主要有________、________、________、________等类型。在一般的工业生产场所通常都选用________式接近开关和________式接近开关。因为这两种接近开关对环境条件的要求较低。

3. 光电开关可分为________和________两大类，________由相互分离且相对安装的光发射器和光接收器组成，________集光发射器和光接收器于一体。

4. 在电动机控制电路中，怎样实现自锁控制和互锁控制？这些控制起什么作用？自锁控制为什么还兼有欠电压和失电压保护作用？

【拓展思考与训练】

一、拓展思考

1. 怎样实现机床运动部件的位置控制？实现机床移动部件自动往返有什么意义？

2. 如何用电动机拖动工作台向左、向右运行？

3. 如果操作者失误，在工作台运行到两端的极限位置时未能及时按下停止按钮，会出现什么现象？如何去避免这一现象？

4. 在电动机正、反转控制中采用了接触器互锁，在运行中发现有以下现象：①合上电源开关，电动机立即正向起动，当按下停止按钮时，电动机停转；但一松开停止按钮，电动机又正向起动。②合上电源开关，按下正转（或反转）按钮，正转（或反转）接触器就不停地吸合与释放，电路无法工作；当松开按钮时，接触器不再吸合。③合上电源开关，正向起动与停止控制均正常；但在反转控制时，只能实现起动控制，不能实现停止控制，只有拉断电源开关，才能使电动机停转。试分析以上三种故障现象的原因。

二、拓展训练

训练任务：试设计一台半自动螺纹加工车床的主轴控制电路。为了能加工左旋和右旋螺纹，在螺纹切削和返程时，主轴需要分别正、反转运动，电路设有短路和过载保护环节。请设计主电路和控制电路，并分析电路的工作过程。

任务1.4 三相异步电动机减压起动控制

一、任务引入

继电器是自动控制器件，广泛应用于家电、通信、汽车、工控、智能电表等领域。我国继电器产业起步于1959年，经过六十余年的发展，我国继电器行业已成为能够参与国际竞争的成熟产业。

2021年1月工信部发布的《基础电子元器件产业发展行动计划（2021—2023年）》明确指出，到2023年，我国的基础电子元器件产业优势产品竞争力要进一步增强，产业链安全供应水平显著提升，面向智能终端、5G、工业互联网等重要行业，推动基础电子元器件实现突破，增强关键材料、设备仪器等供应链保障能力，提升产业链供应链现代化水平。

在国家振兴装备制造业的大背景下，智能电网改造，风能和太阳能发电，高速铁路、地铁和轨道交通等大力发展，这些行业对继电器有着巨大需求。近几年，我国继电器市场规模更是保持逐年增长态势。《2021年中国功率继电器行业分析报告——市场规模与投资潜力研究》数据显示，2021年我国继电器行业市场规模已达到305亿元，如图1-47所示。目前继电器行业竞争格局可分为四个梯队，如图1-48所示。

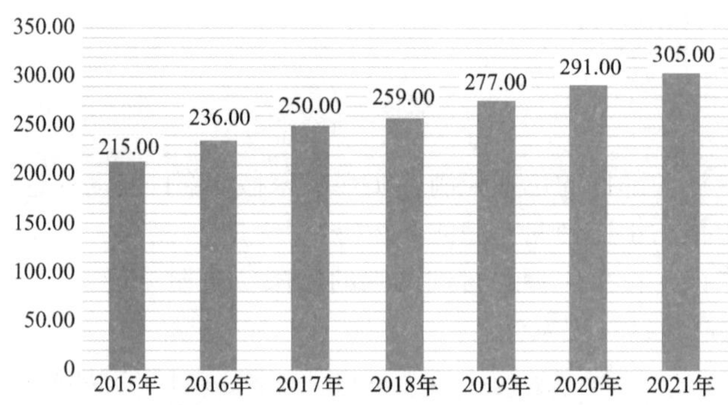

图1-47 我国近几年继电器行业市场规模

宏发股份有限公司以国家级企业技术中心为平台，设有博士后科研工作站及院士专家工作站，拥有由继电器行业出色技术人才组成的研发团队，如今已发展成为多维度、专业化的继电器科研生产基地，并承担了多项国家标准的制定和多项国家重点项目的实施。宏发股份有限公司作为世界级继电器龙头，坐拥欧美一线客户，2019年，宏发股份占全球继电器市场14%的份额，已取代松下成为国内新能源龙头车企（比亚迪、北汽新能源）的主导供应商。

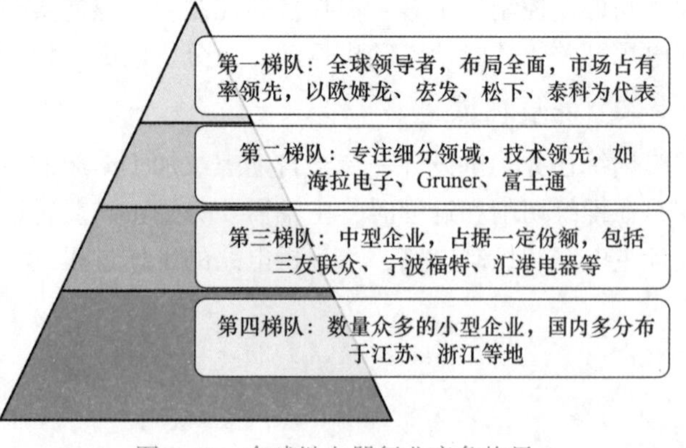

图1-48 全球继电器行业竞争格局

企业车间多个由电动机拖动的大

功率电气设备起动时，有较高的安全性要求笼型异步电动机直接（全电压）起动时，起动电流一般为额定电流的4～7倍。通常规定容量在7kW以下且不超过配电变压器容量的30%的情况下，小功率单台电动机可以采用全电压直接起动。对于长时间运行且功率较大（超过配电变压器容量的30%）的情况，为减小起动电流造成的电网电压波动，降低设备机械载荷冲击，保护绕组，一般要求电动机减压起动。

一般较大容量的低压电动机常采用星形-三角形（Y-△）减压起动、定子绕组串电阻减压起动；高压电动机则采用定子绕组串电抗器、自耦变压器等作为减压起动装置。

某企业车间的电动机为了安全、合理使用，起动时要求减压起动。

二、问题思考

1. 什么是减压起动？常用的减压起动方法有哪几种？
2. 电动机定子绕组Y联结和△联结是怎样连接的？
3. 电动机在什么情况下应采用减压起动？定子绕组为Y联结的三相异步电动机能否用Y-△减压起动？为什么？
4. 空气阻尼式时间继电器有什么作用？请描述其工作过程。

【学习目标】

一、知识目标

1. 了解时间继电器的定义和分类。
2. 理解电动机Y-△减压起动的目的。
3. 掌握通电延时型和断电延时型时间继电器的用途、结构、工作原理、国标符号、常见品牌和选用方法等知识。

二、能力目标

1. 能够正确判别时间继电器的类别、用途和动作方式。
2. 能够识别时间继电器并根据铭牌看懂其型号、规格、主要技术参数、触点接线规则。
3. 能够根据设备工作场景正确选择减压起动方法。
4. 能够识别电动机的各种减压起动电路，并能正确分析控制电路的工作过程。

三、素养目标

1. 增强学生对现代企业“安全法规、安全意识”理念的认知和理解，让学生了解企业行业现状，增长见识。
2. 引导学生及早认识国家产业和行业布局、政策发展战略，了解我国继电器行业龙头企业发展中坚持科技攻关、服务国家的企业担当精神。

【知识准备】

知识点1：时间继电器

低压电器—时间继电器

在自动控制系统中，有些执行机构需要延时动作。得到信号经过一定的延时才输出信号的继电器，称为时间继电器。时间继电器可以实现被控元件达到设定的时间后延时动作。时间继电器按延时方式分为通电延时型和断电延时型两种，常用的时间继电器主要有空气阻尼式、晶体管式、电动式、电磁式等。目前，在电力拖动线路中应用较多的是空气阻尼式时间继电器。随着电子技术的发展，晶体管式时间继电器应用日益广泛。

时间继电器的图形符号和文字符号如图 1-49 所示。

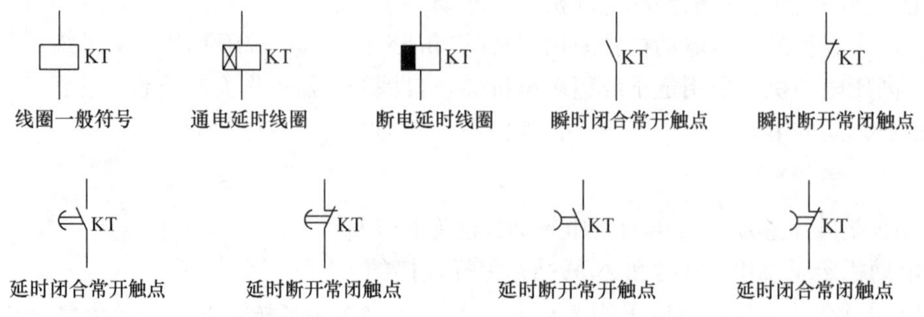

图 1-49　时间继电器的图形符号和文字符号

1. 空气阻尼式时间继电器

空气阻尼式时间继电器又称为气囊式时间继电器，利用空气压缩产生阻力来延时（利用气囊中的空气通过小孔节流的原理来获得延时动作），主要由电磁系统、延时机构、触点系统组成。空气阻尼式时间继电器的结构如图 1-50 所示。电磁系统包括线圈、铁心和衔铁。触点系统包括两对瞬时触点和两对延时触点，瞬时触点和延时触点分别是两个微动开关的触点。延时机构即空气室，由橡皮膜、活塞等组成。橡皮膜可随空气的增减而移动，顶部的调节螺钉可调节延时时间。传动机构由推杆、活塞杆、杠杆及各种类型的弹簧等组成。

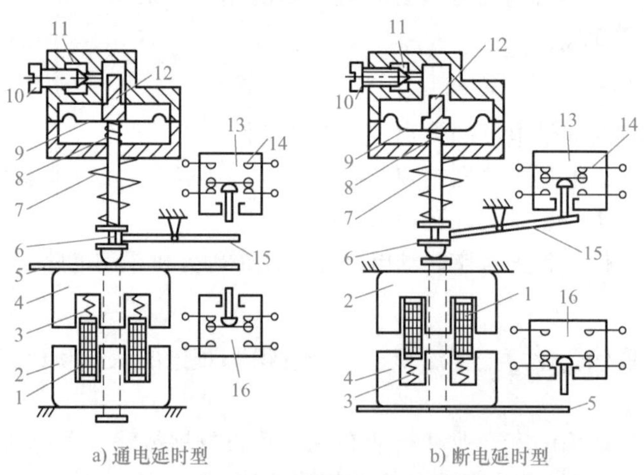

图 1-50　空气阻尼式时间继电器的结构

1—线圈　2—静铁心　3、7、8—弹簧　4—衔铁　5—推板　6—顶杆
9—橡皮膜　10—螺钉　11—进气孔　12—活塞　13、16—微动开关　14—触点　15—杠杆

当电磁铁线圈 1 通电后，将衔铁 4 吸下，于是顶杆 6 与衔铁间出现一个空隙，当与顶杆相连的活塞 12 在弹簧 7 作用下由上向下移动时，在橡皮膜 9 上面形成空气稀薄的空间（气室），空气由进气孔 11 逐渐进入气室，活塞因受到空气的阻力，不能迅速下降，在降到一定位置时，杠杆 15 使触点 14 动作（常开触点闭合，常闭触点断开）。线圈断电时，弹簧使衔铁和活塞等复位，空气经橡皮膜与顶杆之间推开的气隙迅速排出，触点瞬时复位。

将通电延时型时间继电器的电磁机构翻转180°安装后，就成为断电延时型时间继电器，其工作过程如图1-51所示。如图1-51a所示，当线圈得电时，气室内的空气经橡胶膜与顶杆之间的气隙迅速排出，延时触点瞬时复位。如图1-51b所示，当电磁铁线圈断电后，弹簧使衔铁复位，于是顶杆与静铁心之间出现一个空隙，当与顶杆相连的活塞在弹簧的作用下由下向上移动时，在橡胶膜下方的气室内形成负压，空气由进气孔逐渐进入气室，活塞因受空气阻力不能迅速上升，在升至一定位置时，杠杆使触点动作（常开触点闭合，常闭触点断开）。

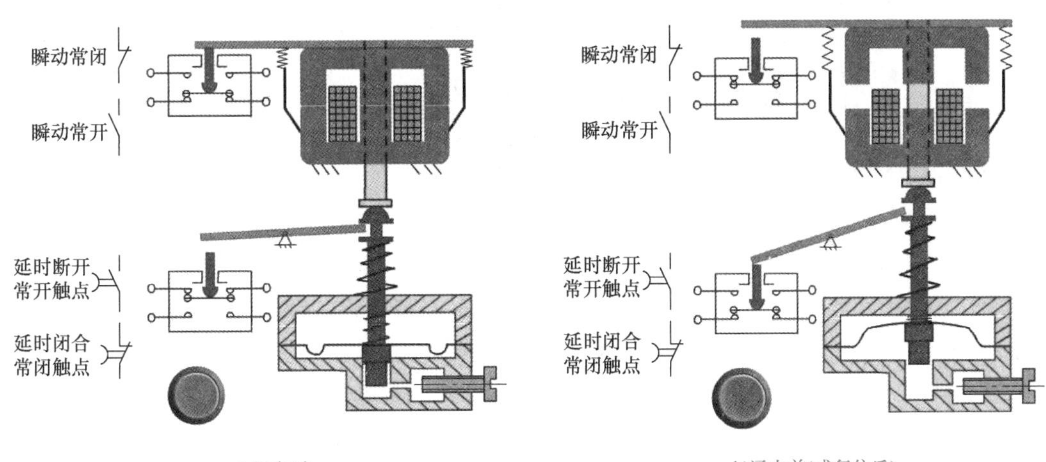

a) 通电时　　b)通电前(或复位后)

图1-51　断电延时型时间继电器的工作过程

常用的空气阻尼式时间继电器为JS7－A系列，如图1-52所示。它适用于交流50Hz，电压低于380V的电路中，通常用在自动或半自动控制系统中，按预定时间使被控制元件动作。常见的型号有JS7－1A、JS7－2A、JS7－3A、JS7－4A。按延时范围可分为0.4～60s和0.4～180s两种。按线圈的额定电压可分为24V、36V、110V、127V、220V、380V六种。

图1-52　JS7－A系列空气阻尼式时间继电器

空气阻尼式时间继电器延时范围大、结构简单、工作可靠、寿命长、价格低、延时范围广、体积小、精度高、调节方便、寿命长。但是其延时误差较大，易受周围环境温度、尘埃等的影响，难以精确地整定延时值。因此，在延时精度要求较高的场合，不宜采用空气阻尼式时间继电器，应采用晶体管式时间继电器。

2. 晶体管式时间继电器

晶体管式时间继电器也称为半导体时间继电器或电子式时间继电器，其利用延时电路来完成延时。它具有机械结构简单、延时范围广、精度高、消耗功率小、调整方便及寿命长等优点。随着电子技术的发展，晶体管式时间继电器也在迅速发展，现已日益广泛地应用于电力拖动、顺序控制及各种生产过程的自动控制中。晶体管式时间继电器按结构分为阻容式和数字式两类；按延时方式分为通电延时型、断电延时型；按输出形式分为有触点式和无触点式，前者是用晶体管驱动的小型电磁式继电器，后者采用晶体管或晶闸管输出。常见产品有

JS20 系列，如图 1-53 所示。它具有保护外壳，其内部结构采用印制电路板组件，安装和接线采用专用插接座，并配有带插脚标记的下标牌作为接线指示，上标牌上还带有发光二极管作为动作指示。

图 1-53　JS20 系列晶体管式时间继电器外形结构及接线

晶体管式时间继电器工作电路如图 1-54 所示。电源接通后，经整流滤波和稳压后的直流电压经过 RP_1 和 R_2 向电容 C_2 充电。当场效应晶体管 VF 的栅源电压 U_{gs} 低于夹断电压 U_p 时，VF 截止，此时 VT、VTH 也处于截止状态。随着充电的不断进行，电容 C_2 的电位按指数规律上升，当满足 $U_{gs}>U_p$ 时，VF 导通，VT、VTH 也导通，继电器 KA 吸合，输出延时信号。同时，电容 C_2 通过 R_8 和 KA 的常开触点放电，为下次动作做好准备。当切断电源时，继电器 KA 释放，电路恢复原始状态，等待下次动作。调节 RP_1 和 RP_2 即可调整延时时间。

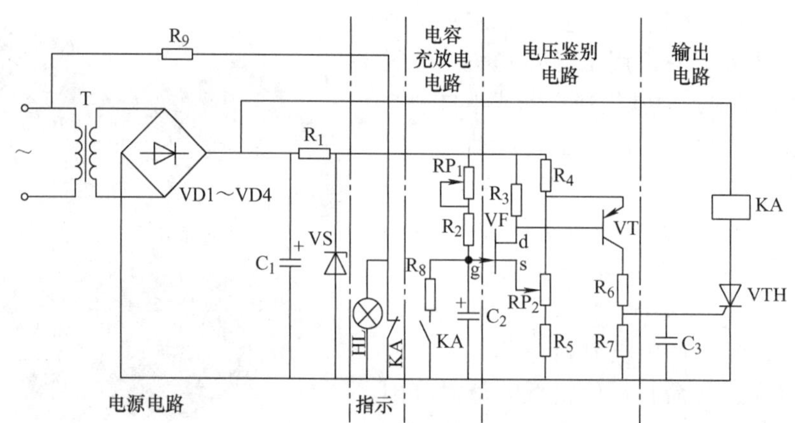

图 1-54　晶体管式时间继电器工作电路

3. 电动式时间继电器

电动式时间继电器由同步电动机、减速齿轮机构、电磁离合系统及执行机构组成，利用内部电动机带动减速齿轮传动来完成延时。其延时范围宽，可达数十小时，延时直观，延时精度高，但结构复杂，体积较大，成本较高，延时易受电源频率变化的影响。

电动式时间继电器 JS11 系列产品如图 1-55 所示。JS11 系列数字式时间继电器是 JS11 系列电动式时间继电器的更新换代产品，它采用了先进的数控技术。JS11 系列时间继电器延时时间长，无机械磨损，工作稳定、可靠，精度高，计数清晰，广泛用于自动控制系统。

4. 电磁式时间继电器

电磁式时间继电器是利用电磁线圈断电后磁通缓慢衰减的原理使衔铁延时释放而达到触

点延时动作的目的。电磁式时间继电器延时时间的长短是靠改变铁心与衔铁间非磁性垫片的厚度（粗调）或改变释放弹簧的松紧（细调）来调节的，垫片厚则延时短，薄则延时长；弹簧紧则延时短，松则延时长。电磁式延时继电器具有结构简单、运行可靠、寿命长、允许通电时间长等优点。缺点是仅适用于直流电路，若用于交流电路，则需要整流；仅能在断电时获得延时，若弹簧太紧，有可能吸不动衔铁，触点不能闭合，若弹簧太松，则又可能不能释放衔铁，或动作不可靠，因此整定值也只能在小范围内变化。电磁式时间继电器一般在直流控制电路中应用较广泛。

图 1-55　电动式时间继电器 JS11 系列产品

时间继电器形式多样，各具特点，选择时应从以下几方面考虑：

1）根据控制电路对延时触点的要求选择延时方式，即通电延时型或断电延时型。

2）根据延时范围和精度要求选择时间继电器类型。

3）根据使用场合、工作环境选择时间继电器的类型。如电源电压波动大的场合可选择空气阻尼式或电动式时间继电器，电源频率不稳定的场合不宜选用电动式时间继电器；环境温度变化大的场合不宜选用空气阻尼式和电磁式时间继电器。

知识点 2：星形（Y）联结和三角形（△）联结

电动机的定子绕组可以接成三角形（△）联结和星形（Y）联结两种，如图 1-56 所示。

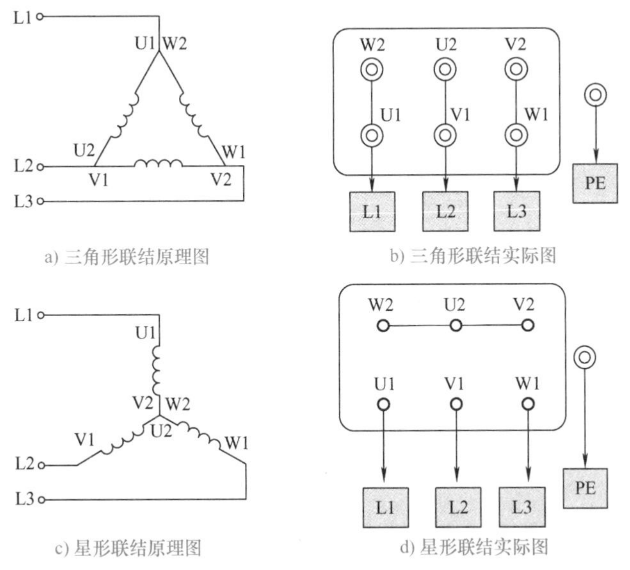

a) 三角形联结原理图　　b) 三角形联结实际图

c) 星形联结原理图　　d) 星形联结实际图

图 1-56　电动机定子绕组的星形（Y）联结和三角形（△）联结

1）三角形（△）联结是将电动机三相定子绕组的首、末端依次相连，从连接点引出三根导线分别接到三相电源的连接方式。此时，绕组两端电压为线电压（各绕组首端与首端之间的电压，即任意两根相线之间的电压称为线电压），等于相电压（每个绕组的首端与末端之间的电压）的$\sqrt{3}$倍，约为 380V；线电流等于相电流的$\sqrt{3}$倍。

2）星形（Y）联结是将电动机定子绕组的三个末端连接在一起，三个首端分别接三相电源的连接方式。此时，三个绕组两端电压为相电压，大小为220V，在空间两两相差120°，线电流等于相电流。

星形联结有助于降低绕组的承受电压（220V），降低绝缘等级和起动电流，但是电动机功率较小。三角形联结有助于提高电动机功率，但是绕组承受电压大，增大了绝缘等级和起动电流。因此，小功率电动机（4kW以下的）大部分采用星形联结，大于4kW的电动机采用三角形联结。

对于星形联结，可以将中点（称为中性点）引出线作为中性线，构成三相四线制，也可不引出，构成三相三线制。当然，无论是否有中性线，都可以添加地线，分别成为三相五线制或三相四线制。

【任务实施】

对电动机Y-△减压起动电路进行设计、分析与接线调试。某车间冷风机控制系统的风叶轮由一台型号为Y160L－6（11kW）电动机驱动，系统吸入冷气并通过管道系统将冷风输送到车间各个角落。由于电动机功率较大，设计其正常工作时为三角形（△）联结，起动时，要求采用Y-△减压起动。请设计电动机Y-△减压起动电路，并分析电路工作原理，完成电路接线并进行调试。

实施步骤

1. 控制要求

车间冷风机控制系统上电后，按下起动按钮，电动机星形（Y）联结起动。5s后，自动切换为三角形（△）联结运行。按下停止按钮，电动机失电停止。

2. 电路设计

设计电动机Y-△减压起动电路时，为了满足延时5s的控制要求，采用通电延时型时间继电器，通过其辅助触点切断星形联结接触器、接通三角形联结接触器，从而实现Y-△的自动切换。电动机Y-△减压起动线路如图1-57所示。

电动机绕组由星形联结向三角形联结转换后，随着KMY失电，KT失电复位。这样能节约电能，延长电器的使用寿命，同时KT常闭触点的复位为第二次起动做好准备。

电动机Y-△减压起动电路结构简单、操作方便、价格低廉，不仅在车间冷风机系统中广泛应用，在机床电动机控制中也得到了普遍应用。电动机Y-△减压起动时，加到定子绕组上的起动电压降低为220V，起动电流降为三角形（△）联结直接起动时的1/3，起动转矩也降低到原来的1/3，所以该起动方法仅适用于轻载或空载起动的场合。

3. 电路分析

系统上电后，闭合电源开关QF，按下起动按钮SB1，接触器KM、KMY和时间继电器KT线圈得电，KM线圈得电并自锁，KM、KMY的主触点闭合，电动机以星形（Y）联结方式减压起动。

当KT延时到达5s时，其延时常闭触点先断开接触器KMY线圈，其常闭触点复位，再接通接触器KM△线圈，KM△线圈得电并自锁电动机以三角形（△）联结方式进入全电压正常工作状态。

按下停止按钮SB2，KM、KMY、KT、KM△线圈全部断电，电动机失电停止。

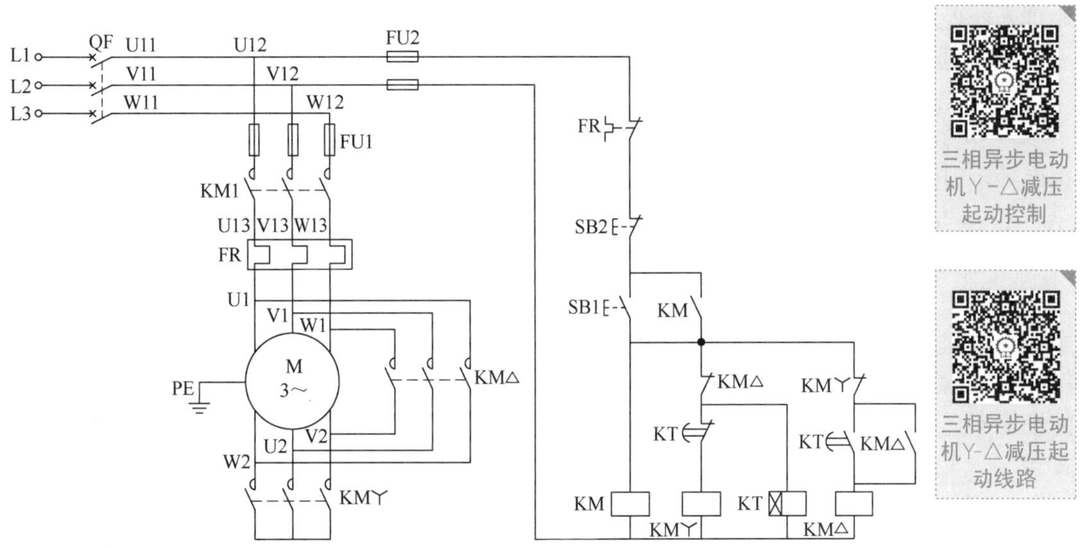

图 1-57　电动机丫-△减压起动线路

4. 电路调试

进行三相异步电动机丫-△减压起动电路接线及调试。

1）按照图 1-57 准备低压电器元件：断路器、熔断器、交流接触器、热继电器、三相笼型异步电动机、控制按钮、通电延时型时间继电器，并检查外观是否完好。

2）按图 1-57 正确连接主电路和控制电路，并检查线路是否正确，接线是否牢固。

3）接通电源总开关 QF，当按下、松开起动按钮 SB1 时，观察电动机是否满足丫-△减压起动这一运行要求。当按下、松开停止按钮 SB2 时，观察电动机是否能够停止运行。

如果电路不能实现电动机丫-△减压起动，请对照图 1-57 分析、检查、修改电路，并记录对应的现象和解决办法，直到完全实现电路功能。

4）电路运行结束后断开电源总开关 QF。

【拓展知识】

拓展知识点：继电器

【拓展任务】

三相异步电动机串电阻减压起动电路的设计、分析与接线调试

三相异步电动机串电阻减压起动线路

【课后测试】

1. 空气阻尼式时间继电器又称为__________，是利用气囊中的空气通过__________的

原理来获得延时动作的，按延时方式可分为＿＿＿＿＿＿和＿＿＿＿＿＿。

2. 时间继电器按工作原理可分为＿＿＿＿、＿＿＿＿、＿＿＿＿和＿＿＿＿四种类型。

3. 继电器按反应的参数可以分为＿＿＿＿、＿＿＿＿、＿＿＿＿和＿＿＿＿等。

4. 空气阻尼式时间继电器从结构看，只要改变＿＿＿＿＿＿＿＿的安装方向，便可获得两种不同的延时方式。

A. 触点系统　　B. 电磁机构　　C. 气室　　D. 传动机构

5. 电动机经常采用的减压起动方式是＿＿＿＿和＿＿＿＿。

6. 继电器的线圈断电时，其常开触点＿＿＿＿，常闭触点＿＿＿＿。

7. 在延时精度要求较高时，不宜采用＿＿＿＿时间继电器，应采用＿＿＿＿时间继电器。

8. 电源电压波动大的场合可选＿＿＿＿式或＿＿＿＿式时间继电器，电源频率不稳定的场合不宜选用＿＿＿＿式时间继电器；环境温度变化大的场合不宜选用＿＿＿＿＿＿＿＿式和＿＿＿＿＿＿＿＿式时间继电器。

9. 通电延时型时间继电器的动作情况是（　　）。

A. 线圈通电时触点延时动作，断电时触点瞬时复位

B. 线圈通电时触点瞬时动作，断电时触点延时复位

C. 线圈通电时触点不动作，断电时触点瞬时复位

D. 线圈通电时触点不动作，断电时触点延时复位

【拓展思考与训练】

一、拓展思考

1. 电动机定子绕组Y联结是指以怎样的方式连接？电动机定子绕组△联结是指以怎样的方式连接？

2. 定子绕组为Y联结的三相异步电动机能否采用Y-△减压起动？为什么？

3. 中间继电器与接触器有何异同？接触器是否具有欠电压保护的功能？

4. 在Y-△减压起动中控制电路采用接触器互锁的目的是什么？

5. 电动机接线盒中三相绕组的输入端子和输出端子为什么错位排列，这为绕组三角形连接提供了什么方便？

二、拓展训练

训练任务1：M1和M2均为三相笼型异步电动机，采用全电压直接起动。请按下列要求设计工作电路：M1先起动，经一段时间延时后，M2自行起动；M2起动后，M1立即停车；M2能单独停车；电路设有保护环节。

训练任务2：M1和M2均为三相笼型异步电动机，采用全电压直接起动。按下列要求设计主电路和控制电路：M1先起动，经一段时间延时后，M2自行起动；按下停止按钮后，M2先停车，经一段时间后M1停车；电路设有保护环节。

任务1.5　三相异步电动机的制动控制

【任务布置】

一、任务引入

三相笼型异步电动机切除电源后，由于惯性总要经过一段时间才能完全停止旋转，这往

往不能适应某些生产机械的安全、准停、节约时间等工艺要求，如起重机的吊钩需要立即减速定位、万能铣床要求主轴迅速停转、电梯平层要求定位准停等。

世界上最早的火车在机车里只装了一个火车司机手动操作的制动器，由于制动器力量不够，制动效果差，曾造成严重的车祸。这是因为不能迅速停车的缘故。法国人威斯汀豪斯一天通过报纸了解到工人们采用大功率的凿岩机开凿隧道，并受此启发发明了压缩空气制动器，能使沉重的列车快速停车而避免相撞。1869 年，威斯汀豪斯获得火车的空气制动器专利，并创办了威斯汀豪斯空气制动器公司。他的自动空气制动器迅速推广到全美和欧洲。在推广空气制动器过程中，他注意到部件生产中标准化的好处，从而成为现代工业生产中推行标准化的首批企业家之一。

带式输送机已在煤矿广泛使用，按运输角度分为水平、倾斜向上和倾斜向下三种。通常倾斜向上的角度不超过 18°，倾斜向下的角度不超过 15°。带式输送机完好标准规定：载荷停机后，向下运输时顺向下滑不超过 4m。某煤矿开采企业的矿井内，下山巷道安装有一部 SD－150 型可伸缩带式输送机，该机全长 320m，运输能力为 500t/h，向下运输倾角为 9°，运行速度为 2m/s。由于该输送机运行中载荷停机顺向下滑时间达到 1min，致使机头堵煤，严重影响生产。SD－150 型带式输送机的传动部位无法安装制动器，因而无法采用机械制动。为了能及时制动，有效阻止带式输送机顺向下滑，经分析研究，可伸缩带式输送机的驱动电动机采用反接制动，以保障快速停车安全和节约辅助时间。

二、问题思考

1. 什么是反接制动？怎样防止反接制动中电动机反转？
2. 什么是能耗制动？能耗制动中为什么使用直流电？
3. 反接制动和能耗制动各有什么特点及各适用什么场合？

【学习目标】

一、知识目标

1. 理解电动机制动的目的并掌握其方法。
2. 熟悉速度继电器的用途、结构、工作原理、国标符号。
3. 掌握速度继电器触点在控制电路中的使用方法。

二、能力目标

1. 能够正确判别速度继电器的触点并判别辅助触点电路连接是否正确。
2. 能够根据设备工作场景正确选择制动方法。
3. 能够识别电动机的各种制动控制电路，并能正确分析控制电路的工作过程。

三、素养目标

1. 培养学生的理解能力、观察能力、知识应用能力，引导学生关注设备制动停机的安全性，增强安全意识。

2. 通过介绍威斯汀豪斯空气制动器案例，体味智慧源于生活。提高自身专业水平，具备思辨能力和责任意识，培养创新思维。

【知识准备】

知识点1：制动方法

制动是指给正在运行的电动机加上一个与原转动方向相反的制动转矩，迫使电动机迅速停转。由于机械惯性，三相异步电动机从切除电源到完全停止旋转需要经过一定的时间，这往往不能满足生产机械迅速停车的要求，也影响生产效率。因此，应对电动机进行制动控制，常用的制动方法有机械制动和电气制动。

1. 机械制动

所谓机械制动，是利用机械或液压装置产生机械力来强迫电动机迅速停车。机械制动是在电动机断开电源后采用机械装置强迫电动机迅速停转的制动方法，主要采用电磁抱闸、电磁离合器等实现，两者都是利用电磁线圈通电后产生磁场，使静铁心产生足够大的磁力吸合衔铁或动铁心（电磁离合器的动铁心被吸合，动、静摩擦片分开），克服弹簧的拉力而使电动机处于非制动状态。当需要制动时，让电磁线圈断电，电磁抱闸通过闸瓦的摩擦实现制动，电磁离合器利用动、静摩擦片之间足够大的摩擦力使电动机断电后立即停车。

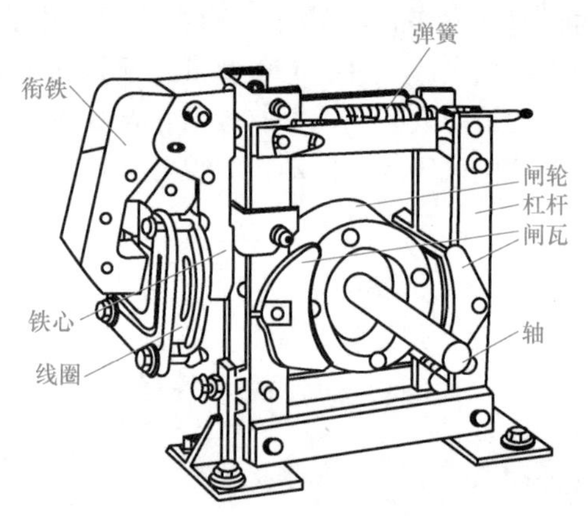

图1-58　断电制动型电磁抱闸的结构

断电制动型电磁抱闸的结构如图1-58所示，电磁抱闸断电制动控制电路如图1-59所示。制动电磁铁的电磁线圈与三相异步电动机的定子绕组相并联，闸瓦制动器的转轴与电动机的转轴相连。按下起动按钮SB2，电动机M起动运行。同时，抱闸电磁线圈通电，电磁铁产生磁场力吸合衔铁，带动制动杠杆动作，推动闸瓦松开闸轮。停车时，按下停止按钮SB1，KM线圈断电，电动机绕组和电磁抱闸线圈同时断电，电磁铁衔铁释放，弹簧的弹力使闸瓦紧紧抱住闸轮，电动机立即停止转动。

2. 电气制动

电气制动就是在电动机切断电源后，通过制动力矩（产生一个和电动机实际转向相反的电磁力矩）、电能消耗、电能存储或电能反馈回电网等方法，使电动机迅速停转。电气制动包含反接制动、能耗制动、电容制动、回馈制动等，最常用的是反接制动和能耗制动这两种方法。

1）反接制动是利用改变电动机电源的相序，使定子绕组产生相反方向的旋转磁场，从而产生制动转矩的一种制动方法。电动机断开电源后，为了迅速停机，给电动机加上与正常运行时反相的电源，此时，电动机转子的旋转方向与定子旋转磁场的方向相反，产生的电磁转矩为制动力矩，加快电动机的减速。

反接制动制动转矩大，制动迅速，冲击大，通常适用于不频繁起动、制动时对停车位置无精确度要求而传动机构能承受较大冲击的设备，如镗床、铣床等。为了降低冲击电流，通常在笼型异步电动机定子电路中串入反接制动电阻串入反接制动电阻（包括对称接法和非对称接法），防止制动电流过大而影响电动机安全，但也会使制动力矩减小。另外，当电动机转速接近零时，要及时切断反相电源，以防电动机反向起动，通常用速度继电器来检测电

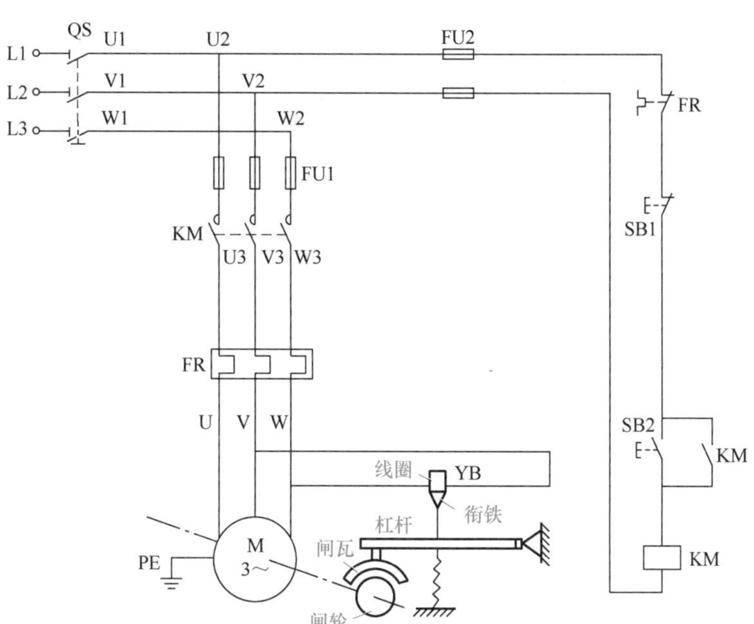

图 1-59　电磁抱闸断电制动控制电路

动机转速并控制电动机反相电源的断开。

2）能耗制动是在电动机断开三相交流电源之后，在电动机定子绕组任意两相间立即加直流电压，利用转子感应电流与静止磁场的作用产生制动转矩。能耗制动的优点是制动准确、平稳且能量消耗较小，缺点是需要附加直流电源装置，制动效果不及反接制动明显。所以，能耗制动一般用于电动机容量较大，起动、制动频繁的场合，如磨床、立式铣床等控制电路中。

知识点2：速度继电器

速度继电器是用来反映转速与转向变化的继电器，可以按照被控电动机转速的大小使控制电路接通或断开。速度继电器通常与接触器配合，实现对电动机的反接制动。

电磁式速度继电器主要由转子、定子和触点三部分组成。其转子是一个圆柱形永久磁铁，定子是一个笼型空心圆环，由硅钢片叠成，并装有笼型绕组。速度继电器的结构及外形如图 1-60 所示。

低压电器—
速度继电器

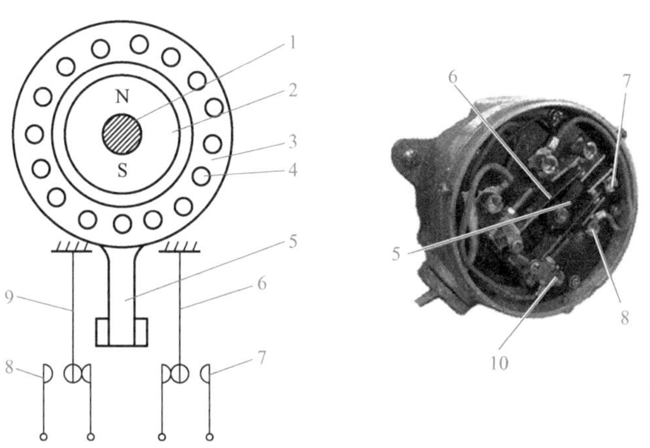

图 1-60　速度继电器的结构及外形

1—转轴　2—转子　3—定子　4—绕组　5—摆锤　6、9—簧片　7、8—静触点　10—转换触点速度继电器的转轴和电动机的轴通过联轴器相连，当电动机转动时，速度继电器的转子随之转动，定子内的绕组便切割磁感线，产生感应电动势，而后产生感应电流，此电流与转子磁场作用产生转矩，使定子开始转动。电动机转速达到某一值时，产生的转矩能使定子转到一定角度，使速度继电器的摆杆推动常闭触点动作；当电动机转速低于某一值或停转时，定子产生的转矩会减小或消失，速度继电器的触点在弹簧的作用下复位。同理，电动机反转时，定子会沿反方向转过一个角度，使速度继电器的另外一组触点动作。可以通过观察速度继电器触点的动作与否来判断电动机的转向与转速。

速度继电器的图形符号和文字符号如图 1-61 所示。

速度继电器主要根据电动机的额定转速来选择。使用时，速度继电器的转轴应与电动机同轴连接；安装接线时，正、反向的触点不能接错，否则不能起到反接制动时接通和断开反向电源的作用。速度继电器的动作速度一般不低于 120r/min，复位转速约在 100r/min 以下，该数值可以调整。

KS　　n KS　　n KS

a) 转子　　b) 常开触点　　c) 常闭触点

图 1-61　速度继电器的图形符号和文字符号

【任务实施】

对三相异步电动机反接制动电路进行设计、分析与接线调试。倾斜向下运输的带式输送机采用反接制动控制方案，电动机必须反接通电运行几秒使输送带运行 4～5m 后再停止。倾斜向下 SD－150 型带式输送机的驱动电动机的额定功率为 5kW，额定转速为 1000r/min，额定电压为 220V。

驱动电动机需要停止时，按下停止按钮，反向接触器接通，调换接入定子绕组中任意两相的电源相序，这时电磁转矩换向，使电动机开始减速，直到转速降为速度继电器的复位转速，然后反接制动控制电路断开，负载和空气阻力使电动机转速归零。请完成倾斜向下 SD－150 型带式输送机驱动电动机反接制动电路的设计、安装、接线及调试。

实施步骤

1. 控制要求

要求采用速度继电器，电路具有单向运转反接制动控制功能，即按下起动按钮 SB2，电动机单向长动运转；按下停止按钮 SB1，电动机能够反接制动，快速停车；电路设有过载和短路保护。

2. 电路设计

电动机反接制动控制线路如图 1-62 所示，采用两个交流接触器、一组反接制动电阻 R（限制制动电流）、保护电器（熔断器、热继电器）、速度继电器、按钮等电气元件。主电路中电动机与速度继电器同轴安装。

3. 电路分析

起动电动机：合上电源开关 QF，按下起动按钮 SB2，接触器 KM1 线圈得电吸合并自锁，KM1 主触点闭合，电动机起动运转；当电动机转速升高到一定数值时，速度继电器 KS 的常开触点闭合，为反接制动做好准备。

停车制动：按下停止按钮 SB1，接触器 KM1 线圈失电释放，KM1 的主触点断开电动机的

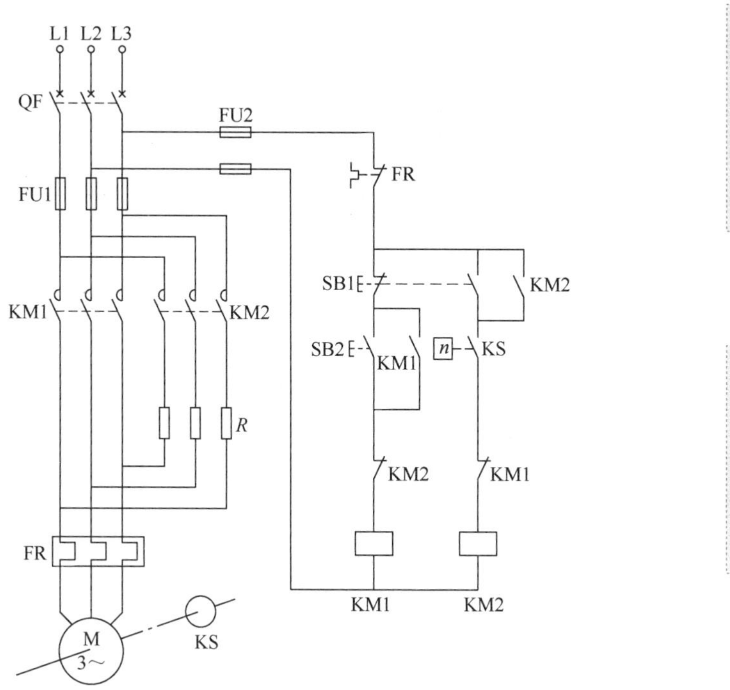

三相异步电动机反接制动和能耗制动

三相异步电动机反接制动控制线路

图 1-62　电动机反接制动控制线路

工作电源；而接触器 KM2 线圈得电吸合，KM2 主触点闭合，串入电阻 R 进行反接制动，电动机产生一个反向电磁转矩（即制动转矩），迫使电动机转速迅速下降，当转速降至 100r/min 以下时，速度继电器 KS 的常开触点复位，使接触器 KM2 的线圈失电释放，及时切断电动机的电源，防止电动机反向再起动。

4. 电路调试

进行三相异步电动机反接制动电路的接线及调试。

1）按照电路 1-62 准备低压电器元件：断路器、熔断器、交流接触器、一组反接制动电阻 R、热继电器、三相笼型异步电动机、控制按钮、速度继电器，并检查外观是否完好。

2）按图 1-62 正确连接主电路和控制电路，并检查线路是否正确，接线是否牢固。

3）接通电源总开关 QF，按下、松开起动按钮 SB2，观察电动机是否正常运行，按下、松开停止按钮 SB1，观察电动机是否能够停止。

如果电路不能实现电动机反接制动控制，请对照图 1-62 分析、检查、修改电路，并记录对应的现象和解决办法，直到完全实现电路功能。

4）电路运行结束后，断开电源总开关 QF。

【拓展知识】

拓展知识点：直流稳压电源

【拓展任务】

电动机能耗制动电路的设计、分析与接线调试

三相异步电动机能耗制动控制线路

【课后测试】

1. 电动机制动方法有________和________两种，电气制动方法包括________和________。

2. 速度继电器分为________和________两类。速度继电器的动作速度一般不低于________，复位转速约在________以下，该数值可以调整。

3. 直流稳压电源的组成包括________、________、________、________四大部分。能为负载提供稳定直流电源的电子装置是________，电路对整流部分输出的脉动直流电进行平滑处理。

4. ________制动的优点是制动准确、平稳且能量消耗较小，缺点是需要附加________，制动效果不及________明显。

5. 使用速度继电器KS进行反接制动时，其________触点复位，使________接触器的线圈失电释放，及时切断电动机的电源，防止电动机反向再起动。

【拓展思考与训练】

一、拓展思考

1. 什么是电动机的制动？电动机的制动方法有哪些？

2. 速度继电器的图形符号和文字符号分别是什么？简述速度继电器的主要作用。

3. 三相笼型异步电动机有哪几种电气制动方式？各有什么特点和适合场合？

二、拓展训练

训练任务：某机床主轴由一台笼型异步电动机驱动，按下列要求设计主电路和控制电路：主轴能正、反转，而且能够反接制动；有短路、零电压及过载保护。

项目2 典型机床电气控制线路分析

普通机床是普通车床、铣床、钻床、磨床等机床的统称。典型普通机床的电气控制线路分析，需要从普通车床、铣床等机床电气控制系统的设计入手，掌握机床电气控制系统的设计原则和步骤，熟悉机床的工作范围和控制要求分析。本项目将以典型普通机床（车床、铣床）为案例介绍机床电气控制系统的设计原则和步骤，使学生掌握电气原理图的画法、阅读分析方法等知识，并能正确分析普通机床的电气控制电路，为以后完成机床电气控制系统装调和维修做准备。

任务2.1　C650型卧式车床控制线路分析

【任务布置】

一、任务引入

“制造业是国民经济的主体，是立国之本、兴国之器、强国之基。”打造具有国际竞争力的制造业，是我国提升综合国力、保障国家安全、建设世界强国的必由之路。机床是机械制造业的重要基础，机床的发展水平直接决定着国家机械制造的发展水平。

中华人民共和国成立之初，我国机床工业十分落后，全国机床保有量在9.5万台左右。1952年，金属切割机床年产量仅1.37万台。在欧美国家对我国技术严密封锁的情况下，中国机床工业走上自主创新之路。同时开始引进日本、德国、美国的先进数控系统。根据国家统计局《2014—2019年中国金属切削机床制造行业市场研究与投资战略规划报告》数据显示，在2001—2011年期间，我国金属切削机床产量从19.2万台增长到85.99万台（2019年为42.1万台）；数控机床产量从1.75万台增加到25.71万台。根据中国机床工具工业协会数据显示，2001—2008年，加工中心从479台增加至16512余台。我国制造业持续快速发展，建成了门类齐全、独立完整的产业体系，有力地推动了工业化和现代化进程，显著增强了综合国力。

普通车床的电气控制系统是机床的重要组成部分，和机械、液压、气动等机构分工协作共同保障机床的正常工作。制造车间的工程技术人员需要具备车床控制线路的专业分析能力，以便完成电气控制系统安装与调试、故障分析与排除等工作。

二、问题思考

1. C650型卧式车床的加工范围和控制要求有哪些？
2. 如何绘制电气控制系统图？
3. 电气控制电路分析的内容有哪些？

【学习目标】

一、知识目标

1. 了解电气原理图的画法和阅读分析方法。

2. 掌握 C650 型卧式车床的主要结构。

3. 熟知 C650 型卧式车床的电力拖动方案和控制要求。

二、能力目标

1. 能够初步认识电气控制系统，理解电气控制系统对电气设备生产操作的作用。

2. 能够熟练分析 C650 型卧式车床车削加工时的主运动、进给运动和辅助运动。

3. 能够完成电气控制原理图主电路、控制电路和辅助电路的分析。

三、素养目标

1. 通过电气控制线路分析来提升学生的逻辑思维能力、知识应用能力。以严谨的工作态度分析电气线路，提升学生分析问题、解决问题的能力，培养学生的自主学习能力和创新实践能力。

2. 通过回顾中国机床发展的艰辛历程和成就，激发学生将专业理论知识应用到我国制造业的自豪感和责任感。

【知识准备】

电气原理图的画法和阅读分析

知识点 1：电气原理图的画法

电气控制系统是由许多电器元件按照一定的要求和方法连接而成的。为了便于电气控制系统的设计、安装、调试、使用和维护，将电气控制系统中各电器元件及电路的连接关系和工作原理用一定的图形表达出来，这就是电气控制系统图。

电气控制系统图主要包括电气原理图、电气设备总装接线图、电器元件布置图与接线图。画图时，要遵循简明易懂的原则，采用国家统一规定的图形符号、文字符号和标准画法来绘制。

目前执行的国家标准是 GB/T 4728.1~4728.13—(2008—2018)《电气简图用图形符号》、GB/T 6988.1—2008《电气技术用文件的编制 第 1 部分：规则》、GB/T 6988.5—2006《电气技术用文件的编制 第 5 部分：索引》、GB/T 21654—2008《顺序功能表图用 GRAFCET 规范语言》。

电气原理图是为了使技术人员便于阅读和分析控制电路，根据简单清晰的原则，采用电器元件展开形式绘制成的表示电气控制电路工作原理的图形。由于其结构简单、层次分明，适用于研究和分析电路的工作原理，并为电气故障排查提供帮助，因此在设计部门和生产现场得到了广泛应用。

需要注意的是，电气原理图只表示所有电器元件的导电部件和接线端点之间的相互关系，并不是按照各电器元件的实际布置位置和实际接线情况来绘制的，也不反映电器元件的大小。因此，在读图时要注意识别电器元件的图形符号和文字符号。电动机点动控制电路的电气原理图如图 2-1 所示。

1）电气原理图一般分为主电路和控制电路两部分。

① 主电路：从电源到电动机绕组的大电流通过的路径，是设备的驱动电路。

② 控制电路：由接触器等的吸引线圈、辅助触点及按钮的触点等组成的逻辑电路，用于实现要求的控制功能。控制电路中通过的电流较小。

绘制电气原理图时，线条的粗细应一致，但某些时候为了区分部分电路功能，须绘制粗细不同的线条。例如，主电路用粗实线表示，画在左边（或者上边），控制电路用细实线表示，画在右边（或者下边）。

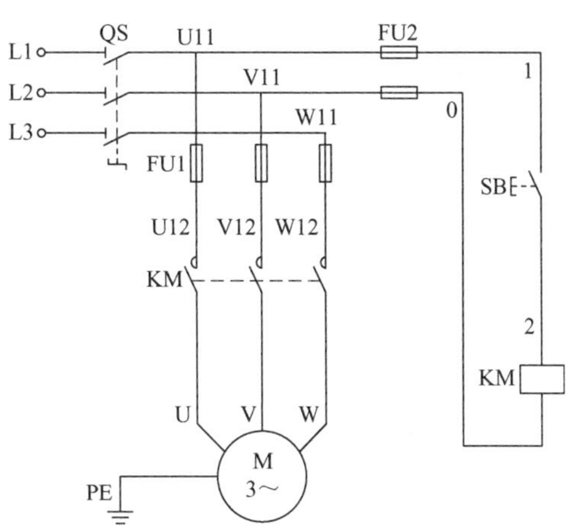

图 2-1 电动机点动控制电路电气原理图

2）电气原理图绘制的注意事项。在电气原理图中，各电器元件不画实际的外形图，而采用国家规定的统一标准图形符号来表示，文字符号也要符合国家标准；属于同一电器的线圈和触点，都要用统一的文字符号表示；当使用相同类型的电器时，可在文字符号后加标阿拉伯数字序号来区分。

在电气原理图中，各电器元件和部件的位置要根据便于阅读的原则来安排，同一电器的各个部件可以不画在一起。

在不同的工作阶段，各个电器的动作不同，触点的位置也不同，但是在电气原理图中只能表示出一种情况，因此规定电器元件和设备的可动部分在电气原理图中均以自然状态画出。

自然状态：各种电器在没有通电和外力作用时的状态。例如，接触器的自然状态是指其线圈未加电压，触点未动作时的位置；按钮、限位开关等元器件的自然状态是指其尚未被压合时触点的位置；对于热继电器来说，是常闭触点在未发生过载动作时的位置。

在电气原理图中，有直接电联系的交叉导线的交叉点要用黑圆点表示，无直接电联系的交叉导线的交叉处不能画黑圆点。绘图时，尽可能减少线条和避免线条交叉。

在电气原理图中，无论是主电路还是控制电路，各电器元件一般应按动作顺序从上到下、从左到右依次排列，可水平布置或垂直布置。

画电气原理图时，要层次分明，各电器元件以及它们的触点安排要合理，并应保证电气控制线路运行可靠，节省连接导线以及施工、维修方便。

图面区域的划分：竖边从上到下用拉丁字母编号；横边从左到右用阿拉伯数字编号。图面分区代号用该区域的字母和数字表示。图 2-2 下方的阿拉伯数字是图区横向编号，是为了便于检索电路、方便阅读分析而设置的。

图区上方横向标注的“电源保护”“短路保护”等字样，表明与它对应的下方元器件或电路的功能，以便于理解全电路的工作原理。

在比较复杂的电气原理图中，继电器、接触器等线圈的文字符号下方要标注其触点位置的索引，在触点文字符号下方要标注其线圈位置的索引。符号位置的索引采用图号、页次和图区编号的组合，当某一元件相关的符号元素出现在不同图号的图样上，而当每个图号仅有一页图样时，索引代号可省去页次。

在电气原理图中，电器元件的技术参数在明细表中进行标明，有时也用小号字体标在图形符号的旁边，如图 2-2 中图区 2 中主轴电动机 M1 的额定功率为 7.5kW，转速为 1450r/min。

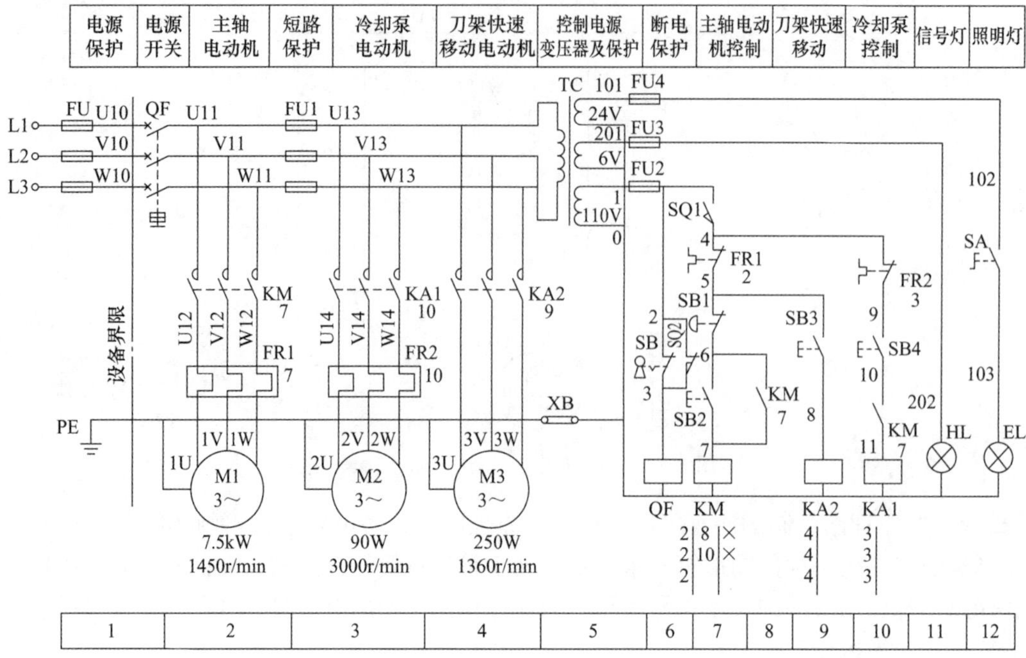

图 2-2　卧式车床电气原理图

知识点 2：电气原理图的阅读分析

电气原理图的阅读方法主要有查线读图法和逻辑代数法两种。

1. 查线读图法

查线读图法又称为直接读图法或跟踪追击法，是按照电路中电器元件绘制顺序，根据生产控制过程的工作步骤依次阅读各元器件的工作过程。

查线读图法的工作步骤如下：

1）了解生产工艺与执行电器的关系。在分析电路之前要熟悉电气设备的工艺情况，充分了解电气设备在生产时要完成的动作，相互之间有什么联系，然后进一步明确电气设备的机械动作与执行电器的关系，必要时可以画出简单的工艺流程图，为分析电路提供方便。

2）分析主电路。在分析主电路时，一般应先从电动机着手。根据主电路中有哪些控制元件的主触点、电阻等大致判断电动机是否有正反转控制、制动控制和调速要求等。

3）分析控制电路。分析控制电路时，应按照从上往下或从左往右的顺序依次阅读，可以按主电路的构成情况把控制电路分解成与主电路相对的几个基本环节依次分析，然后把各环节串起来。首先，记住各信号元件、控制元件或执行元件的自然状态，然后设想按下操作按钮，电路中有哪些元件状态发生改变，这些动作元件的触点又是如何控制其他元件的动作的，进而查看受驱动的执行元件有何运动，最后在追查执行元件带动机械运动时会使哪些信号元件状态发生变化。读图的过程中，特别要注意各元器件之间的相互联系和制约关系，直至将电路全部看懂为止。

查线读图法的优点是直观性强，容易掌握，因而得到了广泛的应用。其缺点是分析复杂电路的时候容易出错，叙述也比较长。

2. 逻辑代数法

逻辑代数法又称为间接读图法，是通过对电路的逻辑表达式的运算来分析控制电路的，其关键是正确写出电路的逻辑表达式。逻辑变量及其函数只有“1”和“0”两个取值，用来表达两种不同的逻辑状态。接触器控制电路的元件只有“通”和“断”两种状态，如开关的接通和断开、线圈的通电或断电、触点的闭合或断开等均可用逻辑值表示。因此，接触器控制电路的基本规律是符合逻辑代数运算规律的，是可以用逻辑代数来帮助设计和分析的。通常把接触器等线圈通电或按钮受力（常开触点闭合接通）用逻辑“1”来表示；把线圈失电或按钮未受力（常开触点断开）用逻辑“0”来表示。

在接触器控制电路中，表示触点状态的逻辑变量称为输入逻辑变量，表示接触器等受控元件状态的逻辑变量称为输出逻辑变量。输出逻辑变量是根据输入逻辑变量经过逻辑运算得出的。输入、输出逻辑变量的相互关系称为逻辑函数关系，也可以用真值来表示。逻辑代数法常用三种逻辑运算，如图 2-3 所示。

在图 2-3a 中，KM1 和 KM2 的触点串联，电路实现逻辑与运算，其逻辑关系式为 $KM3 = KM1 \cdot KM2$，即逻辑与用触点串联来实现。在图 2-3b 中，KM1 和 KM2 的触点并联，电路实现逻辑或运算，其逻辑关系式为 $KM3 = KM1 + KM2$，即逻辑或用触点并联来实现。图 2-3c 为逻辑非电路，KM1 触点的自然状态为闭合，其逻辑关系式为 $KM3 = \overline{KM1}$，逻辑非是对触点的状态进行取反。

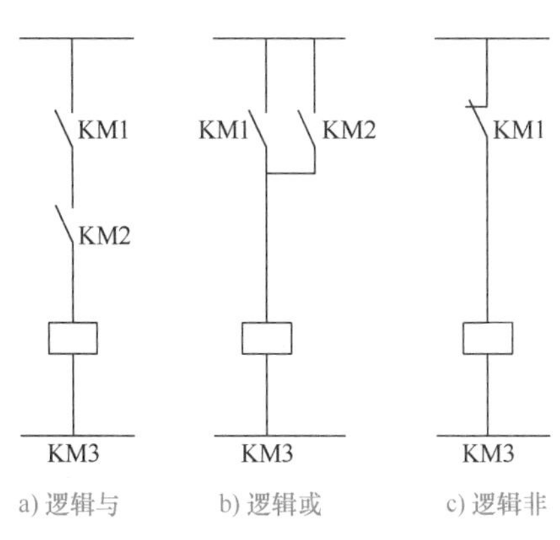

图 2-3　逻辑与、或、非电路图

运用逻辑代数法读图，逻辑性强，不会遗漏或看错电路的控制功能，各元器件之间的联系和制约关系在逻辑表达式中一目了然，逻辑代数法为电路采用计算机辅助分析提供了方便。其缺点是复杂电路的逻辑表达式烦琐冗长，查验某个元器件时需要从头开始逐个分析。

知识点 3：电气控制电路分析的内容和步骤

机床的电气控制不仅要求机床能够实现基本要求，还要满足生产工艺要求，保证机床各运动之间相互协调和联动准确，配套保护装置和联锁环节，实现自动控制。电气控制电路是电气控制系统的核心技术资料，由各种主令电器、接触器、继电器、电源装置和保护装置等按照一定的控制要求用导线连接而成。通过对这些核心资料的分析和研究可以掌握机床电气控制电路的工作原理、技术指标、操作方法、安装维护等信息。

1. 电气控制电路分析的内容

电气控制电路要分析机床的设备说明书、电气原理图、电气设备总装接线图和电器元件布置图与接线图。

（1）设备说明书

机床的设备说明书包含机械（包括液压系统）和电气两部分。在分析电气控制电路时，首先要阅读这两份说明书，了解机床电气设备的构造，包括主要技术指标，机械、液压和气动部分的工作原理；熟悉电气传动方式，包括电动机和执行电器的数目、规格、型号、安装位置、用途及控制要求等；明白要分析的设备的使用方法，包括操作手柄、开关按钮、指示装置的布置以及在控制电路中的作用；清楚了解与机械、液压部分之间关联的电器（行程开关、电磁阀、电磁离合器、传感器等）的位置、工作状态及与机械、液压部分的关系，并了解它们在控制中的作用。

(2) 电气原理图

电气原理图是电气控制电路分析的主要内容。在分析电气原理图前，必须阅读其他技术资料。通过阅读说明书了解各种电动机及执行元件的控制方式、位置及作用，各种与机械有关的行程开关和主令电器的状态等。

在原理图分析中可以通过所选用电器元件的技术参数分析出电气电路的主要参数和技术指标，估算出各部分的电流、电压值，以便在调试和检修设备时合理地使用仪表。

(3) 电气设备总装接线图

阅读分析总装接线图，可以了解系统的组成分布情况，各部分的连接方式，主要电气部件的布置和安装要求，导线和穿线管的规格型号等，这是安装设备不可缺少的资料。阅读分析总装接线图要和阅读分析说明书、电气原理图结合起来。

(4) 电器元件布置图和接线图

电器元件布置图和接线图是制造、安装、调试和维护电气设备必须具备的技术资料。在调试和检修中可通过布置图和接线图方便地找到各种电器元件和测试点，进行必要的调试、检测和维修保养。

2. 电气控制电路分析的步骤

在详细阅读了解设备说明书的基础上，了解电气控制系统的总体结构、电动机和电器元件的分布情况及控制要求等内容后，可以开始阅读分析电气原理图。

1）分析主电路。从主电路开始，根据每台电动机和执行电器的控制要求去分析它们的控制内容，包括起动、转向控制、调速、制动等。

2）分析控制电路。根据主电路中各电动机和执行电器的控制要求，一一找到控制电路中的控制环节，按功能不同将控制电路归类，并进行逐一分析。

3）分析辅助电路。辅助电路包括电源指示、各执行元件的工作状态显示、参数设定、照明和故障报警等部分。它们大多是由控制电路中的元器件来控制的，因此在分析辅助电路时要对照控制电路进行分析。

4）分析联锁及保护环节。由于切削加工时主轴的高速运转和电源系统的控制，对安全性及可靠性有很高的要求。为了实现这些要求，除了合理地选用拖动和控制方案，在控制电路中还设置了一系列电气保护和必要的电气联锁。

5）整体统筹检查。经过功能归类逐一分析各局部电路的控制原理及各部分元器件之间的控制关系后，还必须从整体角度来统筹检查整个控制电路，以免遗漏。特别要从整体角度进一步检查和理解各控制环节之间的联系，清晰地理解电气原理图中每一个电器元件的作用、工作过程及主要参数。

知识点4：C650型卧式车床的认知

C650型卧式车床适用于加工各种轴类、套筒、盘类和丝杆类零件上的回转表面，如切削内外圆柱面、圆锥面、端面及各种常用公、英制螺纹，还可以钻孔、扩孔、铰孔、滚花等。车削加工的主运动、进给运动、辅助运动共同支撑车削加工的完成。

图2-4所示为C650型卧式车床的结构图。它主要由主轴箱、导轨、刀架、尾架、光杠、丝杠、溜板箱、变速箱和进给箱等组成。C650型卧式车床采用功率为30kW的电动机拖动主轴，床身最大工件回转半径为1020mm，最大工件长度达3000mm，属于中型车床。

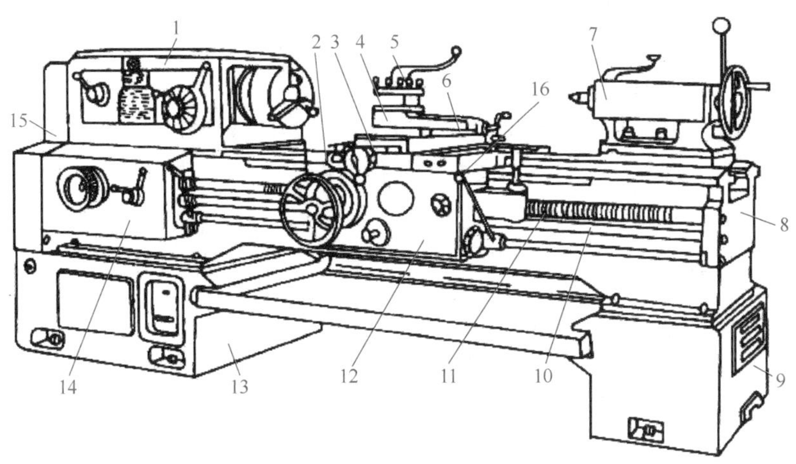

图 2-4 C650 型卧式车床的结构图

1—主轴箱 2—导轨 3、4、6—拖板 5—刀架 7—尾架 8、9—床身 10—光杠 11—丝杠 12—溜板箱 13—变速箱 14—进给箱 15—交换齿轮箱 16—操作手柄

车削加工的主运动是主轴通过卡盘或顶尖带动工件的旋转运动，通过改变主轴电动机的转向或采用离合器来实现正转或反转，它承受车削加工时的主要车削功率。

车削加工的进给运动是溜板箱带动刀架的纵向或横向直线运动。进给运动多半通过主运动分出一部分动力，通过变换齿轮箱和进给箱配合来实现刀具的进给。车床的辅助运动包括刀架的快速进给与快速退回、尾架的移动和工件的夹紧与松开等。

车床加工中，根据工件材料、尺寸及刀具种类的不同选择不同的主轴转速及进给速度，要求主轴能够大范围调速。中小型车床多采用三相笼型异步电动机拖动，变速时靠齿轮箱的有级调速来实现。

车削加工一般不要求反转，但在车螺纹时，为避免乱扣，需要反转退刀，所以 C650 型卧式车床需通过主电动机的正、反转实现主轴的正、反转。同时，为保证螺纹的加工质量，要求工件的旋转速度与工具的移动速度之间具有严格的比例关系。因此，C650 型卧式车床溜板箱与主轴变速箱之间通过齿轮传动来连接，用同一台电动机拖动。为了提高工作效率，车床刀架的快速移动由一台单独的电动机通过点动控制拖动。

车削加工时，刀具的温度会随着加工过程的进行而不断升温，需要使用切削液来进行冷却，因此，车床还配有一台电动机来拖动冷却泵，确保实现刀具的冷却。

知识点 5：C650 型卧式车床的控制要求

C650 型卧式车床的主运动是工件的旋转运动，由主电动机拖动，其功率为 30kW。主电动机由接触器控制实现正、反转，通过主轴变速机构的操作手柄可使主轴获得不同的速度。为了提高工作效率，主电动机采用反接制动。

溜板箱带着刀架的直线运动为刀架的进给运动。刀架的进给运动由主轴电动机带动，用进给箱调节加工时的纵向和横向进给量。

C650 型卧式车床的床身较长，为了提高工作效率，车床刀架的快速移动由一台单独的电动机拖动，其功率为 2.2kW，采用点动控制。其控制要求如下：

1）主轴拖动电动机选用三相笼型异步电动机，为了保证主运动与进给运动之间的严格比例关系，只采用一台电动机来拖动。

2）车削螺纹时，要求主轴有正转和反转运动。

3）主轴电动机的起动、停止采用按钮控制。

4）车削加工时，刀具及工件都可能产生温升，需要进行冷却。

5）必须有过载、短路、欠电压、失电压保护措施。

6）具有安全的局部照明装置。

C650型卧式车床的电力拖动方案和控制要求

【任务实施】

C650型卧式车床主电路和控制电路分析

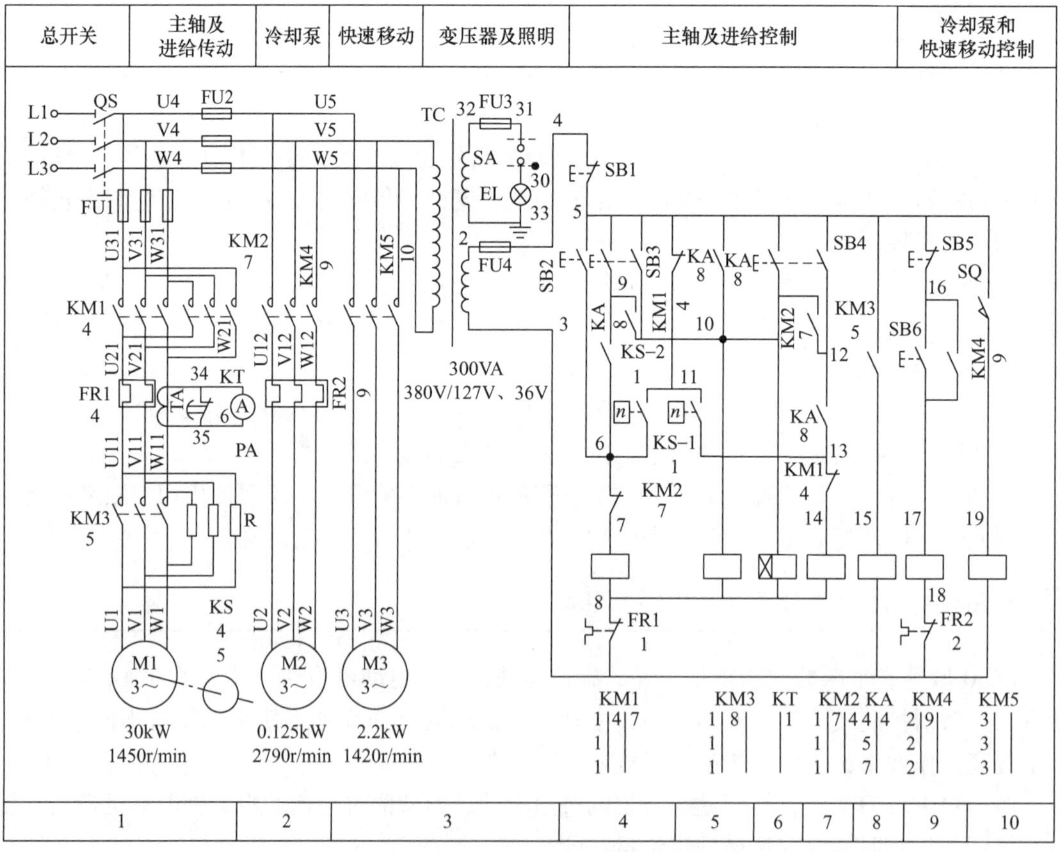

在车床试车、工件找正、调整溜板箱位置等情况下需要拖动电动机以点动方式运行；在进给切削时需要控制电动机以长动方式运行，而退刀时又需要主轴电动机正、反转。工作要求不同，对车床的控制要求也不同。C650 型卧式车床电气原理图如图 2-5 所示。车削加工时，工件的旋转运动由主电动机拖动；溜板箱带着刀架沿导轨的直线运动为刀架的进给运动，由主轴电动机拖动；车床刀架的快速移动由一台单独的电动机拖动，采用点动控制；车削螺纹、切断工件等操作时，要求主轴正、反转来实现进刀、退刀控制；按下停止按钮后，主轴停止转动。

图 2-5　C650 型卧式车床电气原理图

主轴电动机的起动、停止采用按钮操作，主轴电动机的正、反转由接触器控制实现，车削加工时，刀具及工件都可能产生温升，需要进行冷却，同时要有过载、短路、欠电压、失电压保护措施，及局部照明装置。

C650 型卧式车床控制电路包括主电路、控制电路和辅助电路。根据给出的 C650 型卧式车床的技术资料，完成 C650 型卧式车床电气控制线路的分析。

实施步骤

1. 主电路分析

在图 2-5 中，组合开关 QS 为电源开关，FU1 为主电动机 M1 的短路保护用熔断器，FR1 为其过载保护用热继电器。R 为限流电阻，在主轴点动时限制起动电流，在停车反接制动时起限制过大的反向制动电流的作用。电流表 PA 用来监测主电动机的绕组电流，由于主电动机 M1 的功率很大，所以 PA 接入电流互感器 TA 回路。当主电动机 M1 起动时，电流表 PA 被短接，只有当主电动机 M1 正常工作时，电流表 PA 才指示绕组电流。

C650 型卧式车床工作时可以调整切削用量，从而使电流表 PA 的电流接近主电动机 M1 额定电流值，以便提高工作效率和充分利用电动机。KM1、KM2 为正、反转接触器，KM3 是用于短接电阻 R 的接触器，通过接触器 KM3 的主触点通断来控制主电动机 M1 全压/减压运行。

接触器 KM4 为控制冷却泵电动机 M2 的接触器，FR2 为 M2 的过载保护用热继电器。KM5 为控制快速移动电动机 M3 的接触器，用于 M3 点动短时运转，故不设置热继电器。

2. 控制电路分析

C650 型卧式车床电气原理图的控制电路包括主轴电动机的点动控制、主轴电动机的正反转控制、主轴电动机的反接制动控制、主轴电动机负载检测及保护环节、刀架快速移动控制及冷却泵控制 6 大部分。

1）主轴电动机的点动控制如图 2-6 所示，主轴电动机的点动控制电路由线号 5 – 6 – 7 – 8 组成。

当按下点动按钮 SB2 并保持不松开时，接触器 KM1 线圈得电，其主触点闭合，在主电路中可看到主轴电动机 M1 进行减压起动和低速运转（限流电阻 R 串入电路中）。

当松开点动按钮 SB2 时，KM1 线圈立即断电，对应的 KM1 触点断开，主轴电动机 M1 停转。

2）主轴电动机的正、反转控制。C650 型卧式车床主轴电动机的额定功率为 30kW，但只是切削时消耗比较大，起动时负载很小，起动时间也很短，起动电流并不是很大，所以在非频繁点动的一般工作时，仍然采用全电压直接起动。图 2-7 所示为 C650 型卧式车床主轴电动机正、反转及反接制动控制电路，其控制过程如下：

按下正向起动按钮 SB3→KM3 线圈通电→KM3 主触点闭合→短接限流电阻 R，同时常开辅助触点 KM3（5 – 15，数字表示触点两端的号）闭合→KA 线圈通电→KA 常开触点（5 – 10）闭合→KM3 线圈自锁保持通电（电阻 R 切除，KA 线圈也保持通电）。

当 SB3 尚未松开时，由于 KA 的另一常开触点（9 – 6）已闭合→KM1 线圈通电→KM1 主触点闭合→KM1 的常开辅助触点（9 – 10）也闭合（自锁）→主电动机 M1 全电压正向起动运行。

当松开 SB3 后，KA 的两个常开触点闭合形成自锁通路。在 KM3 线圈通电的同时，通电延时时间继电器 KT 通电，其作用是使电流表避免受起动电流的冲击。

反向起动过程分析与正向类似，可以试着自行分析。

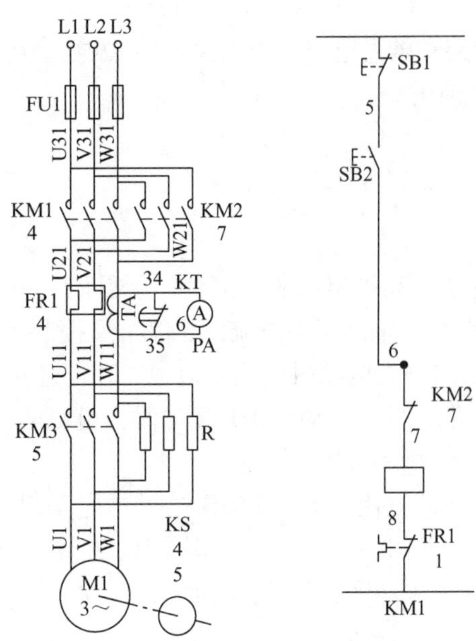

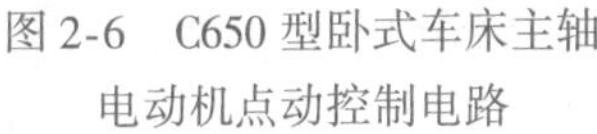

图 2-6　C650 型卧式车床主轴电动机点动控制电路

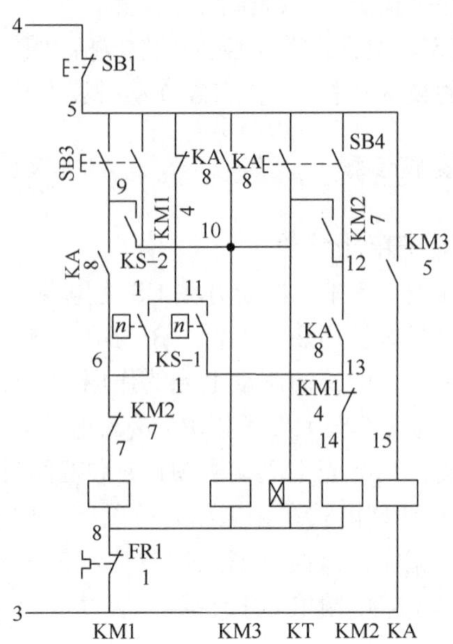

图 2-7　C650 型卧式车床主轴电动机正、反转及反接制动控制电路

3）主轴电动机的反接制动控制。C650 型卧式车床采用反接制动方式，用速度继电器 KS 进行检测和控制。

如图 2-7 所示，主轴电动机 M1 正转运行时，速度继电器正向常开触点 KS－1（11－13）闭合，反向常开触点 KS－2（6－11）依然断开。当按下总停按钮 SB1（4－5）后，运行时通电的 KM1、KM3、KT 和 KA 立即断电，相应地，所有触点均复位；松开 SB1 后，反转接触器 KM2 立即通电。

电流通路为 4（线号）→SB1 常闭触点（4－5）→KA 常闭触点（5－11）→KS 正向常开触点 KS－1（11－13）→KM1 常闭触点（13－14）→KM2 线圈（14－8）→FR1 常闭触点（8－3）→3（线号）。

主电动机 M1 串联 R 进行反接制动，使正向速度降下来（$n \leqslant 100\mathrm{r/min}$），当速度降到很低时，KS 的正向常开触点 KS－1（11－13）断开复位，从而断开电流通路，正向反接制动结束。

4）主轴电动机负载检测及保护环节。C650 型卧式车床采用电流表 PA 来检测主轴电动机定子电流。因起动电流很大，为有效防止起动电流的冲击，将时间继电器 KT 的通电延时断开常闭触点连接在电流表的两端，KT 延时应稍长于起动时间。而当制动停车时，按下停止按钮 SB1，则接触器 KM3、继电器 KA 和时间继电器 KT 的线圈相继断电释放，时间继电器 KT 触点瞬时闭合，将电流表 PA 短接，不会受到反接制动电流的冲击。

5）刀架快速移动控制。在图 2-5 所示的 C650 型卧式车床电气原理图中，转动刀架手柄导致对应的限位开关 SQ（5－19）被压合，快速移动接触器 KM5 线圈通电，KM5 主触点闭合，快速移动电动机 M3 起动运转；刀架手柄复位时，SQ 断开导致 KM5 线圈失电，M3 随即停转。

6）冷却泵控制。在图 2-5 所示的 C650 型卧式车床电气原理图中，按下按钮 SB6（16－17）时，接触器 KM4 线圈通电并自锁，KM4 主触点闭合，冷却泵电动机 M2 起动运转；按下停止按钮 SB5（5－16），接触器 KM4 线圈失电，KM4 主触点断开，冷却泵电动机 M2 停转。

有些场合加工工件（铸铁件）时不需要冷却，所以冷却泵电动机采用单独的控制电路。冷却泵电动机一般比较小，采用0.125kW的三相异步电动机，因此直接用转换开关加热继电器FR2控制。

3. 辅助电路分析

由图2-5所示的C650型卧式车床电气原理图可知，变压器及照明电路中TC为控制变压器，二次侧有两路，一路为127V，提供给控制电路；另一路为36V（安全电压），提供给照明电路。将照明灯开关SA（30－31）置于接通状态，照明灯EL（30－33）点亮，将照明灯开关SA置于断开状态时，EL熄灭。

【拓展知识】

拓展知识点1：机床电气控制系统的设计原则

拓展知识点2：机床电气控制系统的设计步骤

拓展知识点3：机床电气控制线路设计时注意的问题

电气控制系统设计的原则与步骤

电气控制电路设计注意的问题

【课后测试】

1. 电气原理图一般分为________电路和________电路两部分。
2. 机床电气控制的基本逻辑运算有________运算、________运算和逻辑非运算。
3. 机床电气控制线路由各种主令电器、________、________、电源装置和________等按照一定的控制要求用导线连接而成。
4. 电气控制系统图画图时要遵循简明易懂的原则，采用国家统一规定的__________、__________和标准画法来绘制。
5. C650型卧式车床的主轴正、反转是通过________方式实现的，不是通过机械方式，从而简化了机械结构。
6. 电气原理图是按照各元器件的实际布置位置情况来绘制的。(　　)
7. 在电气原理图中，无论是主电路还是控制电路，各电器元件一般应按动作顺序从上到下、从左到右依次排列。(　　)
8. 在电气原理图中，各电器元件不画实际的外形图。(　　)
9. 电气原理图中同一电器的线圈和触点都要用同一文字符号表示。(　　)
10. C650型卧式车床采用电流表来检测主轴电动机定子电流。(　　)

【拓展思考与训练】

一、拓展思考

1. 在C650型卧式车床电动机主电路中，熔断器FU和热继电器FR的作用是什么？
2. 在图2-5所示电气原理图中，接触器KM1、KM2等元器件的各个部件在主电路和控制电路中都有标注，请说明接触器 KM1、KM2 是如何进行工作的？

3. 根据图 2-5 给出的 C650 型卧式车床电气原理图，参照主轴电动机的正向起动过程，分析按下反向起动按钮 SB4 后主轴电动机如何反向起动？

二、拓展训练

训练任务 1：试分析 C650 型卧式车床生产和工艺的控制要求，合理布线并正确绘制电器元件。

训练任务 2：试设计某机床的电气原理图。机床主轴由一台三相异步电动机拖动工作，型号为 Y160M - 4，电动机参数为 11kW、380V、22.6A、1460r/min，冷却泵参数为 0.125kW、0.43A、2790r/min。要求实现：主轴能够实现正、反转，并单独控制停车；冷却泵可以单向起、停控制；有照明、短路及过载保护电路。

任务 2.2　XA6132 型万能铣床电气控制线路分析

【任务布置】

一、任务引入

19 世纪，英国鉴于蒸汽机等工业革命的需要发明了镗床、刨床。美国基于战争需要发明了铣床。最早的铣床是美国人惠特尼于 1818 年创制的卧式铣床，为的是铣削麻花钻头的螺旋槽。美国人布朗于 1862 年创立了第一台万能铣床，这是升降台铣床的雏形。1884 年又出现了龙门铣床。20 世纪 20 年代出现了半自动铣床。1950 年以后，铣床在控制系统方面发展很快，数字控制的应用大大提升了铣床的自动化程度。尤其是 20 世纪 70 年代后，微处理机的数字控制系统和自动换刀系统在铣床上得到了应用，扩大了铣床的加工范围，提高了加工精度和效率。

在金属切削机床中，铣床在数量上仅次于车床。铣床是用铣刀对工件进行铣削加工的机床。铣床除了能铣切平面、沟槽、齿轮、螺纹外，还能加工比较复杂的平面，效率比刨床高，在机械制造和修理部门得到了广泛应用。本任务从 XA6132 型万能铣床的主要结构和运动分析入手，使学生熟悉其电力拖动形式及控制要求，并掌握 XA6132 型万能铣床电气控制线路的分析方法。

二、问题思考

1. 铣床和车床的区别与联系是什么？
2. XA6132 型万能铣床的主电路和控制电路的控制环节包括哪些？
3. XA6132 型万能铣床电气控制电路的特点有哪些？

【学习目标】

一、知识目标

1. 了解铣床的基本组成与分类。
2. 熟知 XA6132 型万能铣床的电力拖动方案和控制要求。
3. 掌握 XA6132 型万能铣床的电气控制电路分析方法。

二、能力目标

1. 能够认识铣床的主要结构组成，明白各组成部件之间的布置与电气关系，根据铣床不同加工应用进行铣床的运动分析。

2. 能够熟练分析 XA6132 型万能铣床铣削加工时的主运动、进给运动和辅助运动。

3. 能够结合铣床加工实际完成 XA6132 型万能铣床的主拖动控制电路、进给拖动控制电路、圆工作台控制电路的分析。

4. 能够掌握 XA6132 型万能铣床工作时主运动与进给运动的联锁、工作台运动方向的联锁以及工作台进给运动与快速运动的联锁等保护电路。

三、素养目标

1. 塑造学生的辩证思维能力，通过分析铣床加工时各元器件不同的工作状态，培养学生举一反三的思维习惯。通过对控制电路的分析讲解，引导学生认识到掌握事物普遍规律的重要性，鼓励学生善于从问题的表象去发现本质及规律。

2. 培养学生不怕苦、不怕难、勇于攻克难点的“钉子精神”。铣床的控制电路比较复杂，电气元器件较多，元器件的工作状态随着加工的不同而发生相应的改变，因此，要有条不紊、循序渐进的分析电路，做到不遗漏、不反复、不出错。

【知识准备】

知识点 1：XA6132 型万能铣床的认知

铣床在金属切削机床中应用广泛，主要用于加工零件的平面、斜面、沟槽等型面，装上分度头后，还可加工齿轮或螺旋面，装上回转圆工作台则可以加工凸轮和弧形槽。

XA6132 型万能铣床的主轴水平放置，外形如图 2-8 所示，结构图如图 2-9 所示。XA6132 型万能铣床主要由底座、进给电动机、主轴电动机、床身、刀杆支架、主轴、工作台、升降台等组成。

图 2-8　XA6132 型万能铣床外形

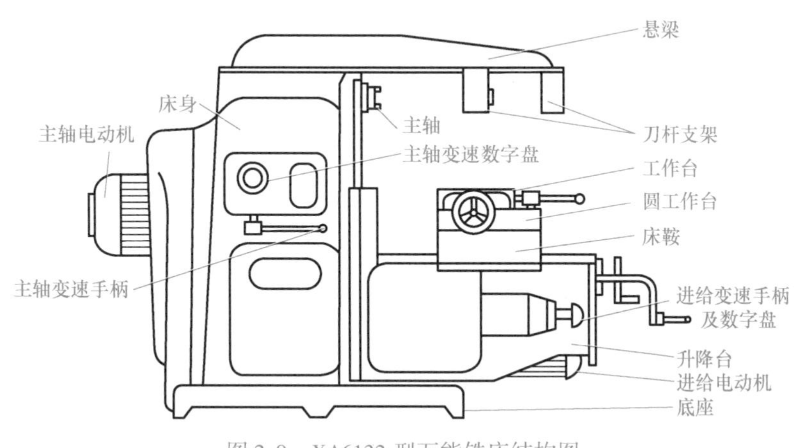

图 2-9　XA6132 型万能铣床结构图

知识点 2：XA6132 型万能铣床的电力拖动形式及控制要求

（1）XA6132 型万能铣床的加工范围

XA6132 型万能铣床能铣削加工各种零件，如平面、斜面、沟槽、齿轮等。装置分度头或圆工作台附件时，可以加工铣刀、直齿轮、铰刀、螺旋槽、螺旋齿轮、鼓轮、凸轮及弧形槽等。

XA6132 型万能铣床除主运动和较复杂的进给运动外，还有其他辅助运动，如圆工作台的旋转。圆工作台是为了扩大机床的生产能力而安装的附件。另外，因运动较多对应的电气控制较复杂，为了保证其能够安全可靠地工作，必须设置完善的联锁与保护。

（2）XA6132 型万能铣床的运动形式

铣床的运动形式包括主运动、进给运动及辅助运动。主运动是铣刀的旋转运动，即主轴的旋转运动，由主轴电动机驱动。进给运动是工件夹持在工作台上，在垂直于铣刀轴线方向做的直线运动，通过换向手柄使工作台进行六个方向的移动，即工作台面的纵向（左、右）移动、横向（前、后）移动、垂直（上、下）移动。辅助运动是工件与铣刀相对位置的调整运动，即工作台在上下、前后及左右三个相互垂直方向上的快速直线运动及工作台的回转运动。

（3）XA6132 型万能铣床的电力拖动形式与控制要求

XA6132 型万能铣床的电力拖动形式：主运动与进给运动之间没有速度比例协调的要求，主轴和工作台分别由主轴电动机、进给电动机拖动，采用单独传动。工作台快速移动经电磁离合器由进给电动机拖动。

XA6132 型万能铣床控制要求如下：

① 主轴电动机空载起动，为了能顺利地进行顺铣和逆铣加工，要求主轴能够实现正、反转，但旋转方向无须经常改变，仅在加工前预选转动方向，在加工过程中方向不改变。

② 主轴传动系统中加入飞轮，使转动惯量加大。为了实现主轴快速停车，主轴电动机应设有停车制动，同时主轴在上刀时须使主轴制动，因此万能铣床常采用电磁离合器控制主轴停车制动和主轴上刀制动。

③ 工作台的垂直、横向和纵向三个方向的运动由一台进给电动机拖动，三个方向的运动选择是由换向手柄改变传动链来实现的。每个方向有正、反向的运动，因此进给电动机要能实现正、反转，同时只允许工作台在同一时间有一个方向的移动，须设置联锁保护。

④ 使用回转工作台时，工作台禁止移动。回转工作台的旋转运动与工作台上、下、左、右、前、后六个方向运动之间有联锁控制。

⑤ 为适应铣削加工需要，主轴转速和进给速度要有较宽的调节范围。XA6132 型卧式万能铣床采用机械调速，通过改变变速箱的传动比来实现较宽的调速区间，保证变速时齿轮容易啮合，减少齿轮端面的冲击，变速时电动机有冲动控制。

⑥ 根据工艺要求，主轴旋转和工作台进给有先后顺序，进给运动要在铣刀旋转之后进行，加工结束后必须在铣刀停转前停止进给运动。

⑦ 设有冷却泵电动机，用于拖动冷却泵，为铣削加工提供切削液。冷却泵电动机只要求正转。

⑧ 为适应铣削加工时操作者的正面与侧面操作要求，对主轴电动机的运动与停止及工作的快速移动控制，机床应该有两地操作的功能，工作台上、下、左、右、前、后六个方向的运动有限位保护。

⑨ 设有局部照明电路。

【任务实施】

XA6132 型万能铣床电气控制原理图如图 2-10 所示。铣床的电气电路由机械部分和电气部分密切配合进行，因此在分析电气原理图时要清晰掌握铣床上各转换开关、行程开关的作用，各指令开关的状态及相应控制手柄的动作关系。

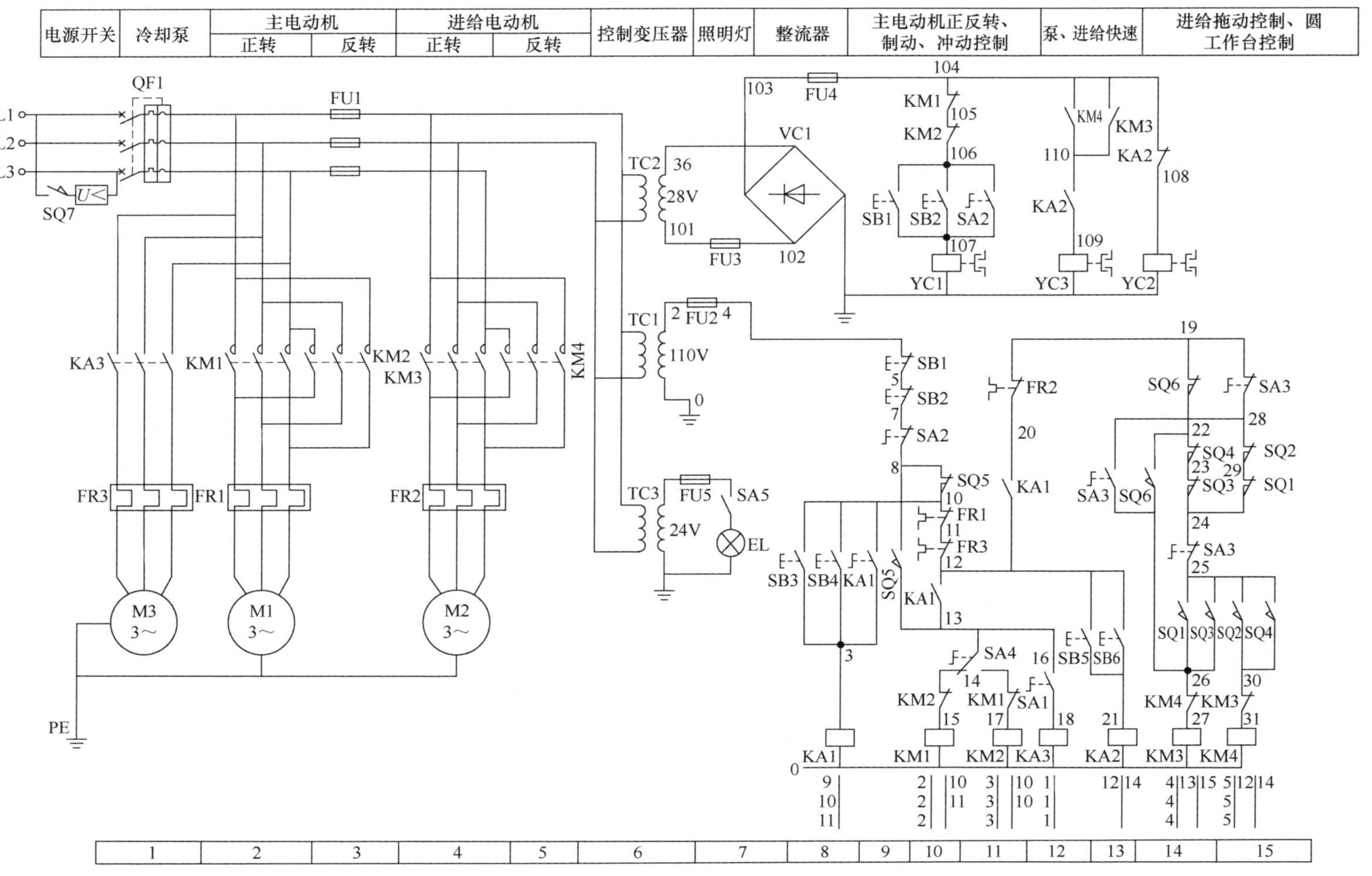

图2-10 XA6132型万能铣床电气控制原理图

实施步骤

由图 2-10 可知，XA6132 型万能铣床的电气控制原理图由主电路、控制电路和照明电路三部分组成。

1. 主电路分析

三相电源经低压断路器 QF1 给整个电路供电，SQ7 实现打开电气柜即断电的保护功能。主电路共有 3 台电动机，M1 是主轴拖动电动机，由 KM1 和 KM2 控制其正、反转，FR1 作为过载保护。M2 是工作台进给拖动电动机，由 KM3 和 KM4 控制其正反转，FR2 作为过载保护。M3 是冷却泵拖动电动机，由 KA3 直接起动，FR3 作为过载保护。

2. 控制电路分析

控制电路部分的工作电压有交流 110V、28V 和 24V，分别经控制变压器 TC1、TC2、TC3 转换而来，110V 电压供给主轴、冷却泵、进给等控制电路使用，28V 电压供给整流器电磁离合器使用，24V 电压供给照明灯使用。XA6132 型万能铣床的控制电路较为复杂，为方便起见，将控制电路分块进行分析。

1）主轴电动机的起动控制。如图 2-11 所示，合上电源开关，转动主轴换向开关 SA4，先进行主轴方向的选择，按下 SB3 或 SB4→KA1 得电自锁→KA1（12－13）闭合→KM1 或 KM2 得电，M1 进行正转或反转全电压起动。同时，KM1（104－105）或 KM2（105－106）断开→装在主轴传动轴上的主轴制动电磁摩擦离合器 YC1 断开，此时不需要进行制动。同时，KA1（12－20）闭合，为工作台进给与快速移动做准备。

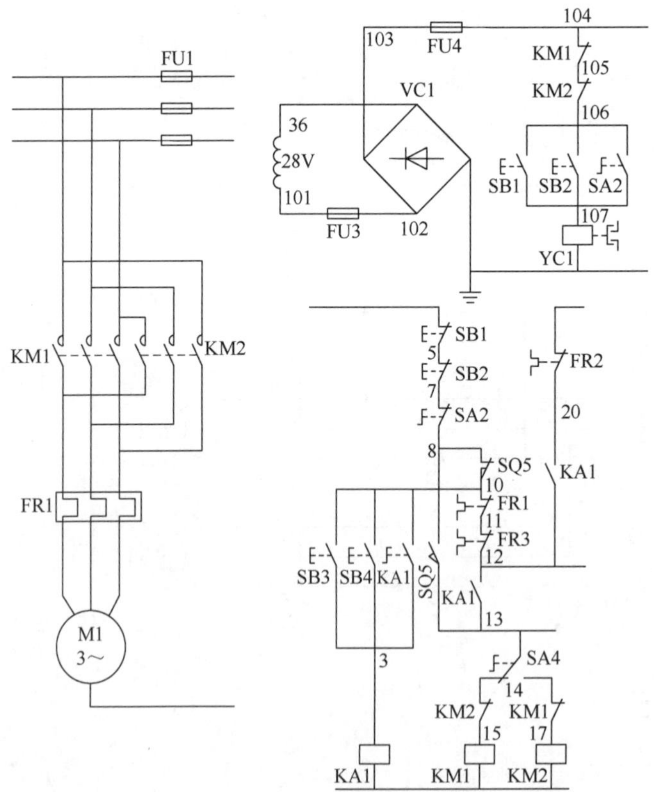

图 2-11　主轴电动机控制电路

2）主轴电动机的制动控制。如图 2-11 所示，由主轴停止按钮 SB1 或 SB2（106－107）、正转接触器 KM1 或反转接触器 KM2 以及主轴制动电磁摩擦离合器 YC1 构成主轴制动停车控制环节。即按下主轴停止按钮 SB1 或 SB2—KA1 失电、KM1 或 KM2 失电→M1 断电→YC1 得电→主轴电磁摩擦制动开始→松开 SB1 或 SB2→YC1 失电→主轴电磁摩擦制动结束。

3）主轴上刀或换刀时的制动控制。如图 2-11 所示，在主轴上刀或换刀时，主轴电动机不得旋转，否则将发生严重的事故。为此，电路设有主轴上刀制动环节，它由主轴上刀制动开关 SA2 控制。在主轴上刀或换刀前，将主轴上刀制动转换开关 SA2 置于“接通”位置→SA2（7－8）断开→KM1 或 KM2 不能得电→主轴电动机 M1 不能旋转→SA2（106－107）闭合→YC1 得电→主轴实现电磁摩擦制动→上刀或换刀结束→将 SA2 扳至“断开”位置→SA2（106－107）断开→主轴电磁摩擦制动结束，同时 SA2（7－8）闭合，为主轴电动机起动做准备。

4）主轴变速冲动控制。如图 2-12 所示，变速冲动利用变速手柄与冲动行程开关 SQ5 通过机械联动机构进行控制，在将变速手柄推回原位置时，将瞬间压下主轴变速行程开关 SQ5、使 SQ5（8－13）闭合、SQ5（8－10）断开。变速应在主轴旋转方向选定之后进行，即闭合 SA4→按下 SB3 或 SB4→KA1 得电、KM1 或 KM2 得电。

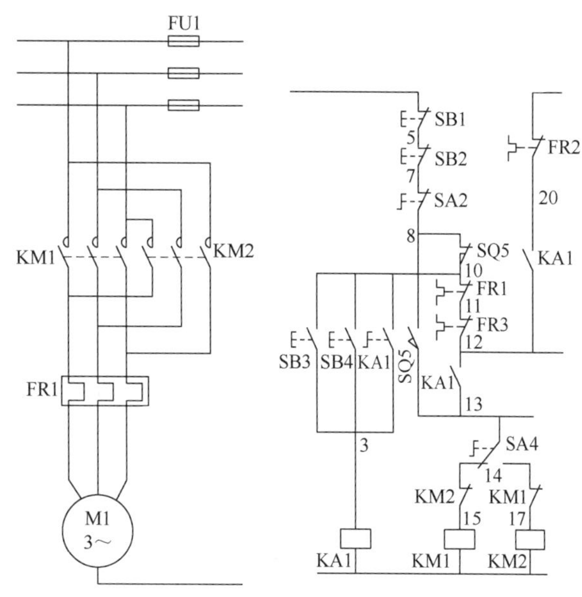

图 2-12　主轴变速冲动控制电路

主轴变速冲动的过程：主轴变速手柄拉出就会压下主轴变速冲动行程开关 SQ5，SQ5（8－10）断开→KM1 或 KM2 失电→主轴自然停（靠惯性）→转动变速刻度盘，选择新速度→手柄推回原位置时，使 SQ5（8－13）闭合，KM1 或 KM2 瞬间得电吸合，电动机瞬时点动，进行变速冲动，完成齿轮啮合→变速手柄落入槽内，SQ5 不再受压，SQ5（8－13）断开，KM1 或 KM2 失电，主轴变速冲动结束。此时，若想以新的速度运行，需再次起动电动机。

5）工作台进给拖动控制。如图 2-13 所示，工作台进给方向的左右纵向运动、前后横向运动、上下垂直运动都由 M2 的正、反转来实现。而正、反转接触器 KM3、KM4 分别由 SQ1（工作台右进给限位开关）、SQ3（工作台向前向下进给限位开关）与 SQ2（工作台左进给限位开关）、SQ4（工作台向后向上进给限位开关）来控制。而 SQ1～SQ4 的压下是由两个机械操作手柄来控制的。一个是纵向机械操作手柄，有左、中、右三个位置，来控制 SQ1、SQ2；另一个是垂直与横向操作手柄，有上、下、前、后、中五个位置，来控制 SQ3、SQ4。当两个机械手柄处于中间位置时，SQ1～SQ4 处于未压下的状态，当扳动机械操作手柄时，将压合相应的限位开关，这是一个机械与电气联合完成的动作。

在进给电动机起动前，应先起动主轴电动机，即 KA1、KM1 或 KM2 已通电，KA1（12－20）已闭合。

工作台向右纵向运动控制：将纵向进给操作手柄扳向“右”位置，机械方面，接通进

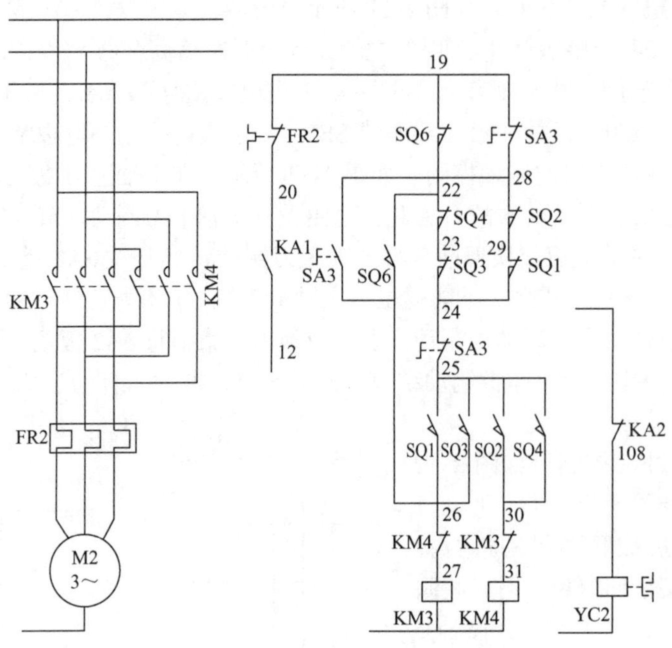

图 2-13　工作台进给拖动控制电路

给移动电磁离合器 YC2（此时快速移动继电器 KA2 处于断电状态）；电气方面，压下工作台右进给限位开关 SQ1（25－26）→KM3 得电（电流路径为 19－SQ6－SQ4－SQ3－SA3－SQ1－KM4－KM3）→工作台向右进给到位；将纵向操作手柄扳到“中间”位置→SQ1（25－26）断开→KM3 失电→M2 停止，工作台向右进给结束。

工作台向左纵向运动控制：将纵向进给操作手柄扳向“左”位置，机械方面，接通进给移动电磁离合器 YC2，电气方面，压下工作台左进给限位开关 SQ2（25－30）→KM4 得电（电流路径为 19－SQ6－SQ4－SQ3－SA3－SQ2－KM3－KM4）→工作台向左进给到位；将纵向操作手柄扳到“中间”位置→SQ2（25－30）断开→KM4 失电→M2 停止，工作台向左进给结束。

工作台向前、向下给运动控制：将垂直与横向进给操作手柄扳到“前”或“下”位置；机械方面，接通进给移动电磁离合器 YC2，电气方面，压下工作台向前进给限位开关 SQ3（25－26）→KM3 得电（电流路径为 19－SA3－SQ2－SQ1－SA3－SQ3－KM4－KM3）→工作台向前、向下进给到位；将垂直与横向进给操作手柄扳回“中间”位置→SQ3（25－26）断开→KM3 失电→M2 停止，工作台向前、向下进给结束。

工作台向后、向上进给运动控制：将垂直与横向进给操作手柄扳到“后”或“上”位置，机械方面，接通进给移动电磁离合器 YC2；电气方面，压下工作台向后向上进给限位开关 SQ4（25－30）→KM4 得电（电流路径为 19－SA3－SQ2－SQ1－SA3－SQ4－KM3－KM4）→工作台向后、向上进给到位；将垂直与横向进给操作手柄扳回“中间”位置→SQ4（25－30）断开→KM4 失电→M2 停止，工作台向后、向上进给结束。

6）工作台进给变速冲动控制。如图 2-14 所示，进给变速冲动要在主轴起动后（KA1 得电、KM1 或 KM2 得电），工作台无进给（两个手柄扳到“中间”位置）时才可进行。

变速操作的顺序：将蘑菇手柄拉出→转动手柄，选定所需速度→将蘑菇手柄向前拉到极限位置，同时压下工作台进给变速冲动开关 SQ6（22－26）→KM3 瞬时通电（电流路径为 19－SA3－SQ2－SQ1－SQ3－SQ4－SQ6－KM4－KM3），进给电动机瞬间点动正转，获得变速冲动→将蘑菇手柄推回原位，SQ6（22－26）断开不受压，工作台进给变速冲动结束。

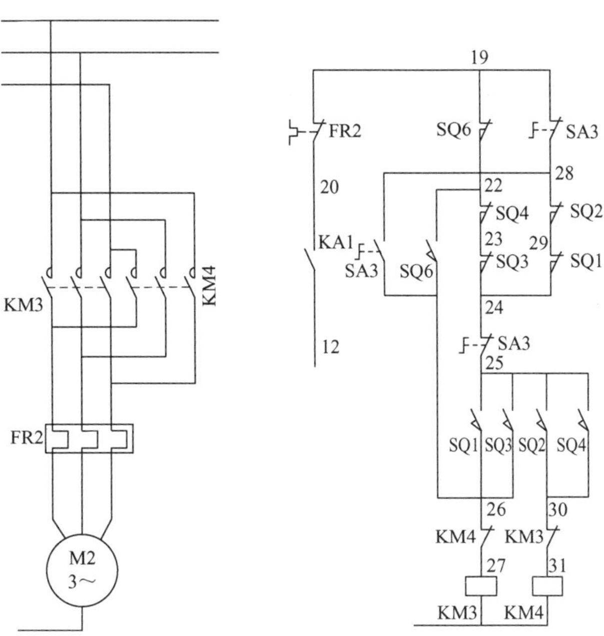

图2-14 工作台进给变速冲动控制电路

7）圆工作台控制。图2-15所示，前提是主轴先起动（KA1得电、KM1或KM2得电），工作台不动，即两个进给机械操作手柄处于中间位置。

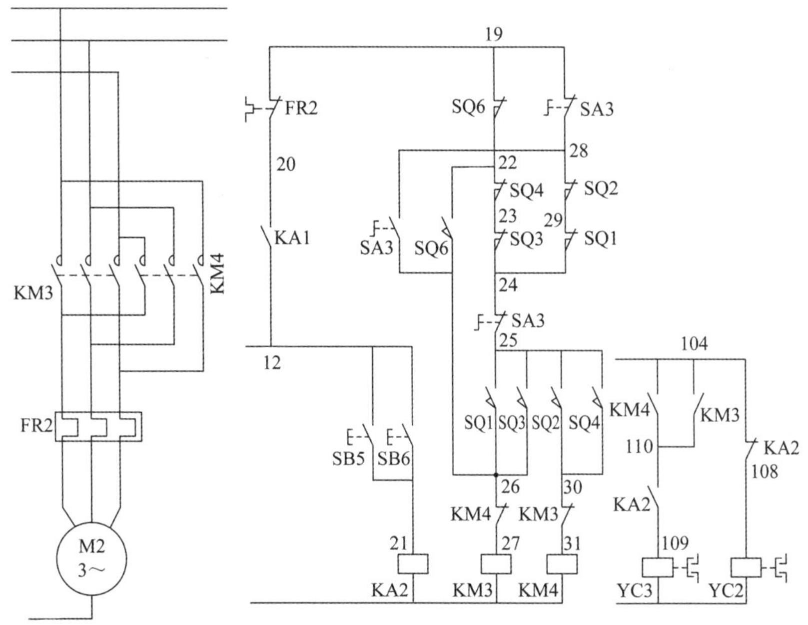

图2-15 圆工作台进给快速移动控制电路

控制过程：将圆工作台转换开关SA3扳到“接通”位置，即SA3（26－28）闭合，SA3（19－28）断开，SA3（24－25）断开，→KM3得电（电流路径为19－SQ6－SQ4－SQ3－SQ1－SQ2－SA3－KM4－KM3），电动机M2旋转，拖动圆工作台回转。

8）工作台进给快速移动控制。如图2-15所示，其控制过程：先起动主轴电动机（KA1得电、KM1或KM2得电），工作台进给正在进行（YC2得电、KM3或KM4得电）→按下

SB5 或 SB6→KA2 得电→KA2（110－109）闭合→电磁离合器 YC3 得电→工作台做快速移动，同时 KA2（104－108）断开，进给移动电磁离合器 YC2 失电→进给先停下来→松开 SB5 或 SB6→KA2 失电，YC3 失电，YC2 得电→快速移动停止，仍以原来速度继续进给。

9）冷却泵和机床照明控制。如图 2-16 所示，冷却泵电动机 M3 的控制过程：主轴电动机必须先起动，冷却泵电动机才能工作，即 KA1 得电、KM1 或 KM2 得电→将冷却泵控制开关 SA1 扳到“接通”位置→KA3 得电→电动机 M3 转动。

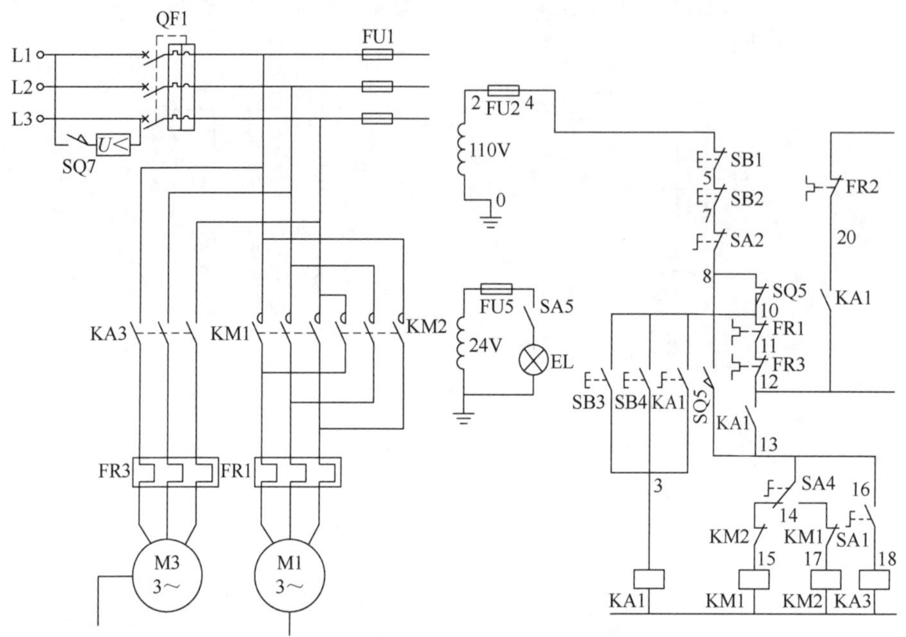

图 2-16　冷却泵和机床照明控制电路

机床照明控制过程：闭合照明灯开关 SA5→EL 亮。

3. 控制电路的联锁与保护

XA6132 型万能铣床的电气控制电路比较复杂，为了保证机床安全可靠地工作，电路要具备完善合理的联锁与保护。

1）主运动与进给运动的顺序联锁。分析电气原理图可知，在起动主轴电动机后才可以起动进给电动机，当主轴电动机停止时，进给电动机也立即停止。

2）工作台 6 个运动方向的联锁。行程开关 SQ1、SQ2 压下时，若再扳动垂直与横向操作手柄，则行程开关 SQ3 或 SQ4 压下，使 KM3 或 KM4 电路断开，进给电动机无法起动，从而实现工作台 6 个方向之间的联锁。

3）工作台与圆工作台的联锁。圆工作台的运动必须与工作台 6 个方向的运动联锁，否则将造成刀具与机床的损坏。

【拓展知识】

拓展知识点 1：电气设备总装接线图的设计与绘制

拓展知识点 2：电器元件布置图的设计与绘制

拓展知识点 3：电器元件接线图的设计与绘制

【课后测试】

1. XA6132 型万能铣床的主轴电动机能够正、反转运行，可以实现________和________加工。

2. XA6132 型万能铣床的电气控制电路较复杂，为保证铣床安全可靠工作，电路应具有完善的________与________。

3. XA6132 型万能铣床电气原理图的控制电路包括主拖动控制电路、________控制电路、圆工作台运动的控制电路和________共 4 大部分。

4. XA6132 型万能铣床工作台的垂直、横向和纵向三个运动由________拖动，三个方向的运动选择是由操作手柄改变传动链来实现的。

5. XA6132 型万能铣床圆工作台的回转运动是由________经传动机构驱动的。

6. XA6132 型万能铣床的主轴变速箱在变速时具有变速冲动，可以实现瞬时点动。(　　)

7. 圆工作台与工作台进给有互锁，当圆工作台工作时，不允许工作台在纵向、横向、垂直方向上有任何运动。(　　)

8. 电器元件接线图中可以将同一电器元件中的各带电部分不画在一起。(　　)

9. XA6132 型万能铣床由冷却泵电动机拖动冷却泵，为铣削加工提供切削液。(　　)

10. XA6132 型万能铣床用组合开关来改变主轴电动机的电源相序，从而达到正、反转的目的。(　　)

【拓展思考与训练】

一、拓展思考

1. XA6132 型万能铣床具备完善合理的联锁与保护电路，思考各联锁电路如何工作？

2. 根据各种电器元件的参数和作用，电器元件在电气设备上都有一定的装配位置。那么划分组件遵循的原则是什么？

3. 电器元件布置图的设计依据是部件原理图，在同一组件中电器元件的布置原则是什么？

4. 电气控制系统比较复杂时，通常都采用单独的电气控制柜，以便于制造、使用和维护。设计时需要考虑哪些方面？

二、拓展训练

训练任务 1：正确操作 XA6132 型万能铣床，根据课程内容中对铣床主电路和控制电路的介绍与分析，对照铣床进行实际操作。“纸上得来终觉浅，缘知此事要躬行”。用理论知识指导实践操作，用实践操作来验证理论。通过实际操作来掌握 XA6132 型万能铣床复杂的电气控制电路。

训练任务 2：简述 XA6132 型万能铣床工作时工作台与圆工作台的联锁保护装置。

项目3

S7-1200系列PLC的识读与使用

可编程序控制器是一种将自动化技术、计算机技术、通信技术融为一体的新型工业控制装置，被誉为工业自动化三大支柱之一，目前在工业控制领域有着非常广泛的应用及前景。西门子 S7 - 1200 系列 PLC 是西门子品牌中主流的中小型 PLC 产品，其硬件配置和软件编程均具有较强优势，因此在工业控制领域有着很大的应用市场。本项目通过对 PLC 的定义、发展、产生、特点、分类等基础知识进行介绍，使读者对 PLC 有一个初步的认识；并围绕西门子 S7 - 1200 系列 PLC 的主机、常用模块的功能与接线、安装与拆卸等展开训练，使学生掌握其使用方法。

任务 3.1　初步认识 PLC

【任务布置】

一、任务引入

在过去的很长一段时间里，工业控制领域采用的是传统的继电器控制系统。现代化企业中各类工业生产设备的生产任务日趋复杂、复杂程度和自动化水平不断提高。为了满足控制要求，在长期的生产实践中，产生了一种替代传统继电器控制系统的新的工业控制器——PLC。

由于 PLC 具备操作方便、可靠性高、体积小、通用灵活、寿命长等优点，很快在各个工业领域得到了广泛的应用。我国从 1974 年开始研制 PLC，到了 1977 年，国产 PLC 正式投入工业应用。

目前，世界 PLC 生产厂家数量众多，PLC 产品的品牌和型号繁多，按地域可分为美国、欧洲、日本流派。其中，美国是 PLC 生产大国，有 100 多家 PLC 厂商，著名的有 A - B 公司、通用电气（GE）公司、莫迪康（MODICON）公司；欧洲 PLC 产品主要制造商有德国的西门子（SIEMENS）公司、AEG 公司，法国的 TE 公司；日本有许多 PLC 制造商，如三菱、欧姆龙、松下、富士等。

我国现在已成为制造大国，工业规模与工业发展水平都处于世界前列。然而我国的工业自动化发展程度却仍有待提高，这与我国 PLC 的技术发展缓慢有很大的关系。目前国内 PLC 生产厂家主要有台达、信捷、汇川等数十家，但无论技术水平或市场应用仍有待提高，国内 PLC 应用市场仍然以国外产品为主。

本任务主要介绍 PLC 的定义、发展、产生、特点和分类等基础知识，并通过运用 PLC 实现对电动机的控制，让初学者体验 PLC 控制方法与继电器控制方法的联系与区别，初步认识 PLC。

二、问题思考

1. 什么是 PLC？
2. PLC 是怎么产生的，为什么会出现 PLC？

3. PLC 有哪些类型与特点？
4. PLC 系统与继电器控制系统的主要区别有哪些？

【学习目标】

一、知识目标

1. 掌握 PLC 的定义。
2. 了解 PLC 的产生与发展过程。
3. 了解 PLC 功能特点。
4. 了解 PLC 的分类与应用。

二、能力目标

能正确识别不同品牌 PLC。

三、素养目标

1. 认识 PLC 技术的重大工业价值，加深学生对学习 PLC 技术重要性的思想认识。
2. 培养学生利用对比的科学方法，快速、准确地认识与分析新事物、新知识。
3. 激发学生的奋斗热情与拼搏精神，培养学生对于投身于我国工业自动化及 PLC 领域的责任感与使命感。

【知识准备】

知识点 1：PLC 的产生与定义

1. PLC 的产生过程

20 世纪 70 年代前，工业生产过程中各种设备主要采用继电器控制系统进行控制。继电器控制系统简单、实用，但存在着一些明显缺点，如系统体积庞大，动作速度慢，可靠性不足；尤其是由于继电器控制采用硬连线逻辑构成系统，接线十分复杂，如图 3-1 所示，且通用性和灵活性差，系统维护难、升级难。因此，随着工业生产向多品种、小批量方向发展，继电器控制系统越发难以满足现代化生产要求。

图 3-1　继电器控制系统的复杂接线

如图3-2所示，20世纪60年代汽车生产流水线，采用继电器控制系统，是继电器控制的典型代表。随着行业的发展，车型更新周期越来越短，而每一次改型都必须对继电器控制系统重新设计和安装，十分费时、费工、费料，阻碍了更新周期的缩短。

图3-2　20世纪60年代汽车生产流水线

为了改变这一现状，1968年，美国通用汽车（GM）公司公开招标，要求一种新的控制装置取代继电器控制装置，既要保留继电器控制系统的简单易懂、操作方便和价格便宜等优点，又要具有较强的控制性能、通用性和灵活性。提出十条性能指标要求，即“GM十条”，主要内容包括：编程方便，现场可修改程序；可靠性更高；体积更小，重量更轻；具有一定的输出驱动能力；易于扩展等。1969年，美国数字设备公司（DEC）根据“GM十条”研制出了第一台PLC，并在通用汽车的生产线上试用成功。

2. PLC的定义

PLC是可编程序控制器（Programmable Controller）的英文简称。早期的PLC主要用于逻辑控制，因此也称为可编程逻辑控制器（Programmable Logic Controller，PLC）。20世纪80年代初，随着微电子技术和计算机技术的迅猛发展，PLC更多地采用了微处理器技术，不仅用程序取代了硬件接线逻辑电路，而且增加了数据运算、传送和处理功能，从而真正成为一种微型计算机工业控制装置。由于可编程序控制器（Programmable Controller）的英文首字母缩写PC容易和个人计算机（Personal Computer，PC）相混淆，故一般仍称可编程序控制器为PLC。

国际电工委员会于1985年对PLC作了如下定义：可编程序控制器是一种数字运算操作的电子系统，专为工业环境下应用而设计。它采用可编程序的存储器，用来在其内部存储执行逻辑运算、顺序控制、定时、计数和算术运算等操作指令，并通过数字式或模拟式的输入与输出控制各种类型的机械或生产过程。

应该注意PLC定义中的几个关键点。第一，“专为工业环境下应用而设计”，表明PLC针对的应用领域是工业生产过程，因此，具备足够的安全性与可靠性，并能够经受各种恶劣的工业环境；第二，“可编程序的存储器”，表明用户可根据自己的需求通过编写程序的方式实现控制要求；第三，“逻辑运算、顺序控制、定时、计数和算术运算等”，表明了PLC具备的主要功能。

知识点2：PLC的特点与应用领域

1. PLC的特点

可编程序控制器属于存储程序控制方式，其控制功能是通过用户控制程序来实现的。若要对控制功能做修改，只需改变软件指令即可，实现了硬件控制的软件化，PLC的特点可归纳为以下几点。

第一，编程方法简单易学。PLC是面向用户的设备，梯形图是使用最多的PLC编程语言，其电路符号和表达式与继电器电路原理图相似，形象直观，易学易懂，熟悉继电器电路图的电气技术人员很快就能学会梯形图语言，并编制用户程序。

第二，硬件配套齐全，用户使用方便，适应性强。PLC产品已经标准化、系列化和模块化，配备了各种硬件模块，品种丰富，扩展性好，功能强大。

第三，方便扩展与设计。PLC通过预留I/O扩展口来连接扩展模块，如输入模块、输出模块、网络模块、PID模块等。这种结构形式配置灵活，用户可根据控制要求灵活地组合各种模块，可以构成规模不同的控制系统。

第四，可靠性高。传统的继电器控制系统中使用了大量的继电器，由于器件的固有缺点（如老化、接触不良及触点抖动等现象），容易出现故障，使系统的可靠性大大降低。而PLC控制系统中大量的开关动作由软件和半导体电路完成，因此故障大大减少。同时，在软件方面，PLC具有良好的自诊断功能、看门狗功能等。

第五，抗干扰能力强，PLC的I/O接口采用光电隔离，使内电路与外电路实现了物理隔离；且各模块均采用屏蔽措施，以防止辐射干扰；电路中还采用了滤波技术，以防止或抑制高频干扰。

第六，系统的设计、安装、调试及维护工作量少。PLC的体积小、重量轻、能耗低。

2. PLC的应用领域

20世纪70年代初，美国汽车制造工业首先采用PLC代替硬接线的继电器逻辑控制电路实现了生产的自动控制。可编程序控制器的灵活性和可扩展性不仅大大地提高了生产效率，而且缩短了随生产工艺改变而调试控制系统的周期。

常规逻辑电路的控制要使用大量的硬件及接线，在更改方案时工作量相当大，有时甚至相当于重新设计一台新装置，这显然不符合现代产品更新换代快、周期短的发展趋势。PLC具有在线修改功能，根据软件来实现重复的控制，而软件本身具有可修改性，所以PLC的灵活性具有工业控制通用性。同时，控制系统的硬件电路也大大得到简化，可靠性更高。

由于PLC的诸多优点，其很快被应用到机械制造、冶金、化工、交通、电子、纺织、印刷、食品、建筑等领域。PLC主要有以下控制功能。

1）逻辑控制。逻辑运算、定时、计数等功能是PLC最基本的功能。因此，在机床、电梯、各种电动机、自动生产线等控制中，应用PLC可实现定时控制、顺序控制、组合逻辑控制等功能。

2）运动控制。较高档次的PLC具有单轴或多轴位置控制模块，可对圆周运动或直线运动的位置、速度和加速度进行控制。应用PLC可对机床、机器人等各种运动机械实现运动控制功能。

PLC的应用与分类

3）过程控制。PLC具有模拟量输入/输出、PID控制及数据处理、数据运算等功能。应用PLC可构成闭环过程控制系统，可应用于冶金、化工等工业领域。

4）集散控制。PLC 有强大的通信功能，PLC 可与远程 I/O 设备、其他 PLC 及其他智能设备进行通信。应用 PLC 与其他智能控制设备一起，可构成“集中管理、分散控制”的工厂自动化网络系统。

知识点 3：PLC 的分类

众多的制造厂商根据不同的工业控制要求，生产的 PLC 型号众多。PLC 一般采用以下方式进行分类。

1. 按输入/输出点数分类

PLC 按其输入/输出的接线根数（也称为 I/O 点数）可分为小型、中型和大型三类。小型 PLC 的 I/O 点数在 256 以下；中型 PLC 的 I/O 点数在 256 ~ 2048；大型 PLC 的 I/O 点数在 2048 以上。另外，也可将点数在 64 以下的 PLC 称为超小型或微型 PLC。

2. 按结构形式分类

从结构形式上看，PLC 一般具有整体式结构和模块化结构两种结构形式。整体式结构多为小型和微型 PLC，支持的 I/O 点数少，必要时可通过扩展 I/O 电缆连接一个或几个扩展单元，以增加 I/O 点数。模块化结构多为中、大型 PLC 所采用，根据系统中各组成部分的不同功能，分别制成独立的功能模块，各模块具有统一的总线接口。用户在配置系统时，只要根据所要实现的功能选择满足要求的模块，并将所有模块组装在一起，就可组成完整的系统。

3. 按使用方式分类

按使用方式的不同，PLC 一般可以分为通用型与专用型两种。通用型 PLC 适用于各种工业控制系统，用户可通过不同的配置方式和应用软件来满足不同的控制需求。专用型 PLC 是针对某一特定的控制系统而专门设计生产的。

【任务实施】

前面已经学习了利用低压电器元件组成的电路实现电动机的长动运行控制。随着时代的发展，新技术的出现，特别是 PLC 的出现，相应产生了更好的控制方案。本任务采用 PLC 实现电动机长动运行控制，学习 PLC 控制电气设备的应用方法。请认真观察电动机长动运行的 PLC 控制系统，体会其与继电器控制系统的联系与区别，思考 PLC 控制系统的特点。

实施步骤

“PLC 控制电动机长动运行”任务的完成通常包括分析设备工作过程，明确输入/输出元器件，分配 I/O 地址，选择性价比合适的电路硬件，设计电气原理图，完成硬件电路接线，设计控制程序和电路运行调试等工作。在这里，只学习分析设备工作过程，明确输入/输出元器件，分配 I/O 地址，设计电气原理图等环节，并分析工作过程。

1. 控制要求

电动机长动运行工作要求：按下起动按钮，电动机得电实现长动运行，松开起动按钮，电动机能继续运行。按下停止按钮，电动机失电停止。

PLC 作为控制器，是存放并执行控制程序、实现控制要求的装置。因此，在 PLC 控制系统中，需要将控制系统的输入设备（如按钮、传感器等）连接到 PLC 的输入端，以获取控制过程需要的输入信号；同时，需要将控制系统的执行设备（如继电器、接触器、指示灯等）连接到PLC的输出端，使PLC能够通过输出信号驱动它们，以执行控制动作。因此，必须先为输入/输出信号分配I/O地址，其是硬件接线与程序设计的重要依据。

通过以上产生分析，明确输入/输出元器件并分配I/O地址，见表3-1。

表3-1　PLC控制电动机长动运行I/O地址分配表

输入地址分配		输出地址分配	
输入地址	功能描述	输出地址	功能描述
I0.0	起动按钮SB2	Q0.0	接触器KM
I0.1	停止按钮SB1		
I0.2	热继电器FR		

2. 电路设计

电动机长动运行电气原理图如图3-3所示。

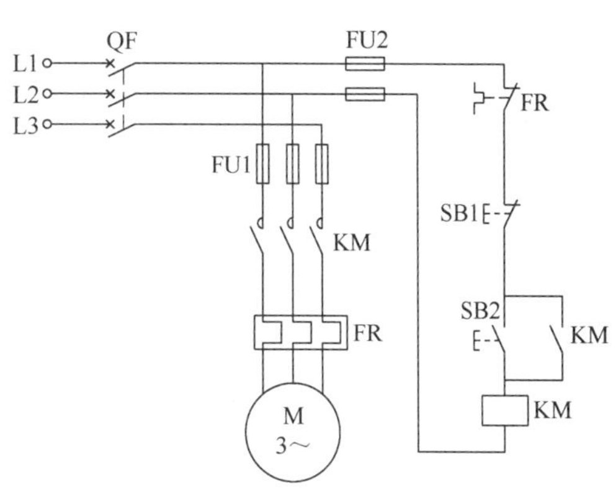

图3-3　电动机长动运行电气原理图

与传统继电器控制系统相比较，PLC电动机长动运行控制系统通常也包含主电路和控制电路两部分。主电路仍然采用图3-3的形式；控制电路则以PLC为核心连接输入元器件和接触器，如图3-4所示。本任务采用了西门子公司的SIMATIC S7－1200系列PLC（CPU型号为CPU1214C AC/DC/RLY）作为控制器，起动按钮SB2、停止按钮SB1与PLC的输入端相连接（注意此处的SB1和SB2均接入常开触点），当对这两个按钮进行操作时，将有开关信号输入PLC中；交流接触器KM的线圈与PLC的输出端相连接，PLC通过输出点实现对接触器的控制。同时，热继电器的辅助触点也与PLC的输入端相连接（注意此处也接入热继电器的常开辅助触点），PLC通过此触点的状态获取是否过载的信息。为了实现长动控制，还应在PLC中编写用户程序，如图3-5所示。

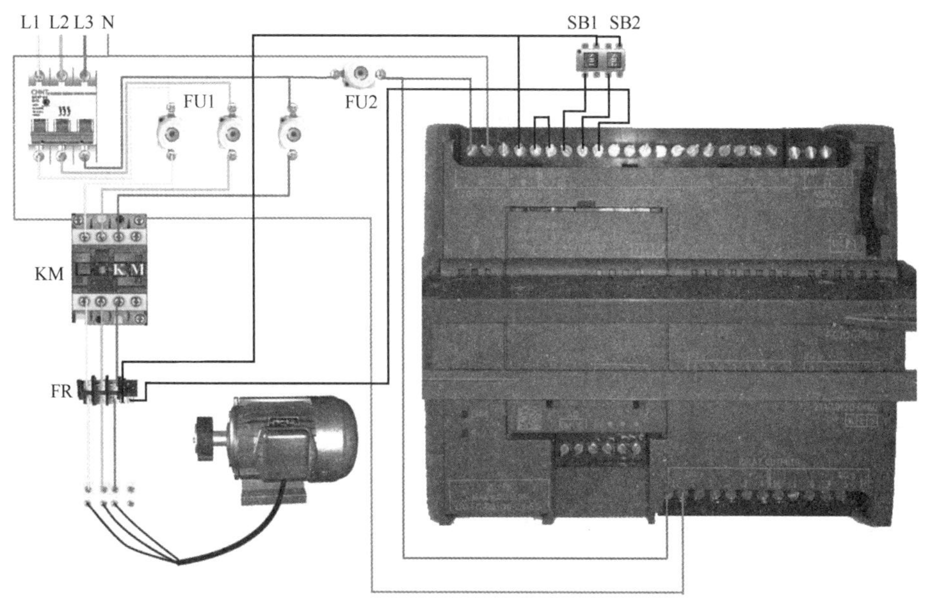

图3-4　电动机长动运行PLC控制系统接线图

3. 调试运行

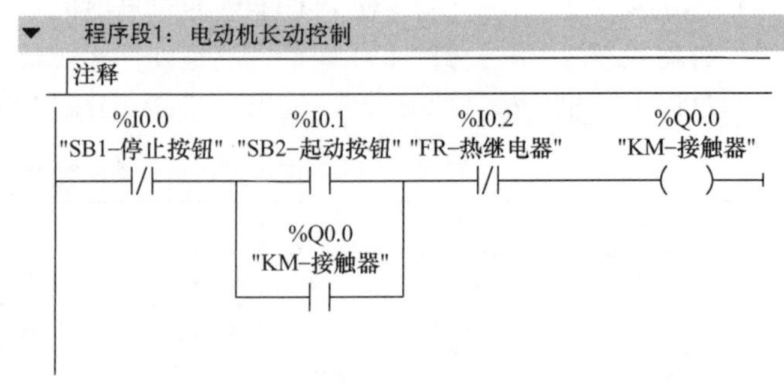

图 3-5　电动机长动运行 PLC 梯形图程序

系统上电后，闭合电源开关 QF，在图 3-5 中，当按下起动按钮 SB2 时，起动信号输入 PLC 中，PLC 执行电动机长动运行控制程序，并产生输出信号，使输出回路中接触器 KM 的线圈得电，其在主电路中的主触点闭合，三相电源通过熔断器 FU1、热继电器 FR 后接入异步电动机，异步电动机得电直接起动；同时，PLC 的用户程序中设计了自锁环节，使输出端保持信号状态不变，代替了通过接触器 KM 辅助触点构成自锁的方式，当松开起动按钮 SB2 后，系统保持连续运行。

当按下停止按钮 SB1 时，停止信号输入 PLC 中，PLC 执行电动机长动运行控制程序，并产生输出信号，使输出回路中接触器 KM 的线圈失电，其在主电路中的主触点断开，电动机失电停转；同时解除自锁状态，最终电动机停转。

当主电路和控制电路出现短路故障时，相应的熔断器 FU1 或 FU2 熔断，切断电路，实现短路保护。当出现长时间过载情况时，热继电器 FR 动作，其辅助触点将过载信息通过输入端反馈给 PLC，PLC 通过程序改变输出的状态，从而控制接触器以切断主电路。

综上所述，PLC 控制系统的一个重要特点是控制的顺序、逻辑等是通过其内部存储的程序来实现的，如本例中接触器的自锁控制逻辑；而传统的继电器控制方式则需要使用硬接线的方式实现。采用软逻辑的好处主要有：①接线简单，连线少；②控制灵活；③无触点机械磨损，寿命长；④无触点机械运动，控制速度快；⑤控制精度高等。

本任务的控制要求比较简单，在后面的学习中，随着控制要求越来越复杂，我们将会不断加深对 PLC 的认识。

【课后测试】

1. ________年，美国研制出世界上第一台 PLC。
2. 早期的 PLC 主要用于逻辑控制，因此也称为________________________。
3. 由于可编程序控制器（Programmable Controller）的英文首字母缩写 PC 容易和____________的简称相混淆，故一般仍称可编程序控制器为 PLC。
4. ________是使用最多的 PLC 编程语言，其电路符号和表达式与继电器电路原理图相似。
5. 可编程序控制器的控制功能是通过存在存储器内的________来实现的。
6. 按照 I/O 点数的多少，通常可将 PLC 分为________、________和________三类。
7. 按照结构形式不同，通常可将 PLC 分为________和________。
8. 下列（　　）不属于 PLC 的特点。

A. 可靠性高　　B. 抗干扰能力强

C. 接线复杂　　D. 体积小、重量轻

【拓展思考与训练】

一、拓展思考

在图3-4所示的PLC控制系统中，连接PLC输入端的停止按钮与热继电器的辅助触点为什么使用常开触点？

二、拓展训练

训练任务：设计PLC控制照明灯点亮和常亮。要求照明灯能实现点动运行，也能实现长动运行。系统上电后，按下点动起动按钮，照明灯点亮，松开后照明灯熄灭。按下长动起动按钮，照明灯得电长亮；按下停止按钮，照明灯熄灭。

任务3.2 认识PLC的结构和工作原理

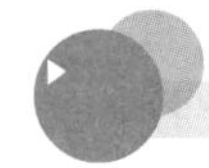

【任务布置】

一、任务引入

任务3.1实施了“PLC控制电动机长动运行”。系统上电后，运行中的PLC是怎样获知输入元器件SB1、SB2、FR的状态信息的呢？在执行程序段时，怎样查找编程软元件的地址和数据状态？程序段的逻辑是怎样执行的？程序运行逻辑结果是怎样输送到执行机构去执行的呢？PLC由哪些结构组成？它们作为有机体是怎样运行从而完成上面这些任务的呢？

为了弄清这些问题，我们需要结合一些计算机基础知识，进一步深入认识PLC的结构和工作原理。一个计算机系统主要由中央处理器（CPU）、存储器、输入/输出接口、外设和软件等部分构成。PLC实质上可以认为是一种经过特殊设计，专用于工业控制的计算机，因此也大致由上述部分构成。通过前面的学习，我们知道PLC具有体积小、重量轻、可靠性高、维护与升级方便等特点，并广泛应用于制造、交通、能源、化工等各个工业领域，能够完成逻辑控制、运动控制、过程控制、集散控制等功能。为什么这样的一个小巧的控制装置能够具备这些强大的功能、优点并得到广泛应用呢？其中一个主要原因在于其各个组成部分能够按照统一的目标与规则有机地结合成一个整体，并且每个部分都能各司其职，可靠地执行各自的分工，完成各自的任务。

工程技术人员在运用PLC设计、开发自动化控制项目，操作与维修人员在使用和维护自动化设备时，必须掌握PLC的结构及其工作原理，从而正确合理高效地使用PLC，充分发挥其功效。否则，不但可能无法完成控制任务，而且还有可能造成严重的生产事故。

二、问题思考

1. PLC由哪些基本结构组成？它们各有什么功用？
2. PLC是怎么工作的？分为哪几个阶段？

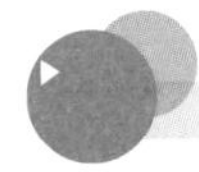

【学习目标】

一、知识目标

1. 掌握PLC的组成及各部分的功用。
2. 掌握PLC的软件和硬件。

3. 掌握 PLC 的扫描概念及工作原理。

二、能力目标

1. 能正确理解 PLC 各部分的功用。
2. 能基于 PLC 的工作原理分析 PLC 控制电动机正、反转的工作过程。

三、素养目标

1. 培养学生探求事物本质、严谨认真的科学精神。
2. 培养学生的逻辑思维能力、理解能力与系统分析能力。

【知识准备】

知识点 1：PLC 的基本构成

与计算机系统一样，从整体来看，PLC 是由硬件系统和软件系统两大部分构成的，如图 3-6所示。PLC 的硬件系统主要由中央处理器（CPU）、存储器、输入/输出模块、接口电路、电源等部分构成。PLC 的软件系统指其中存储的程序及编程语言，程序分为系统程序和用户程序两部分。

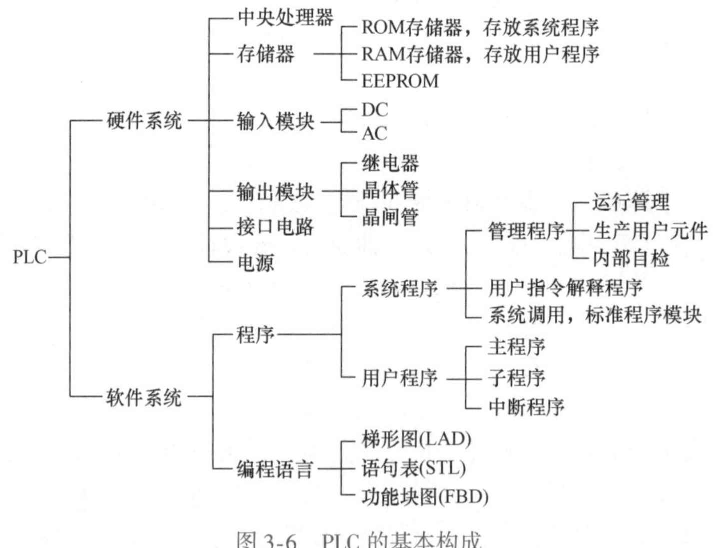

图 3-6　PLC 的基本构成

PLC的硬件结构

知识点 2：PLC 的硬件系统

PLC 的类型繁多，功能和指令系统也不尽相同，但其结构与工作原理大同小异，采用典型的计算机结构，图 3-7 为 PLC 的硬件系统结构图。

PLC 的硬件系统主要由 CPU、存储器、输入模块、输出模块、接口电路和电源等部分组成。在图 3-7 中，虚线框以内为 PLC 的主机部分，输入设备和输出设备分别通过输入单元和输出单元实现输入和输出。外设接口可连接很多外部设备，例如，编程器、打印机、上位计算机、其他 PLC 等。I/O 扩展口可用于扩展系统的 I/O 数量或接入特殊功能单元。

1. 中央处理器（CPU）

中央处理器是 PLC 的核心部件。CPU 一般由控制电路、运算器、寄存器及实现它们之间联系的地址总线、数据总线和控制总线构成，这些电路一般都集成在一块芯片上。CPU 的主要功能有以下几方面。

1）从存储器中读取指令。CPU 从地址总线获取指令存储地址，从控制总线上给出读命令，从数据总线上得到读出的指令，并存放到 CPU 内部的指令寄存器中。

2）执行指令。CPU 对存放在指令寄存器中的指令操作码进行译码，执行指令规定的操作。例如，读取输入信号、取操作数、进行逻辑运算或算术运算、将结果输出或存储等。

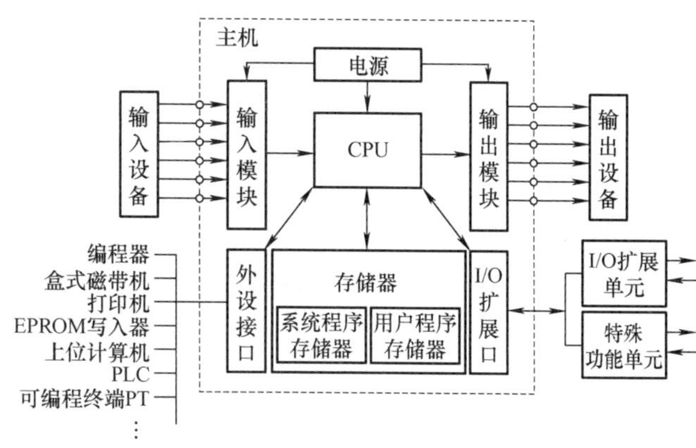

图 3-7 PLC 的硬件系统结构图

3）准备取下一条指令。CPU 执行完一条指令后，能根据条件产生下一条指令的地址，以便取出下一条指令并执行。在 CPU 的控制下，用户程序的指令不但可以顺序执行，也可以分支或跳转执行。

4）处理中断。CPU 除按顺序执行用户程序外，还能接收输入/输出接口发来的中断请求，并进行中断处理。中断处理完毕后，再返回原地址，继续顺序执行用户程序。

2. 存储器

存储器是具有记忆功能的半导体电路，用来存放系统程序、用户程序、逻辑变量、数据和其他一些信息。PLC 中使用的存储器主要有 ROM、RAM、EPROM 和 EEPROM 几种，如图 3-8 所示。

程序存储器为只读类型，用于存放 PLC 的操作系统，程序由制造商固化，通常不可修改。

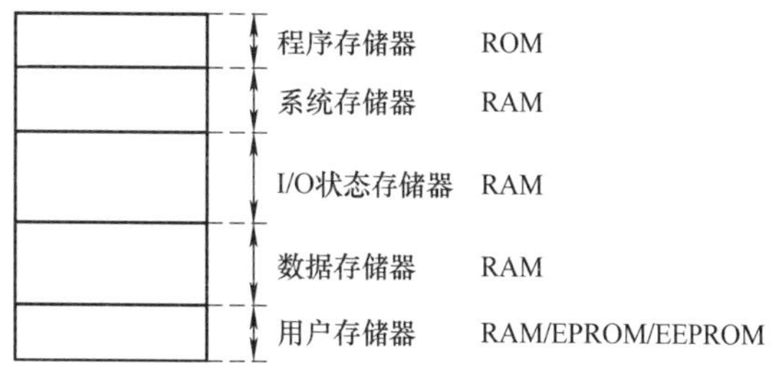

图 3-8 PLC 的存储器

系统存储器属于随机存储器，主要用于存储中间计算结果和数据，有的 PLC 厂家还会用系统存储器存一些系统信息，如错误代码等，系统存储器不对用户开放。

I/O 状态存储器属于随机存储器，用于储存输入/输出装置的状态信息，每个输入接口和输出接口都在 I/O 映像表汇总并分配唯一的地址。

数据存储器属于随机存储器，主要用于数据处理，为计数器、定时器、算数计算和过程参数提供数据存储。有的还细分为固定数据存储器和可变数据存储器。

用户存储器的类型可以是随机存储器、可擦除存储器（EPROM）、电擦除存储器（EEPROM）及 FLASH 存储器，主要用于存放用户编写的程序。

3. 输入/输出模块

PLC 的输入/输出模块是 PLC 与工业现场设备相连接的端口，输入和输出信号可以是开关量或模拟量，其接口是内部弱电信号与工业强电信号联系的桥梁。

输入/输出模块主要有两个作用：利用内部的电隔离电路将工业现场和 PLC 内部进行隔离，起到保护作用；把不同的信号（如强电、弱点信号）调理成 CPU 可以处理的信号。

输入模块是PLC内部输入接口电路，其作用是将PLC外部电路（如行程开关、按钮、传感器等）提供的符合PLC输入电路要求的电压信号通过光耦合电路送到PLC内部电路。根据常用输入接口电路电压类型和电路形式的不同，输入接口分为直流输入式和交流输入式两类。

输出模块是PLC输出接口电路，用来将CPU运算的结果传送给输出端的电路元器件，以控制其接通或断开，从而驱动被控负载（如电磁铁、继电器、接触器线圈等），依据不同负载工作电路，PLC输出接口电路有继电器式输出（relay output）、晶闸管式输出（thyristor output）和晶体管式输出（transistor output）三种类型。

通常在PLC内部将一组输入/输出电路的公共端连在一起，共用一个公共端点（public endpoints），以减少PLC的外部接线。PLC一般以三四个输出或输入接点为一组，在PLC内部连成一个输出公共端点，公共端点之间是绝缘隔离的。分组后，不同的负载可以采用不同的驱动电源。

4. 电源部件

电源部件通常采用直流开关稳压电源，将交流电转换成为供PLC的中央处理器、存储器、I/O接口等电子电路工作所需的直流电源，使PLC能正常工作。大部分PLC可向输入电路提供24V直流电源，此电源的功率很小，一般不能为其他设备供电，用户在使用时必须注意这一点。

5. 其他接口电路

有些PLC还配置了其他一些接口。如可用于扩展I/O点数的I/O扩展接口，可用于PLC主机与打印机、条码扫描仪、编程器、上位机、其他PLC等的通信；以实现编程、监控、联网等功能的外设通信接口，使PLC能够适应更复杂的控制要求。

知识点3：PLC的软件系统

PLC的软件系统

PLC的软件系统指PLC的存储器中存储的程序，分为系统程序和用户程序两部分。

1. 系统程序

系统程序是由生产厂家写入的，用户不能修改，并且永远驻留（PLC去电后，内容不会丢失），存放于只读的程序存储器中。系统程序的主要功能是完成系统诊断、命令解释、功能子程序调用管理、逻辑运算、通信及各种参数设定等功能。系统程序主要由系统管理程序、编辑程序和指令解释程序，以及标准子程序与调用管理程序构成。

系统管理程序的功能首先是运行管理，也就是对PLC的输入、输出、运算、自检、通信等各种操作进行时间上的分配管理；其次是存储空间的管理，即生成用户数据区，规定各种参数、程序的存放地址；另外还有系统的自诊断管理功能，即系统自检，包括对电源出错、系统出错、用户程序语法出错等的检验。编辑程序能将用户程序变成内码形式存放在PLC中，以便于程序的修改、调试；指令解释程序将用户程序翻译成相应的一串机器语言，然后通过CPU完成这些任务。

为提高运行速度，在程序执行中，PLC的很多具体工作是通过调用标准子程序来完成的。这些标准子程序是由许多独立的程序块组成的，各自能完成不同的特定功能，如输入、输出功能，特殊运算功能等。标准子程序与调用管理程序完成的就是这部分功能。

2. 用户程序

PLC的用户程序是用户根据现场控制需要编制的应用程序，用以实现各种控制要求。用户程序由用户编写后，通过编程器等写入到PLC的用户程序存储器中。用户程序存储器常用的有RAM、EPROM或EEPROM等类型。

知识点4：PLC的工作原理

PLC的控制功能是通过运行用户程序来实现的，其工作过程就是程序的执行过程。由于PLC采用了与微型计算机相似的结构形式，其执行指令的过程与一般的微型计算机相同，但是其工作方式却与微型计算机有很大的不同。微型计算机一般采用等待命令的工作方式，如常见的键盘扫描方式或I/O扫描方式，当有键按下或I/O动作时，则转入相应的子程序，无键按下时，则继续扫描。PLC则采用循环扫描的方式，其工作原理如图3-9所示，主要有输入采样、执行用户程序和输出刷新三个阶段。

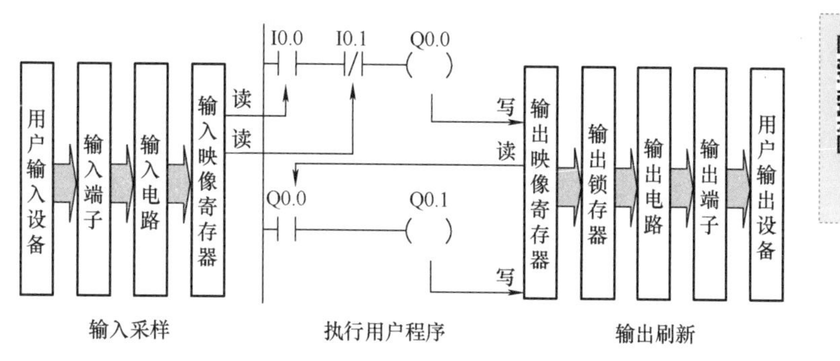

PLC的工作原理

图3-9 PLC的工作原理图

PLC的CPU采用循环扫描的工作方式执行用户程序。所谓扫描，是指CPU依次对各种规定的操作项目全部进行访问和处理，即按顺序逐条执行用户程序，运行到end指令结束，然后再从头开始重复执行，直到停机或从运行工作状态切换到停止工作状态。PLC一个扫描周期的工作过程如图3-10所示。

首先，执行CPU自诊断阶段，PLC对自身的各输入/输出点、存储器和CPU等进行诊断；然后是处理通信请求阶段，如果自诊断没有发现故障，PLC将继续往下扫描，检查是否有通信请求并处理；之后进入输入采样阶段，也称为读输入阶段。

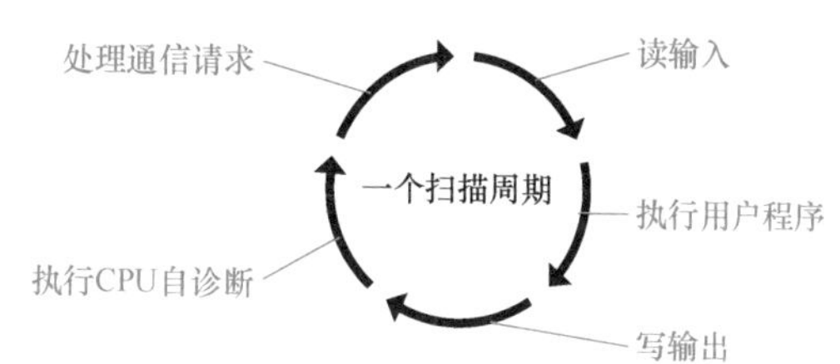

图3-10 PLC一个扫描周期的工作过程

在开始执行程序之前，首先扫描输入端子并将输入信号读入输入映像寄存器中。在运行程序时，所需的输入信号不是实时取用输入端子上的信息，而是取用输入映像寄存器中的信息，在一个工作周期内，这些采样结果的内容不会改变，只有到下一个工作周期的输入采样阶段才会被刷新，这一点是应该注意的。

当完成输入扫描工作后，PLC将进入执行程序阶段。PLC的CPU将用户程序的指令逐条调出并执行，以对最新的输入状态和原输出状态（这些状态也称为数据）进行处理，即按用户程序对数据进行算术和逻辑运算，将运算结果送到输出寄存器中（注意：这时并不立即向PLC的外部输出），这就是用户程序执行阶段。

当PLC将所有的用户指令执行完毕时，PLC的工作进入输出刷新阶段，又称为写输出阶段。此时PLC将输出映像寄存器中与输出有关的状态（输出继电器状态）转存到输出锁存器中，并通过一定方式输出，以驱动被控设备（外部负载）。这就是 PLC 本次工作周期运行结果的实际输出。

PLC 经过上述五个阶段的工作过程的时间，称为一个扫描周期。完成一个扫描周期后，又重新执行上述过程，扫描周而复始地进行，故称为循环扫描工作方式。扫描周期是 PLC 的重要指标之一，扫描周期越短，PLC 控制的效果越好。扫描周期的长短通常由三个因素决定，一是 CPU 的时钟速度，一般越高档的 CPU，其时钟速度越高，扫描周期越短；二是 PLC 的 I/O 数量，I/O 数量越少，扫描周期越短；三是程序的长度，程序长度越短，扫描周期越短。

【任务实施】

PLC 作为自动化工控系统的核心，不但需要接收操作人员的控制指令和工业现场的状态信息，还需要执行机构。而且要周期性地重复以上过程，以便于及时响应生产过程中输入条件的变化。

本任务以 PLC 为控制器实现电动机正、反转控制。在系统调试运行时，打开程序状态监视功能。请认真观察操作正转起动按钮、反转起动按钮、停止按钮时，PLC 的输入、输出指示灯的亮灭情况以及用户程序中各元器件的通、断状态和输出元器件的逻辑结果。结合观察结果进一步加深对 PLC 工作原理和循环扫描模式的理解。

实施步骤

“PLC 控制电动机正、反转运行”任务的完成通常包括分析设备工作过程，明确输入/输出元器件，分配 I/O 地址，选择性价比合适的电路硬件，设计电气原理图，完成硬件电路接线，设计控制程序和电路运行调试等工作。在这里，只简要分析设备工作过程，明确输入/输出元器件，分配 I/O 地址，设计电气原理图等环节，重点观察系统调试过程。

1. 控制要求

PLC 控制电动机正、反转运行工作过程如下：按下按钮 SB2，电动机正向起动，并能连续运行。此时按下按钮 SB3，电动机无动作，按下按钮 SB1 后，电动机停止。反向起动控制过程与正向相同。

通过以上分析，明确输入/输出元器件并分配 I/O 地址，见表 3-2。

表 3-2　PLC 控制电动机正、反转运行 I/O 地址分配表

输入地址分配		输出地址分配	
输入地址	功能描述	输出地址	功能描述
I0.0	正向起动按钮 SB2	Q0.0	正转接触器 KM1
I0.1	反向起动按钮 SB3	Q0.1	反转接触器 KM2
I0.2	停止按钮 SB1		

2. 电路设计

在任务 1.3 中，继电器控制系统实现电动机正、反转运行控制电路如图 1-45 所示，这里不再展示。本任务选用西门子公司的 SIMATIC S7 -1200 系列 PLC（CPU 型号为 CPU1214C AC/DC/RLY）作为控制器，PLC 控制电动机正、反转硬件电路图如图 3-11 所示。电动机正、反转的 PLC 控制程序如图 3-12 所示。

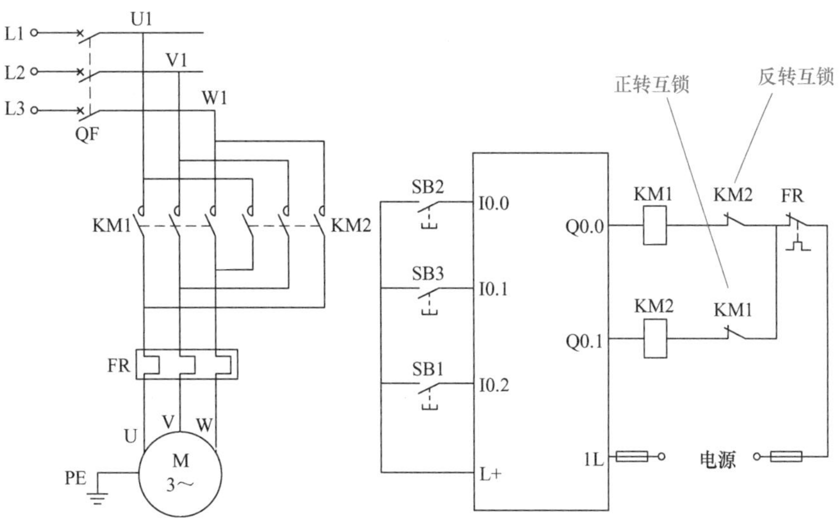

图 3-11 PLC 控制电动机正、反转硬件电路图

3. 调试运行

按照图 3-11 完成主电路和 PLC 控制电路的连接。调试时，先接通 PLC 控制电路电源，由于按钮 SB1、SB2、SB3 都连接的是常开触点，可以避免未按压时支路导通。当 S7－1200 PLC 处于 RUN 状态后，在每个扫描周期开始时，PLC 首先执行 CPU 自诊断的程序、检查故障和通信请求。然后进入输入采样阶段，此时 PLC 对所有输入端子进行扫描，如果起动按钮或停止按钮的触点动作，则 PLC 将检测到对应的输入信号变化，并将其读入输入映像寄存器中暂存，然后进入执行程序阶段。

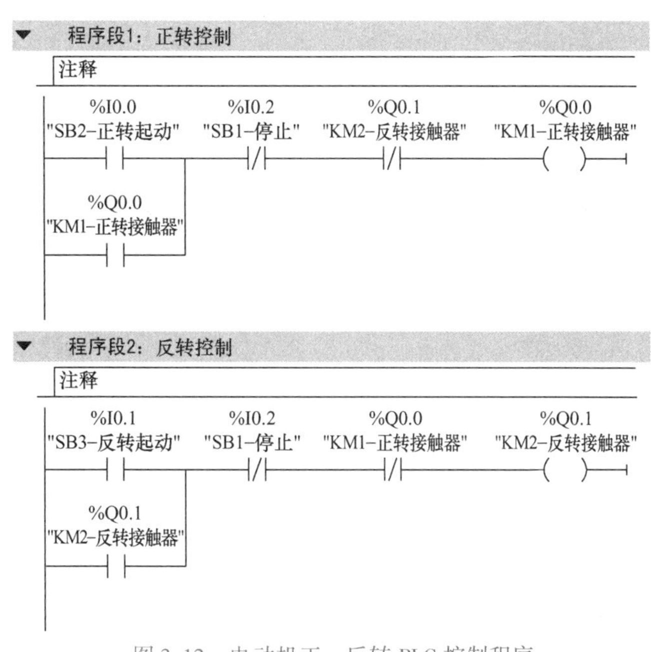

图 3-12 电动机正、反转 PLC 控制程序

在执行程序阶段，PLC 的 CPU 将用户程序的指令逐条调出并执行，根据本轮循环内已经扫描并保存在输入映像寄存器中的按钮 SB1、SB2、SB3 的状态，以及输出映像寄存器中 Q0.0、Q0.1 的状态进行运算。由于 PLC 的扫描周期非常短，远小于操作按钮的动作时间，因此 PLC 可以监测到输入信号的快速变化，实际上在一个扫描周期内输入信号的状态不变。但如果在一个扫描周期内输入信号发生了变化，则 PLC 将仍然根据本周期内输入映像寄存器中保存的输入信号状态来进行运算，直到下一个扫描周期再重新对输入信号状态进行采样。在一个扫描周期内，程序运算结果在执行程序阶段也并不立即通过输出端子输出，而是先存入输出寄存器中。等到输出刷新阶段，PLC 根据保存在输出寄存器中的输出状态，通过输出端子产生相应的输出信号，以控制接触器 KM1 或 KM2 的线圈得电或者失电。

请观察按下按钮后对应输入端子的信号指示灯点亮情况。由于 PLC 的运行速度很高，因而程序的扫描周期很短，肉眼基本不能感知输入采样的时间延迟。

打开程序状态监视功能后，梯形图用绿色实线来表示状态满足（表示电路导通），用蓝色虚线表示状态不满足（表示电路未导通）。请认真观察操作正转起动按钮、反转起动按钮、停止按钮时，PLC 的输入/输出指示灯的亮、灭情况及用户程序中各软元件的通、断状态的对应关系，理解程序中编程软元件数据寻址和输入软元件逻辑运算的过程。由于扫描周期很短，也基本不能明显感知程序执行阶段和输出刷新阶段。但是每当输入信号变化时都会在很短的时间内产生新的运算结果，这说明 CPU 的扫描过程确实存在且周而复始。

【课后测试】

1. PLC 的运算与控制中心是________。
2. PLC 的工作方式称为________。
3. 常用的 PLC 编程语言有语句表语言、功能块图语言和________。
4. PLC 的工作过程主要有________、程序执行和________三个阶段。
5. PLC 的软件系统可以分为系统程序和________两大部分。
6. 手持式编程器可以使用________语言对 PLC 进行编程。
7. PLC 主要由________、________、________、________等部分组成。
8. PLC 的存储器中用户无法更改内容的是（　　）。

A. RAM　　B. ROM　　C. EPROM　　D. EEPROM

9. （　　）是由 PLC 生产厂家编写并固化到 ROM 中的。

A. 系统程序　　B. 用户程序　　C. 用户数据　　D. 工作程序

10. 在输入采样阶段，CPU 将对各输入端进行扫描，并将输入信号的状态存入（　　）。

A. 累加器　　B. 特殊寄存器　　C. 输出锁存器　　D. 输入映像寄存器

【拓展思考与训练】

一、拓展思考

1. PLC 在循环扫描过程中为什么要执行 CPU 自诊断？哪些因素决定扫描周期的长短？
2. 输出刷新阶段为什么要把程序最终执行结果通过输出锁存器驱动外部设备？

二、拓展训练

训练任务：设计 PLC 控制电动机点/长动运行电路并分析工作过程，加深对 PLC 工作原理的理解。要求系统上电后，按下点动起动按钮，电动机得电运行，松开起动按钮，电动机失电停止。按下长动起动按钮，电动机得电长动运行；按下停止按钮，电动机失电停止。

任务 3.3　认识与使用 S7－1200 系列 PLC

【任务布置】

一、任务引入

娃哈哈集团有限公司是我国有影响力的饮料公司之一。为了应对饮料品类更加丰富、包装更加新颖的要求，从2015年起，娃哈哈携手德国西门子有限公司对生产纯净水和含气饮料的水汽线进行数字化与智能化升级，不但把水汽线的生产设备从“单兵作战”的状态连成自动化生产线，而且把集团总部到各个分厂的企业资源计划（ERP）系统的互联进一步推动到工厂到车间内各设备。现在总部通过ERP系统将销售订单发送到工厂的制造执行系统（MES）中，MES会根据库存等情况将销售订单拆分为不同的生产订单并发送到西门子WinCC系统上，由它对生产订单进行分解，生成具体的生产方案并下发至相应的生产设备。而在设备面层，运用西门子的S7-1200、S7-1500系列PLC控制整条生产线实现自动化。基于PROFINET工业网络，生产设备实现了互联互通，生成的数据将由WinCC系统采集，并返回给MES系统。西门子SIMATIC的解决方案成功地实现了对整条生产线的数字化管控和对生产线的中央监控。

S7-1200 PLC是西门子公司推出的一款紧凑型、模块化PLC，可完成简单逻辑控制、高级逻辑控制、HMI和网络通信等任务，它广泛应用于现代企业自动化生产线中，用于控制生产机械自动执行生产工艺流程。本任务让大家熟识S7-1200 PLC硬件结构和常用模块，并掌握其安装与拆卸流程，为今后运用S7-1200 PLC做好准备。

二、问题思考

1. 数字化与智能化升级将为企业带来什么变化？
2. S7-1200系列PLC的硬件结构和常用模块有哪些？
3. S7-1200系列PLC的常用模块有何功能？
4. 如何正确拆装S7-1200系列PLC？

【学习目标】

一、知识目标

1. 掌握S7-1200系列PLC的外形与结构。
2. 熟识S7-1200系列PLC常用模块的功能。

二、能力目标

1. 能正确识别S7-1200系列PLC本机的外形与结构，能正确安装、拆卸，并进行电路接线。

2. 能正确完成信号板、信号模块、通信模块、端子板的安装、拆卸，并进行电路接线。

三、素养目标

1. 通过对S7-1200系列PLC硬件安装与拆卸的训练，培养学生分析问题能力与实践动手能力，增强学思结合、知行统一的素养，养成勇于探索的创新精神。

2. 通过介绍西门子WinCC系统与PLC设备的应用给水汽线提质增效，引导学生了解世情国情，深刻理解科学技术是第一生产力，鼓励学生主动了解并掌握新技术、新工艺，积极投身于祖国的现代化建设。

【知识准备】

知识点1：S7-1200系列PLC概述

S7-1200系列PLC是西门子公司推出的一款小型PLC，主要面向简单而高精度的自动化任务。S7－1200 系列 PLC 采用模块化设计，集成了 PROFINET 接口，组态灵活，且具有功能强大的指令集，这些特点的组合使它成为各种控制应用场合的完美解决方案，可满足多种不同的自动化需求，S7－1200 系列 PLC 的外观如图 3-13 所示。

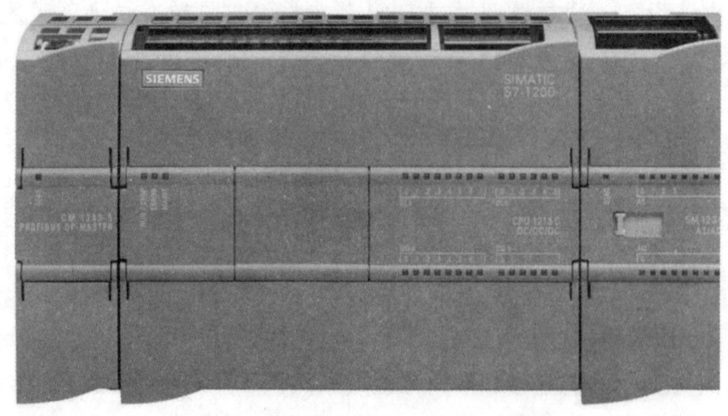

图 3-13　S7－1200 系列 PLC 的外观

西门子公司推出的 PLC 产品主要有逻辑模块 LOGO、SIMATIC S7－200、SIMATIC S7－200 SMART、SIMATIC S7－1200、SIMATIC S7－1500、SIMATIC S7－300 和 SIMATIC S7－400 等系列。S7－1200 系列 PLC 在西门子 PLC 家族中的定位如图 3-14 所示。

S7－1200 系列 PLC 由于采用模块化设计理念，具有很好的可扩展性与高度的灵活性，用户可根据自身的控制要求选择不同模块构成控制系统，后续的扩展也非常方便。S7－1200 系列 PLC 的所有 CPU 模块都可以内嵌一块信号板，可以在不改变原来体积的情况下增加输入/输出点数。同时，扩展能力高的 CPU 型号还可安装多达 8 个信号模块，进一步增加输入/输出通道。S7－1200 系列 PLC 还具备强大的通信能力，可快速、灵活地完成与其他智能设备的通信。

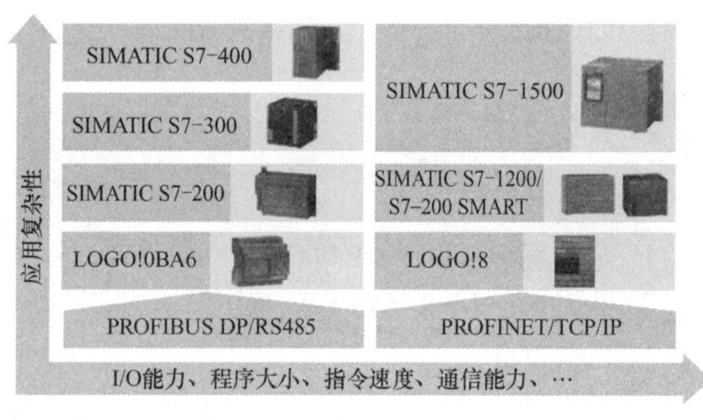

图 3-14　S7－1200 系列 PLC 在西门子 PLC 家族中的定位

知识点 2：S7－1200 系列 PLC 常用模块及接线

S7－1200 系列 PLC 是西门子公司生产的新一代小型 PLC，主要是由 CPU 模块、信号板、信号模块和通信模块组成，各种模块安装在标准 DIN 导轨上。S7－1200 系列 PLC 具有集成的 PROFINET 接口、强大的集成工艺功能和高度灵活性。因此，用户可以根据自身需求确定 PLC 的结构。下面对 S7－1200 系列 PLC 常用模块和电气接线进行介绍。

1. CPU 模块

S7－1200 系列 PLC 的 CPU 模块将微处理器、电源、数字量输入/输出电路、模拟量输入/输出电路、PROFINET 接口、高速运动控制功能组合到一个设计紧凑的外壳中。其中，微处理器相当于 PLC 的大脑和心脏，它不断地采集输入信号，执行用户程序，刷新系统的输出。

S7－1200 系列 PLC 的 CPU 模块外形及结构如图 3-15 所示。其中，①是 3 个 CPU 运行状态指示灯；②是集成 I/O（输入/输出）状态指示灯；③是安装信号板处；④是 PROFINET 接口；⑤是存储器插槽；⑥是可拆卸的接线端子板。

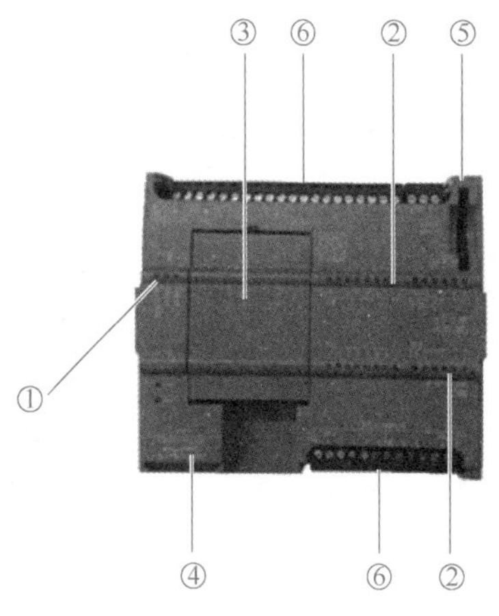

图 3-15　CPU 模块外形与结构

目前，西门子公司提供了 CPU 1211C、CPU 1212C、CPU 1214C 及 CPU 1215C 等多种类型的 S7－1200 系列 PLC。但是，S7－1200 系列 PLC 不同型号的 CPU 面板是类似的。在此以 CPU 1214C 为例进行介绍。

CPU 1214C 有 3 类运行状态指示灯，用于显示 CPU 模块的运行状态，这 3 类运行状态指示灯有：①STOP/RUN 指示灯。当 STOP/RUN 指示灯为纯橙色时，指示 STOP 模式；为纯绿色时，指示 RUN 模式；橙、绿交替闪烁时，指示 CPU 正在启动。②ERROR 指示灯。ERROR 指示灯为红色闪烁状态时，指示有错误（例如，CPU 内部错误、存储卡错误或组态错误等）；为纯红色时，指示硬件出现故障。③MAINT 指示灯。MAINT 指示灯在每次插入存储卡时闪烁。

CPU 模块上有众多 I/O 状态指示灯，这些指示灯可以指示各数字量输入或输出的信号状态。CPU 模块上提供了一个以太网通信接口，用于实现以太网通信，还提供了两个可指示以太网通信状态的指示灯。其中，“Link”（绿色灯）点亮，表示连接成功；“Rx/Tx”（黄色灯）点亮，表示信息传输。

CPU 1214C 还可以根据电源信号、输入信号、输出信号的不同分为 3 个版本，分别是 DC/DC/DC、DC/DC/RLY、AC/DC/RLY。其中，DC 表示直流，AC 表示交流，RLY（Relay）表示继电器。

2. 信号板

S7－1200 系列 PLC 所有 CPU 模块的正面都可以安装一块信号板（Signal Board，SB），如图 3-16 所示。其优点是在不增加硬件安装空间的基础上，可以添加少量的 I/O 点数，从而提高 CPU 的性能。

目前，市场上的信号板主要包括数字量输入、数字量输出、数字量输入/输出、模拟量输入和模拟量输出等。

图 3-16　信号板和信号板安装

1）SB 1221 数字量输入信号板：4 点输入的最高计数频率为 200kHz。数字量输入、数字量输出信号板的额定电压有 DC 24V 和 DC 5V 两种。

2）SB1222 数字量输出信号板：4 点固态 MOSFET 输出的最高计数频率为 200kHz。

3）SB1223 数字量输入/输出信号板：2 点输入和 2 点输出的最高频率均为 200kHz。

4）SB1231 模拟量输入信号板：有一路 12 位的输入，可测量电压和电流。

5）SB1232 模拟量输出信号板：有一路输出，可输出分辨率为 12 位的电压和 11 位的电流。

3. 信号模块

数字量输入/输出（DI/DQ）模块和模拟量输入/输出（AI/AQ）模块统称为信号模块，

如图 3-17 所示。信号模块可以为 CPU 系统扩展更多的 I/O 点数。信号模块包括数字量输入模块、数字量输出模块、数字量输入/输出模块、模拟量输入模块、模拟量输出模块、模拟量输入/输出模块等。

图 3-17　信号模块

所有的模块都能方便地安装在 35mmDIN 导轨上，所有的硬件都配备了可拆卸的端子板，不用重新接线，就能迅速地更换组件。

在工业控制中，可选用 8 点、16 点和 32 点的数字量输入/输出模块来满足不同的控制需要。有些输入参数（例如，压力、温度、流量、转速等）是模拟量，有些执行机构要求 PLC 输出模拟量信号，但 PLC 中的 CPU 只能处理数字量。因此，就需要模拟量 I/O 模块来实现 A/D 转换和 D/A 转换。S7－1200 系列 PLC 信号模块参数见表 3-3。

表 3-3　S7－1200 系列 PLC 信号模块参数

信号模块	SM 1221 DC	SM 1221 DC		
数字量输入	DI 8 ×24V DC	DI 16 ×24V DC		
信号模块	SM 1222 DC	SM 1222 DC	SM 1222 RLY	SM 1222 RLY
数字量输出	DO 8 ×24V DC 0.5A	DO 16 ×24V DC 0.5A	DO 8 × RLY 30V DC/250V AC 2A	DO 16 × RLY 30V DC/250V AC 2A
信号模块	SM 1223 DC/DC	SM 1223 DC/DC	SM 1223 DC/RLY	SM 1233 DC/RLY
数字量输入/输出	DI 8 ×24V DC/DO 8 ×24V DC 0.5A	DI 16 ×24V DC/DO 16 ×24V DC 0.5A	DI 8 ×24V DC/DO 8 × RLY 30V DC/250V AC 2A	DI 16 ×24V DC/DO 16 × RLY 30V DC/250V AC 2A
信号模块	SM 1231 AI	SM 1231 AI		
模拟量输入	AI 4 ×13Bit ±10V DC/0 ~20mA	AI 8 ×13Bit ±10V DC/0 ~20mA		
信号模块	SM 1232 AQ	SM 1232 AQ		
模拟量输出	AQ 2 ×14Bit ±10V DC/0 ~20mA	AQ 4 ×14Bit ±10V DC/0 ~20mA		
信号模块	SM 1234 AI/AQ			
模拟量输入/输出	AI 4 ×13Bit ±10V DC/0 ~20mA AQ 2 ×14Bit ±10V DC/0 ~20mA			

各信号模块（数字量信号模块、模拟量信号模块）提供了指示模块状态的诊断指示灯。其中，绿色指示模块处于运行状态，红色指示模块处于故障或非运行状态。

4. 集成的通信接口与通信模块

S7－1200 系列 PLC 具有非常强大的通信功能，提供下列的通信选项：I－Device（智能设备）、PROFINET、PROFIBUS、远距离控制通信、点对点（PtP）通信、USS 通信、Modbus RTU、AS－i 和 I/O Link 主站模块。

（1）集成 PROFINET 接口

工业以太网是现场总线发展的趋势，已经占有现场总线半壁江山。PROFINET 是基于工业以太网的现场总线，是开放式的工业以太网标准，它使工业以太网的应用扩展到了控制网络最底层的现场设备。

通过 TCP/IP 标准，S7－1200 系列 PLC 提供的集成 PROFINET 接口可用于与编程软件 STEP7 的通信，以及与 SIMATIC HMI 精简系列面板的通信，或与其他 PLC 的通信。此外，它还通过开放的以太网协议 TCP/IP 和 IOS－on－TCP 支持与第三方设备的通信。该接口的 RJ－45 连接器具有自动交叉网线功能，数据传输速率为 10Mbit/s、100Mbit/s，支持最多 16 个以太网连接。该接口能实现快速、简单、灵活的工业通信。

（2）点对点（PtP）通信

通过点对点通信，S7－1200 系列 PLC 可以直接发送信息到外部设备，如打印机；从其他设备接收信息，如条形码阅读器、RFID（射频识别）读写器和视觉系统；可以与 GPS 装置、无线电调制解调器及其他类型的设备交换信息。

（3）PROFIBUS 通信

S7－1200 系列 PLC 最多可以增加 3 个通信模块，它们安装在 CPU 模块的左侧。PROFIBUS 是国际现场总线标准之一，已经被纳入现场总线的国际标准 IEC 61158。

（4）AS－i 通信

AS－i 通信是执行器/传感器接口（Actuator Sensor Interface）的缩写，位于工厂自动化网络的最底层，AS－i 已被列入 IEC 62026 标准。AS－i 是单主站主从式网格，支持总线供电，即两根电缆同时做信号线和电源线。

（5）I/O－Link 主站模块

I/O－Link 是 IEC 61131－9 中定义的用于传感器/执行器领域的点对点通信接口，使用非屏蔽的 3 线制标准电缆。

（6）通信模块

S7－1200 系列 PLC 最多可以增加 3 个通信模块和 1 个通信信号板，如 CM 1241 RS232、CM 1241 RS485、CP 1241 RS232、CP 1241 RS485、CB 1241 RS485，它们安装在 CPU 模块的左边和 CPU 面板上。RS－485 和 RS－232 通信模块为点对点（PtP）的串行通信提供连接。

5. S7－1200 系列 PLC 的电气接线

西门子 S7－1200 系列 PLC 的 CPU 1214C DC/DC/DC 的外部接线如图 3-18 所示，主要有以下几个特点：①外部传感器可以借用 PLC 的输入电源 DC 24V；②PLC 的输入电源和输出电源可以采用同一个直流电源，也可以采用不同的直流电源；③24V 直流输入可以采取 PNP 正电压类型输入，或 NPN 负电压类型输入。

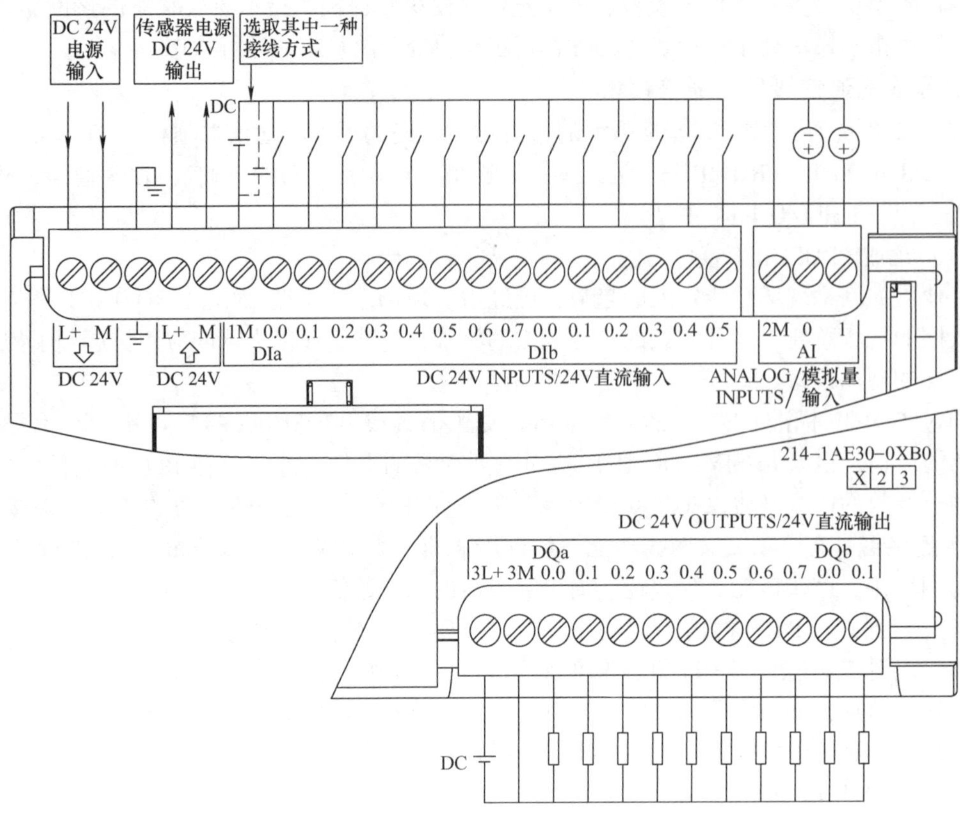

图 3-18　CPU 1214C DC/DC/DC 的外部接线图

【任务实施】

某造纸企业车间的自动化造纸生产线如图 3-19 所示，由于造纸生产线的产品细薄、脆弱，为防止纸张出现断裂、卷曲、增皱、压痕，必须对各传动部分进行高精度的速度控制，以达到高质量的延展特性。造纸机各部分之间必须采用拉力控制，保证纸张按成纸方向所限定的伸展率进行延展。

图 3-19　自动化造纸生产线

造纸生产线传动部的 PLC 控制示意图如图 3-20 所示。其中，PLC 负责变频器的速度设定和速度反馈部分。传动部分别由真空回头辊、压榨主传动、烘干传动、光泽缸、压光机及卷纸机等 6 个传动点组成。每一台交流变频专用电动机通过硬齿面齿轮减速箱直接传动各主动辊或主动齿轮，该生产线设计车速为 150m/min。

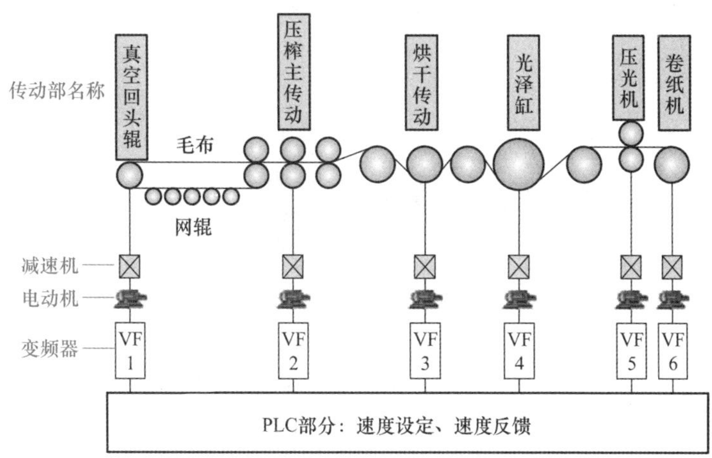

图 3-20 造纸生产线传动部的 PLC 控制示意图

控制要求如下：以 VF2 为总车速的设定点，其他各个传动点同步跟随。每一个传动根据预先设置的速度差，速度差控制范围为 ±2%。VF2 的总车速设置六个主要的速度段，通过万能开关进行选择。每个传动都设置了加速和减速按钮，其中 VF2 主传动为 -25 ~ +25m/min。

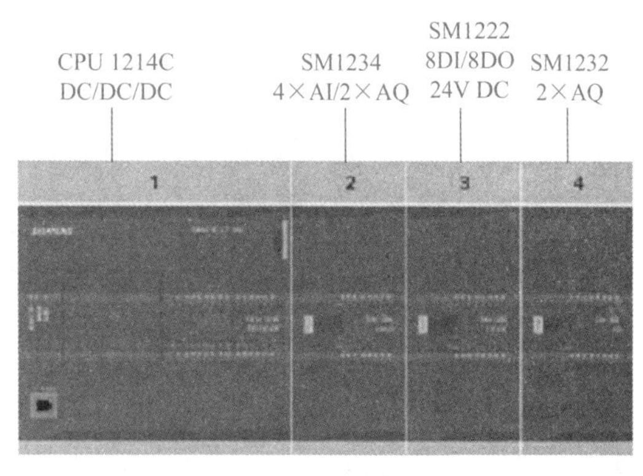

图 3-21 造纸生产线电气控制系统的 PLC 及信号模块

根据造纸生产线的工作流程和控制要求确定电气控制系统中选用 S7 - 1200 系列 PLC 型号 CPU 1214C DC/DC/DC，并配置信号模块模拟量输入/输出（SM1234 4 × AI/2 × AQ）、信号模块数字量输入/输出（SM1222 8DI/8DO 24V DC）、信号模块模拟量输出（SM1232 2 × AQ）这三个模块，如图 3-21 所示。

请完成 S7 - 1200 系列 PLC 本机和三个信号模块的安装。

实施步骤

造纸车间 PLC 的硬件安装主要包括两部分，分别为 CPU 1214C DC/DC/DC 的安装及信号模块 SM1234 4 × AI/2 × AQ、SM1222 8DI/8DO 24V DC、SM1232 2 × AQ 的安装。其中，S7 - 1200 系列 PLC 尺寸较小，易于安装，可以有效地利用空间。安装时应注意以下几点：①在安装或拆卸 S7 - 1200 系列 PLC 模块时，确保没有电源连接在模块上，还要确保已关闭所有相关设备的电源；②将 S7 - 1200 系列 PLC 与热辐射、高压和电噪声设备隔离；③S7 - 1200 系列 PLC 采用自然对流冷却方式。为了保证适当冷却，要确保其安装位置的上、下部分与邻近设备之间至少留出 25mm 的空间，且 S7 - 1200 系列 PLC 与控制柜外壳之间的距离至少为25 mm（安装深度）；④当采用垂直安装方式时，允许的最大环境温度要比水平安装方式降低10℃，此时要确保CPU被安装在最下面；⑤在规划S7－1200系列PLC系统布局时，要留出足够的空隙以方便接线和通信电缆连接。

1. 安装CPU模块

在断开S7－1200系列PLC电源的情况下，通过导轨卡夹把CPU安装到标准DIN导轨或面板上，如图3-22所示。

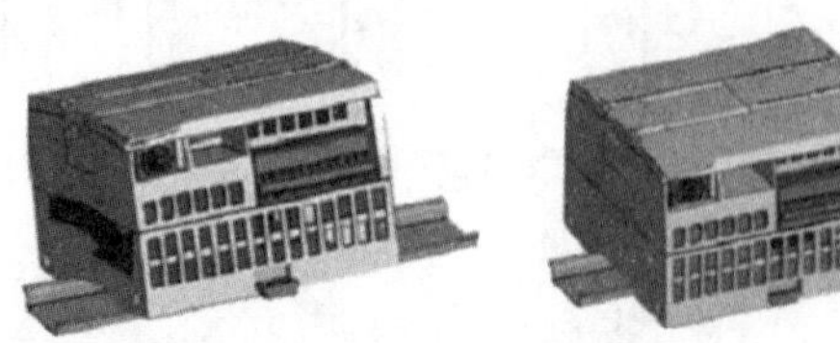

图3-22　安装CPU模块

具体步骤如下：

安装DIN导轨（隔75mm固定到安装板上）→将CPU挂到DIN导轨上→拉出CPU下方的DIN导轨卡夹→向下转动CPU使其位于导轨上→推入卡夹将CPU锁定到导轨上。

2. 安装信号模块（SM）

在安装CPU模块之后，还要安装信号模块（SM1234 4×AI/2×AQ、SM1222 8DI/8DO 24V DC、SM1232 2×AQ），如图3-23所示。

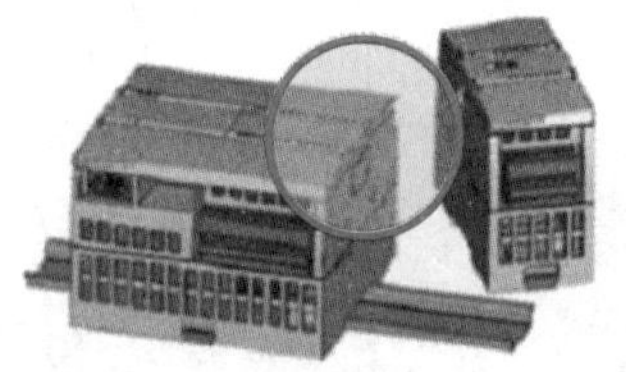

图3-23　安装信号模块

具体步骤如下：

断开电源→卸下CPU右侧的连接盖（将螺钉旋具插入盖上方的插槽中，将其上方的盖轻轻撬出并卸下，收好盖以备再次使用）→将SM挂到DIN导轨上方，装在CPU旁边，拉出下方的DIN导轨卡夹以便将SM安装到导轨上→向下转动CPU旁的SM，使其就位，并推入下方的卡夹，将SM锁定到导轨上→将螺钉旋具放到SM上方的小接头旁。将小接头滑到最左侧，使总线连接器伸到CPU中。

【拓展知识】

拓展知识点1：S7－1200系列PLC的安装与拆卸

拓展知识点2：S7－1200系列PLC的基本工作原理

【课后测试】

1. CPU 1214C最多可以扩展________个信号模块、________个通信模块。其中，信号模块安装在 CPU 的____边，通信模块安装在 CPU 的____边。

2. CPU 1214C 根据电源信号、输入信号、输出信号可分为_________、_________及_________三个版本。

3. 当 STOP/RUN 指示灯为纯橙色时，CPU 模块的运行状态为（　　）。

A. STOP 模式　　B. RUN 模式　　C. 起动模式　　D. 硬件出现故障

【拓展思考与训练】

一、拓展思考

1. S7－1200 的硬件主要由哪些部件组成？
2. 信号模块是哪些模块的总称？
3. 信号板的优点是什么？
4. CPU 1214C DC/DC/DC 电气接线的特点是什么？

二、拓展训练

训练任务：对 CPU 模块、信号模块、通信模块、信号板、端子板进行安装与拆卸。

项目4

PLC基本指令的编程及应用

产业结构已由劳动力密集型转化为技术密集型，采用了大量的新设备，这些设备很多都和 PLC 控制相关，需大量的设备维护和维修人员、销售人员、电气工程师等高技术人才。这些人才不但要能分析 PLC 的控制系统、阅读 PLC 程序，还要能根据生产实际需要设计 PLC 控制系统。工程技术人员只有掌握了 PLC 编程指令，才能具有阅读、分析、设计 PLC 控制程序的能力。

本项目学习 PLC 基本指令中的位逻辑指令、定时器指令、计数器指令等基础性指令，要求学生掌握指令的功用、格式、应用方法，同时启发学生领会编程的思路——用 PLC 指令规范地表达设备的工作过程。

任务 4.1　PLC 控制抢答器的设计与仿真

【任务布置】

一、任务引入

为支持一项智力竞赛活动，要设计制作一款抢答器，供参加竞赛活动的师生使用。要求能够体现公平有序，即每位参赛学生都有相同的答题机会，谁先想到答案就及时抢答，力争抢到答题机会。在有学生已经抢到答题机会的情况下，其他学生不能抢走答题权。

仿真（Simulation）是通过建立实际系统模型并利用所见模型对实际系统进行实验研究的过程，通过仿真实验借助某些数值计算和问题求解来反映系统的行为或过程，能对工业生产系统进行分析、诊断和优化。仿真技术最初用于航空航天、原子反应堆等价格昂贵、周期长、危险性大、实际系统试验难以实现的领域。例如，在航空工业中采用仿真技术可使大型客机的设计和研制周期缩短 20%。仿真技术带来的巨大社会效益和经济效益促使其逐步发展到电力、石油化工、冶金、机械等领域。

PLC 仿真技术基于组态软件的仿真系统，使 PLC 内部各种继电器的状态、组态软件数据库中的数据和计算机界面上的图形对象三者链接。在仿真运行状态时，PLC 的输出模块与外界是断开的，输出信号通过通信线与组态软件数据库中的数据进行交换，而这些数据又与屏幕（界面）上显示的图形对象有关联。

开发 PLC 控制系统时，为了保障控制程序能完全实现系统功能，可以不通过真实的 PLC 硬件，借助 PLC 仿真软件来模拟工作条件执行工作过程，以便查找程序设计的不足。这能大大提高编程速度，减少编程和现场调试的工作量。

西门子 S7-1200 系列 PLC 的 TIA Portal（博途）仿真软件提供了一个图形用户界面来监视和更改组态，可直接在 PG/PC 上执行仿真，无须附加硬件；能在仿真环境下运行和测试项目的硬件和软件，模拟生产过程测试程序，以便查找和修改错误，减少工作量，缩短设计周期。

二、问题思考

1. 博途软件的窗体包含哪些部分?

2. 利用博途软件开发一个 PLC 工业控制项目，主要环节有哪些?其中核心环节硬件组态和控制程序有什么作用?

3. 设计抢答器需要满足哪些功能要求?需要采用什么编程技巧?

4. 为什么要对 PLC 项目程序进行仿真?

【学习目标】

一、知识目标

1. 熟悉博途软件的窗体和常用操作。
2. 掌握硬件的组态方法。
3. 熟知程序编辑的基本方法。
4. 掌握博途软件的仿真方法。

二、能力目标

1. 能够初步认识博途软件。
2. 熟悉博途软件的 Portal 视图和项目视图的功能和操作方法。
3. 能够完成项目硬件组态和在线设置。
4. 能够开发简单控制系统的控制程序，并通过仿真功能调试和修改程序。

三、素养目标

1. 培养学生的理解、观察、知识应用能力，培养学生认真严谨的工作态度和团队协作的职业精神。

2. PLC 技术广泛而深刻地改变了各行各业的生产工艺，激励学生积极学习和运用新技术、新工艺。

【知识准备】

知识点 1：博途软件的总体介绍

TIA（Totally Integrated Automation，全集成自动化）Portal 的含义是全集成自动化的入口。TIA Portal 软件音译为博途软件，在西门子 S7 产品体系中，硬件层面通过使用 PROFINET 网络达到“一网到底”的效果，把系统里的所有硬件通过网络连成一个有机整体。在软件层面，利用博途软件完成全集成自动化中西门子 S7 相关产品的自动化，并驱动产品进行组态、编程和调试，方便用户更为快速、直观地开发和调试自动化系统。

博途软件把自动化工控所必需的软件包（包含 Step7、WinCC、Safety 和 Startdrive 软件）从硬件组态、软件编程到过程可视化，都集成在一个综合的工程组态框架中，构成了良好的开发环境。

本任务介绍目前广泛应用的博途 V15—Basic（基本）版，对 S7 - 1200 系列 PLC 进行组态和编程。TIA Portal 软件因其平台集成的特点、统一的数据管理和通信、集成的信息安全以及丰富的功能，在提高开发效率、缩短开发周期、提升项目安全性等方面效果明显。但同时由于其集成的功能较多，对计算机配置要求较高。

知识点2：博途软件的视图

为帮助用户提高效率，博途软件提供了两种不同的项目视图：根据工具功能组织的面向任务的Portal视图和项目中各元素组成的面向项目的项目视图。

在博途软件安装完毕后，双击桌面上的“TIA Portal V15”图标，就可以打开软件。打开后的软件界面如图4-1所示。

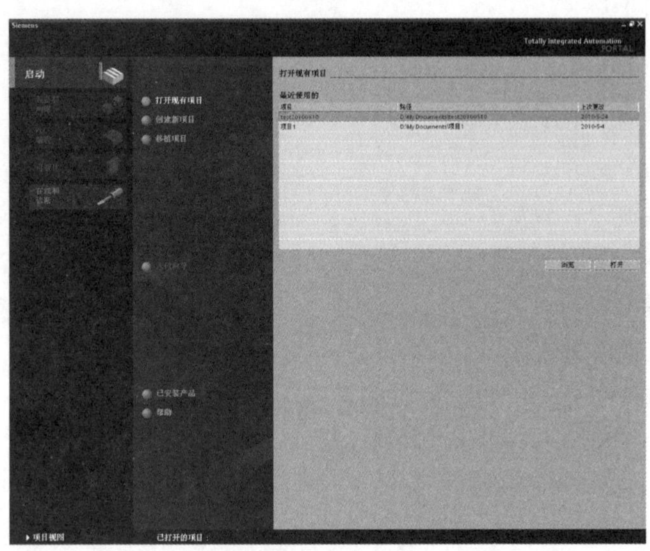

图4-1　博途软件的Portal视图界面

Portal视图是面向任务的工具箱视图，通过简单、直观的任务导向操作，能快速创建任务。在视图的左下角有“项目视图”按钮。单击该按钮，将进入项目视图界面，如图4-2所示。在项目视图界面，能够实现项目的分级组织，所有的编辑器、参数和数据都在一个界面中。在项目视图的左下角有“Portal视图”按钮。单击该按钮，将进入Portal视图界面。

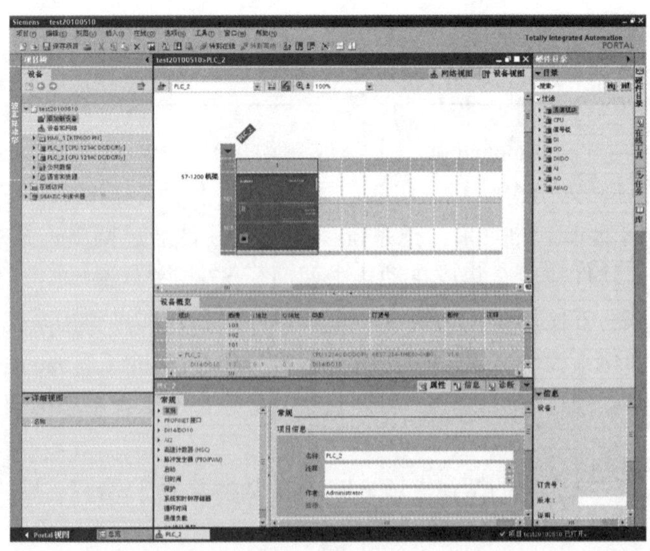

图4-2　博途软件的项目视图界面

知识点3：博途软件的常用操作和窗体

西门子博途软件常用的操作包括项目的创建、命名、保存、关闭、打开、移植、压缩和解压，以及窗体的划分。

1. 项目的创建、命名、保存、关闭和打开

在项目视图下，单击工具栏中的新建按钮，弹出新建项目对话框，在项目名称栏填写新建项目的名称，完成项目命名。可以根据项目的功能或者其他信息命名项目，以方便编程人员或其他管理者查找、调用。

命名完成后，需要指定文件保存路径，单击“保存”按钮，文件将被保存在指定的磁盘位置。单击关闭按钮，可以关闭文件。

如果有已经建立的文件需要打开，单击工具栏中的打开按钮，在弹出的项目对话框里将显示最近打开过的项目，单击可以选中项目，然后单击“打开”按钮，可以打开文件。如果没有显示要打开的文件，单击浏览按钮，双击要打开的项目即可。

2. 项目的移植

可以将经典 STEP 软件下的项目自动转换为博途软件下的项目。在项目视图中，单击工具栏中的移植项目按钮，在项目移植对话框里填写原有的经典 STEP 项目路径和名称，同时输入项目移植目的路径和新名称，然后进行移植。

3. 项目的压缩和解压

博途软件下的一个项目由相应目录下的多个文件组成，不方便复制和存档。可以通过压缩功能把项目压缩为一个文件，以方便复制和存档。在使用时，再通过解压缩恢复文件。

4. 窗体的划分

为了更好地向大家展示博途软件项目视图下的各部分功能，这里打开了一个测试项目，并打开了程序 OB1 的编辑页面，如图 4-3 所示。

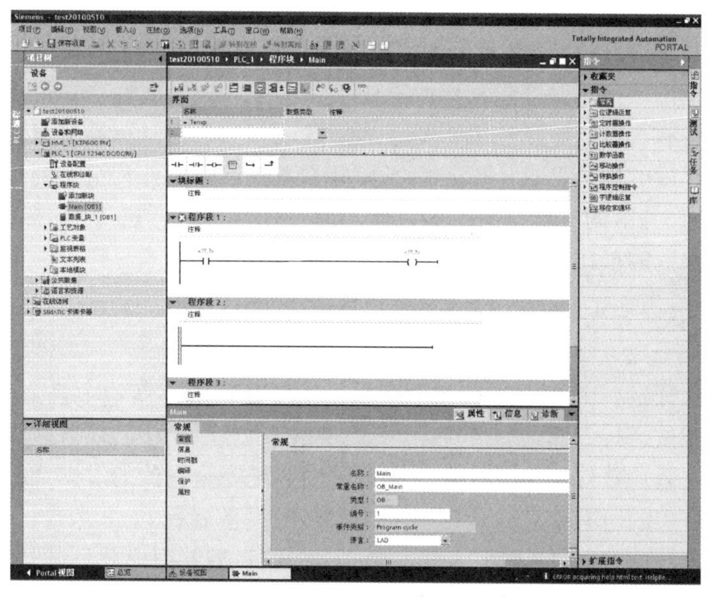

图 4-3　博途软件的界面介绍

1）标题栏和菜单栏：在项目视图的最上方是标题栏和菜单栏。在软件界面的左侧是项目树，项目树分为上下两部分，上方显示设备，下方显示设备的细节。项目中所有需要编辑、组态的内容一经编辑、组态好，都会在项目导航栏中找到。如果某项内容需要编辑，可以在项目树或导航栏里找到，用鼠标选中后，相应的编辑窗口会在工作区被打开，同时在细节窗口显示全部细节。

2）项目树：项目树以树状逻辑的编排方式显示所有当前项目中的资源，用于在编辑项目时起到资源管理和导航的目的。当需要编辑和创建本项目下的资源时，都需要从项目树中开启编辑窗口，同时，当需要查找本项目下的资源时，也需要从项目树中查找。

可以用项目树访问所有的设备和项目数据，添加新设备，编辑已有设备，打开处理项目数据的编辑器。项目中的各组成部分在项目树中以树形结构显示，分为项目、设备、文件夹和对象4个层次。可以关闭、打开项目树和详细视图，移动各窗口之间的分界线，用标题行中的按钮启动“自动折叠”或“永久展开”功能。

3）详细视图：选中项目树中的“默认变量表”，详细视图窗口显示出该变量表中的符号。可以将其中的符号地址拖拽到程序中的地址域。可以隐藏和显示详细视图和巡视窗口。

4）工作区：在项目视图的中间区域是工作区，用于打开编辑窗口。软件允许在工作区同时打开多个编辑窗口，包括多个程序块编辑窗口、硬件组态窗口、HMI的画面等；可以同时打开几个编辑器，用编辑器栏中的按钮切换工作区显示的编辑器。单击工具栏上的按钮，可以垂直或水平拆分工作区，同时显示两个编辑器。可用工作区右上角的按钮将工作区最大化或使工作区浮动。用鼠标左键按住浮动的工作区标题栏可以将工作区拖到画面上希望的位置。工作区被最大化或浮动后，单击“嵌入”按钮，工作区将恢复原状。

5）总览窗口：在项目视图的最底部是总览窗口，显示所有打开的窗口名称。在工作区和总览窗口之间是巡视窗口，包含属性、信息、诊断三个选项卡，在属性选项卡中可以查看和修改选中元件的属性。在信息和诊断标签页中可以显示交叉检索、编译信息和检查语法等。

6）资源卡：在项目视图的最右侧为资源卡，工作区在进行某项操作时，资源卡会自动选择当前可能需要的资源。

7）巡视窗口：巡视窗口用来显示选中工作区中对象附加的信息和设置对象的属性。

巡视窗口属性选项卡用来显示和修改选中工作区中对象的属性。左边是浏览窗口，选中某个参数组，可在右边窗口显示和编辑相应的信息或参数。信息标签页显示所选对象和操作的详细信息及编译后的报警信息。诊断标签页显示系统诊断事件和组态的报警事件。

8）任务卡：任务卡的功能与编辑器有关。通过任务卡进行进一步的或附加的操作。可以用最右边的竖条上的按钮来切换任务卡显示的内容。

知识点4：硬件的组态

利用博途软件开发一个PLC工业控制项目，主要环节包括新建项目、硬件配置与组态、创建控制程序和调试运行。其中，硬件组态和创建控制程序是核心环节。

硬件组态是在博途软件中生成一个与实际硬件系统完全一致的虚拟系统。它配置了整个自动化系统硬件有关的所有信息，包括PLC、HMI的设备名称和IP地址，以及PLC各模块的各种参数、输入/输出通道的地址、属性等，这些信息需要编译并下载到CPU中。CPU根据这些组态信息识别各个模块，配置各个模块的参数，并关联输入/输出映像存储器与各模块中输入/输出通道上的数据。CPU通过硬件组态获得总线上各个设备的数据，通过总线周期性地访问各个设备并进行数据交换，使系统各个组成部分有机统一地工作。

博途软件的硬件组态

TIA Portal 自动化系统的组态可分为硬件组态和在线设置两部分。硬件组态是指添加系统的硬件 PLC、HMI 设备和各个功能模块并设置相应的参数。在线设置是指将硬件组态下载到 CPU 中。只有 CPU 硬件模块的设备名称、IP 地址与硬件组态一致时，才能正确找到设备并下载硬件组态，所以还需要将 CPU 实际的 IP 地址设置成硬件组态中设置的 IP 地址。这种直接设置 CPU 以及各个模块参数的操作，称为在线设置。在线设置需要连接实际存在的硬件模块，并直接配置硬件模块的 IP 地址和设备名称等硬件相应的信息。

如果 CPU 的组态信息已经下载并且开始运行，CPU 将会在总线上周期性地发送包含设备名称的报文（格式化的数据）查找相应模块。总线上的某个硬件模块的设备名称、IP 地址与硬件组态的信息一致时，该模块响应相应的报文。

博途软件中硬件组态与在线设置的步骤如下。

1）规划 TIA Portal 自动化系统的全部硬件构成。规划主机架上 CPU、HMI 和各个模块。根据实际情况也可配置分布式机架、分布式机架上的模块、分布式模块的接口参数。

2）硬件组态。通过硬件组态，配置出整个项目的硬件状况。首先，打开博途软件，可以在 Portal 视图中创建项目，输入项目名称，指定项目存储路径；在项目视图中单击“组态设备”，如图 4-4 所示。需要说明的是，在 Portal 视图中，按项目工艺过程依次展列出组态设备、创建 PLC 程序、组态工艺对象、组态 HMI 画面等项目，可引导工程人员完成项目的全部工作。另外，右侧的“组态设备”和左侧的“设备与网络”是一样的，都可以组态硬件。

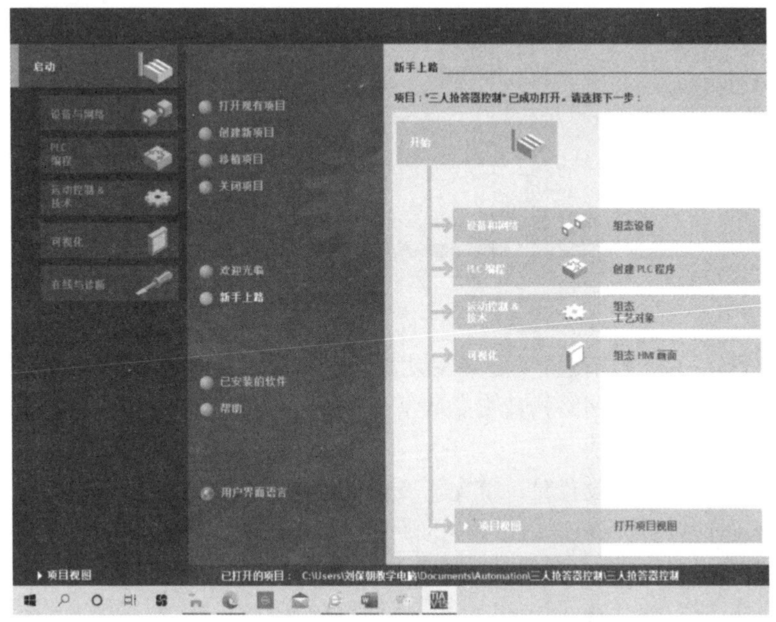

图 4-4　新建项目的项目视图

打开组态设备窗口，如图 4-5 所示，在此添加设备。通常必须添加控制器 PLC，指定 CPU 型号，选定的订货号、版本号必须与现场设备的一致。特别要注意的是，如果想进行项目仿真，设备版本号必须选择 V4.0 以上。

在设备视图下，可以为控制器添加信号板、通信板等，如图 4-6 所示。信号板、通信板等可在右侧硬件目录中找到，博途软件支持拖拽方式，即用鼠标单击选中目标后拖拽完成组

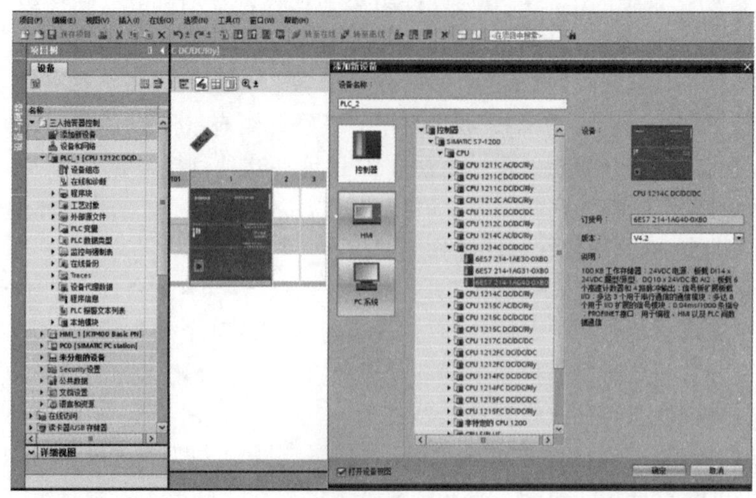

图 4-5 在组态设备窗口中指定 CPU 型号、订货号和版本号

态和后期编程。后续以同样的方法添加 HMI 或者 PC 进行组态。

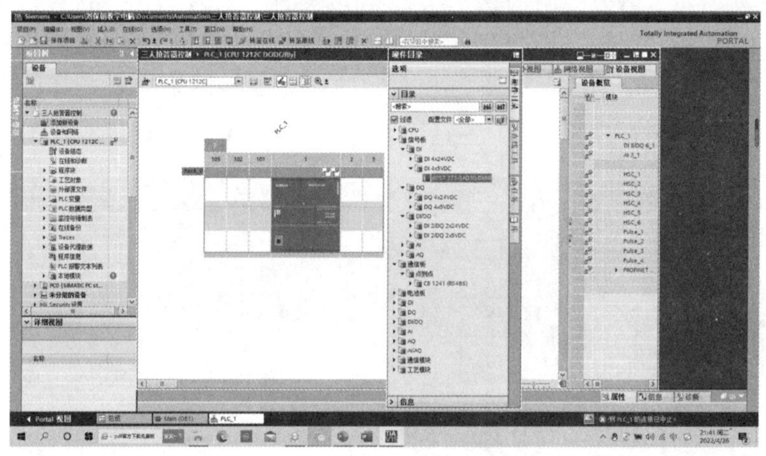

图 4-6 在设备视图中为控制器添加设备

3）在线设置。所谓在线设置，是指在设备组态完成后，对设备进行必要的参数和属性设置，包括设备地址分配、网络构建参数设置等内容，这些参数将装载到 CPU 中，并且在 CPU 启动时传送到相应的模块。

在对硬件模块进行在线设置时，首先需要保证计算机可以连通相应的模块，用户需要让软件扫描相应的通信接口，以连接此接口的所有设备，选择其中的设备进行在线设置。

计算机通常有串口、USB 口、以太网网口等多种通信接口，需要选择现场已连接设备的接口。单击项目树中的“在线访问”，可显示所有的接口，PG/PC 接口要选择正确，选中需要使用的接口。设置模块前，先使用 PROFINET 网线连接计算机和 CPU 模块的以太网网口。下载时，要确保计算机的 IP 地址和 PLC 的 IP 地址在同一个地址段内，否则会下载失败。

知识点 5：程序编辑的基本方法

开发 PLC 工业控制项目包含创建项目、组态 PLC 硬件系统、创建程序、PLC 编程、将硬件组态及程序下载到 PLC 中、系统调试等步骤。在创建程序时，通常包含定义变量和常量、添加程序块、程序输入和编辑、程序编译和下载、程序调试等内容，如图 4-7 所示。

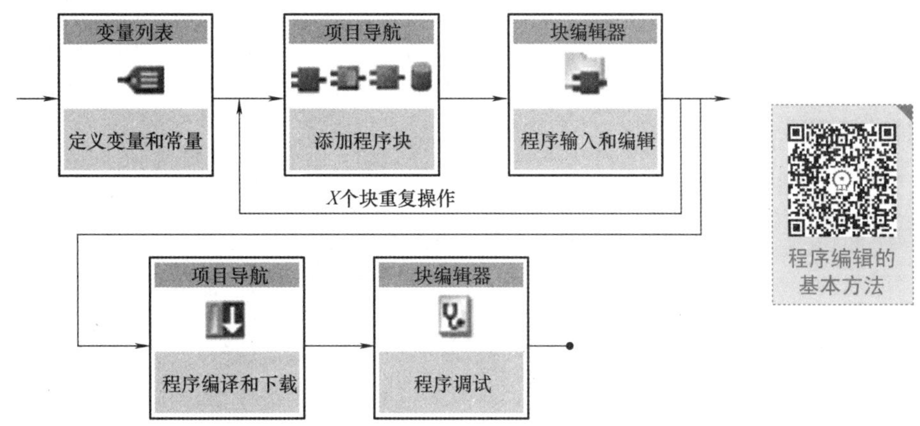

图 4-7 创建程序的过程

程序编辑的基本方法

1. 定义变量和常量

在 PLC 工作过程中，I/O 信号、外围输入/输出、存储位、定时器和计数器等信号数据都是动态变化的，称为变量。同时，也有一些需要引用但是不发生变化的常量。程序运行时，需要读、写变量，而变量和常量需要存放在相应的存储地址，使用变量能方便地编写程序。变量和常量由名称、数据类型组成。变量和常量的绝对地址（Absolute）即变量数据存放的物理地址，是唯一确定的地址。

绝对地址编写出的程序代码不易阅读，也不利于程序编辑。人们必须记住这些地址在程序中代表的意义才行。为了方便记忆，按照生产过程中对象的实际意义给变量再重新命名，方便记忆和表达生产过程，新命名称为符号名称或符号地址（Symbol），又称为符号（Tag）。符号名称由用户自己定义，可以注释变量的用途。变量和常量的数据类型反映数值存储到计算机内存中的方式，规定数据元素的大小以及如何解释数据，体现数据的属性。

通过 PLC 变量表定义变量的位置，即数据地址。双击项目树窗口中的 PLC 变量下的“显示所有变量”命令，打开符号编辑器，在此定义变量。PLC 变量表中的全局变量在整个 PLC 所有的代码中具有相同的意义和唯一的名称，可以在变量表中为输入 I、输出 Q 和位存储器 M 的位、字节、字和双字定义全局变量。全局变量会被自动添加双引号。

为方便编写、分析、修改和检查程序，一般在编程前建立变量表，如果不建立变量表，系统将默认“Tag_ ”为变量命名。

当一个项目已经建立，并且完成硬件组态后，项目树中会出现 PLC 设备，展开该 PLC，会在其下出现“PLC 变量”的文件夹。展开“PLC 变量”文件夹，单击“显示所有变量”，所有变量将会显示在此。用户根据实际需要可以在此添加和编辑将要用到的变量和常量的名称、数据类型、地址，以及其他属性，如图 4-8 所示。

项目1
添加新设备
设备和网络
PLC_1 [CPU 1214C DC/DC/DC]
设备组态
在线和诊断

PLC 变量

	名称	变量表	数据类型	地址	保持	可从 ...	从 H...	在 H...
1	start	默认变量表	Bool	%I0.0				
2	stop	默认变量表	Bool	%I1.1				
3	moter1	默认变量表	Bool	%Q0.0				
4	学生A按钮	变量表_1	Bool	%I0.1				
5	学生B按钮	变量表_1	Bool	%I0.2				

图 4-8 PLC 变量表

2. 程序块的创建

单击“程序块”文件夹，展开后显示所有的程序。双击“添加新块”，将弹出“添加新块”窗口，如图4-9所示，输入程序块名称，一般按程序块的功能命名。新用户通常选择“Main（OB1）”建立主程序程序块，打开程序编辑器界面。新建程序块时，还要选择程序块的类型、编号方式和编程语言，可选的类型包括OB、FB、FC、DB。OB、FB、FC可供选择的编程语言有三种：LAD、FBD和SCL。

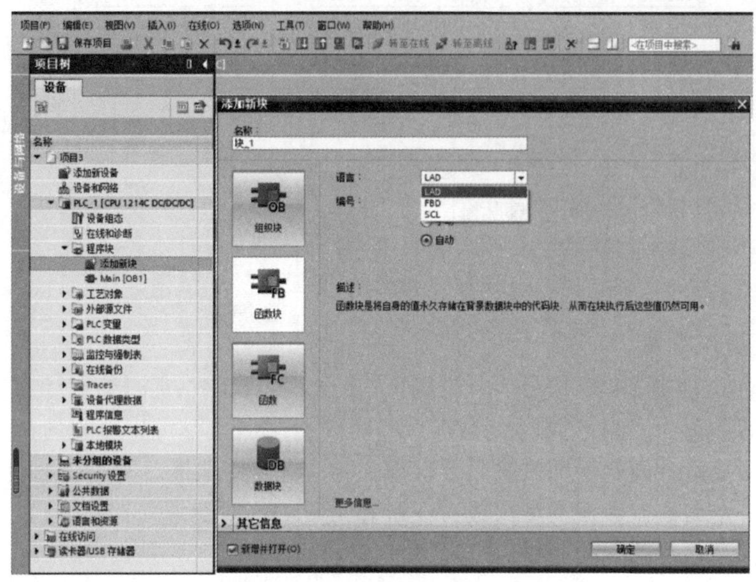

图4-9　新建程序块的窗口

3. 程序块的编辑、下载、上传和比较

S7－1200系列PLC的程序是模块化结构，程序由组织块（OB）、函数块（FB）、函数（FC）和数据块（DB）组成。它的编程理念是，把一个控制任务分解为若干个单一控制单元，称为FB或FC，DB负责数据的存储，OB通过调用FB和FC实现程序的控制功能，OB类似于C语言中的Main函数，FB和FC相当于某种功能函数，DB相当于变量集合。初学者设计简单任务的控制程序时，可采用线性化结构，即直接在OB中设计程序。创建好程序块后，在程序编辑器中进行程序录入和编辑。程序编辑器界面如图4-10所示。

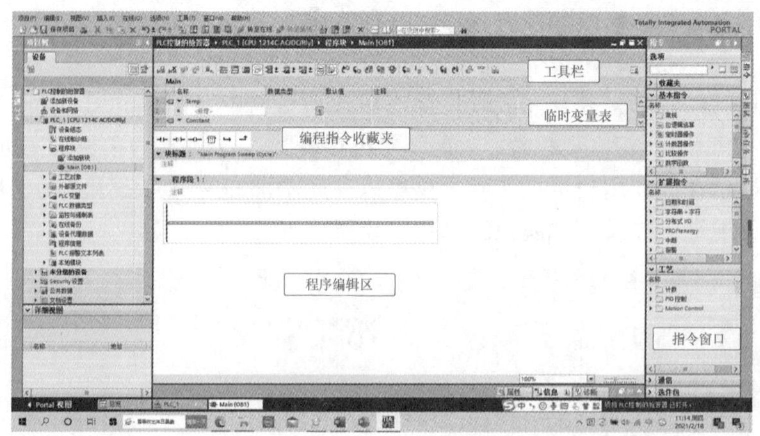

图4-10　程序编辑器界面

当在工作区打开程序编辑器时，顶部是标题栏，显示程序的名称；下方依次是工具栏、临时变量表、编程指令收藏夹和程序编辑区。工具栏包含的工具按钮如图4-11所示。临时变量表用于显示程序用到的临时变量，编程指令收藏夹用于收藏用户编程常用的指令，用户可以添加和删除一些指令（在右侧指令窗口中，单击收藏夹栏目左侧黑色三角图形，打开收藏夹并编辑）。编程时，编程人员可以将收藏夹中的常开触点、常闭触点等指令拖放到指定位置；也可先选定指令放置位置，再找到指令双击。

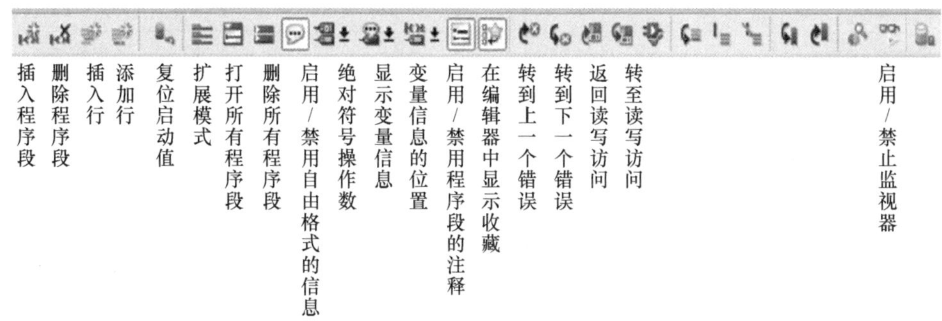

图4-11 工具栏上的按钮及功能

程序块编辑完成后，需要编译并下载到PLC中才能运行。选中“PLC”文件夹，然后单击编译按钮对硬件组态和软件全部进行编译，编译无误后就可以把程序下载到PLC，也可以上传和比较程序。

4. 指令系统

S7-1200系统PLC可以使用结构化文本（控制语言）（SCL）、梯形图（LAD）、功能块图（FBD）三种标准编程语言，技术人员可根据项目的内容和特点进行灵活选择。使用LAD或FBD语言创建的程序块可进行相互转换。

任何一种编程语言都有相应的指令集，指令集包含最基本的编程元素。S7-1200系列PLC对应的指令集包括基本指令、扩展指令、工艺及通信指令，如图4-12所示。

图4-12 S7-1200系列PLC的指令集

其中，基本指令包括位逻辑指令、定时器指令、计数器指令、比较指令、数学函数指令、移动指令、转换指令、程序控制指令、逻辑运算指令以及移位和循环移位指令等。其中常用的位逻辑指令见表4-1，它是最基本的指令，也是初学者最常用的指令。

表 4-1　常用的位逻辑指令

图形符号	功能	图形符号	功能
─┤ ├─	常开触点（地址）	─(S)─	置位线圈
─┤/├─	常闭触点（地址）	─(R)─	复位线圈
─( )─	输出线圈	─(SET_BF)─	置位域
─(/)─	反向输出线圈	─(RESET_BF)─	复位域
─┤NOT├─	取反	─┤P├─	P 触点，上升沿检测
RS: R, S1, Q	RS 置位优先型 RS 触发器	─┤N├─	N 触点，下降沿检测
		─(P)─	P 线圈，上升沿检测
		─(N)─	N 线圈，下降沿检测
SR: S, R1, Q	SR 复位优先型 SR 触发器	P_TRIG: CLK, Q	P_TRIG，上升沿检测
		N_TRIG: CLK, Q	N_TRIG，下降沿检测

5. 下载用户程序

通过 CPU 与运行 STEP 7 Basic 的计算机的以太网通信，可以执行项目的下载、上传、监控和故障诊断等任务。

一对一的通信不需要交换机，两台以上的设备通信则需要交换机。CPU 可以使用直通或交叉的以太网电缆进行通信。

6. 程序调试

调试用户程序通常需要借助程序状态监视功能。该功能可以监视程序的运行，显示程序中操作数的值和网络的逻辑运算结果，查找用户程序的逻辑错误。

知识点 6：博途软件程序运行的监控和仿真

所有的程序块（包括 OB、FC、FB、DB）都可以被监控。

1. 程序状态监视功能

与 CPU 建立在线连接后，单击工具栏上的启用/禁用监视按钮启动程序状态监视功能，程序编辑器将形象直观地监视梯形图程序的执行情况，显示程序中操作数的值和网络的逻辑运算结果，触点和线圈的情况一目了然，能方便查找到用户程序的逻辑错误，还可以修改某些变量的值。启动程序状态监视功能后，梯形图用绿色实线表示状态满足，用蓝色虚线表示状态不满足，用灰色实线表示状态未知。图 4-13 所示为电动机星形–三角形减压起动程序的监视案例，程序段中左侧的母线作为电源，程序处于运行状态时呈现绿色。I0.0 和 Q0.0 触点处于断开状态，呈现蓝色。常闭触点 I0.1、M10.1 呈现绿色。Q0.0、Q0.1、IEC_Timer_0、M10.1 没有能流流过，呈现蓝色。

调试时，根据需要选择某一变量，然后调出右键菜单，在其“修改”栏中可以使用：修改为 1、修改为 0、修改操作数、显示数据格式、仅从这里监控、仅监控选中等功能，从而进行程序调试，迅速检验程序的正确性。

2. 监视表和强制表

程序状态监视功能只能在屏幕上显示一小块程序，调试较大的程序时，往往不能同时看到与某一程序功能有关的全部变量的状态。需要监控、更改某些变量时，监视表（Watch Table）可以有效地解决上述问题。监视表和强制表是S7－1200系列PLC重要的调试工具。合理使用监视表和强制表，可以有效地进行程序的测试和监视。

使用监视表可以在工作区同时监视、修改和强制用户感兴趣的全部变量。一个项目可以生成多个监视表，以满足不同的调试要求。

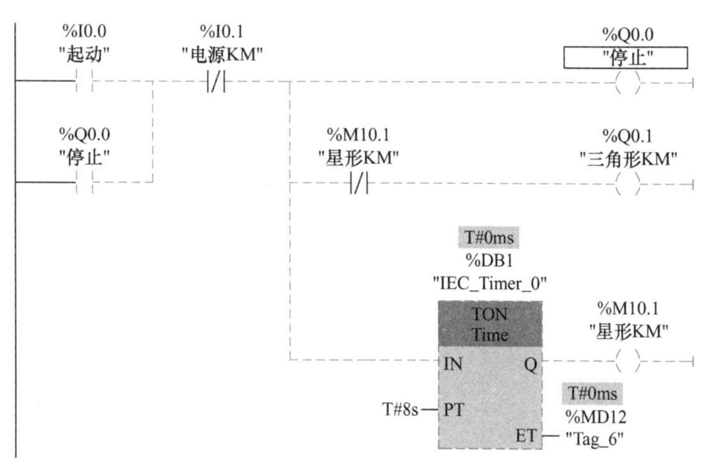

图4-13　电动机星形-三角形减压起动程序监视

使用监视表可以监视、修改和强制用户程序或CPU内的各个变量，可以在不同的情况下向某些变量写入需要的数值来测试程序或硬件。例如，为了检查接线，可以在CPU处于STOP模式时，在监视表中给物理输出点指定固定的值。

监视表的功能如下：

① 监视变量：显示用户程序或CPU中变量的当前值。

② 修改变量：将固定值赋给用户程序或CPU中的变量，这一功能可能会影响程序运行的结果。

③ 对物理输出赋值：允许在停机状态下将固定值赋给CPU的每一个物理输出点，可用于硬件调试时检查接线。

打开程序监视表，如图4-14所示，与CPU建立在线连接后，单击工具栏中的监视全部按钮，启动监视全部功能，“监视值”列将会连续显示变量的动态实际值。再次单击该按钮，将关闭监视功能。

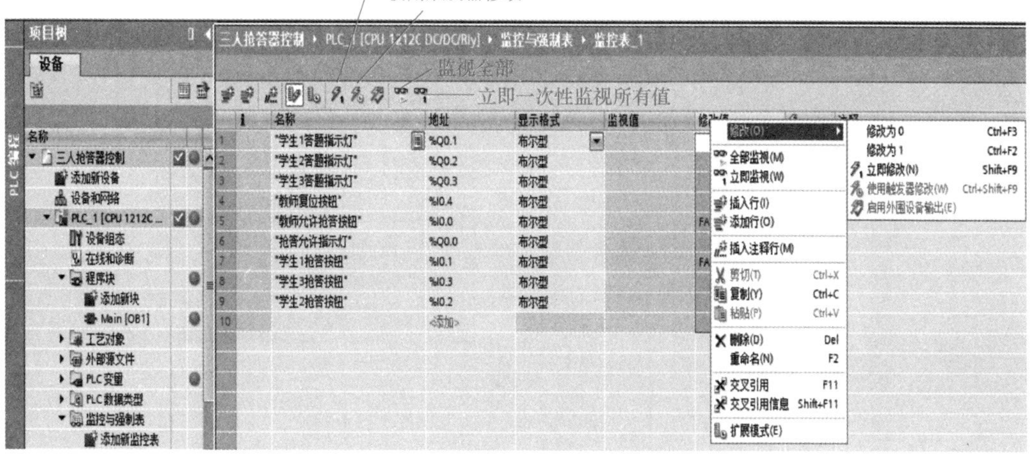

图4-14　打开程序监视表

监视表还可以修改某些变量的值。右击程序状态中的某个变量，执行出现的“修改”→“修改为1”或“修改为0”。该功能不能修改连接外部硬件输入电路的Input值。

在调试程序时，可能有这样的需求：在没有外设输入某个输入点时，假设这个输入点有信号，以观察程序的响应；或者在程序没有输出信号时，在不改变程序的情况下临时让某个输出点输出相应的信号，以便查看外设的反应。这种使用监视表给用户程序中的单个变量指定固定值的方式称为强制（Force）。在测试用户程序时，可以通过强制I/O点来模拟物理条件，如用来模拟输入信号的变化。打开强制表，如图4-15所示。S7－1200系列PLC只能强制物理I/O点，例如，在监视表中强制物理输入点I0.0:P和物理输出点Q0.0:P。

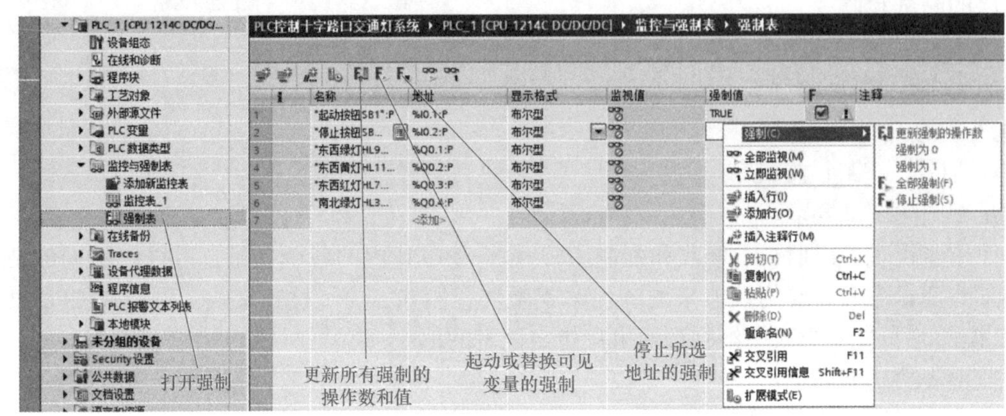

图4-15　强制物理输入点I0.0：P和物理输出点Q0.0:P

在执行用户程序之前，强制值被用于输入过程映像，在处理程序时，使用的是输入点的强制值。在写物理输出点时，强制值被送给输出过程映像，输出值被强制值覆盖。

变量被强制的值不会因为用户程序的执行而改变。被强制的变量只能读取，不能用写访问来改变其强制值。

输入/输出点被强制后，即使软件关闭，或CPU断电，强制值都被保存在CPU中。

3. 程序的仿真

在没有PLC及其他硬件的情况下，想要检查和调试程序，需要使用仿真功能。在程序编译无误的情况下，把PLC转至离线状态（不连接PLC的CPU），单击工具栏中的仿真按钮启动仿真功能，如图4-16所示。

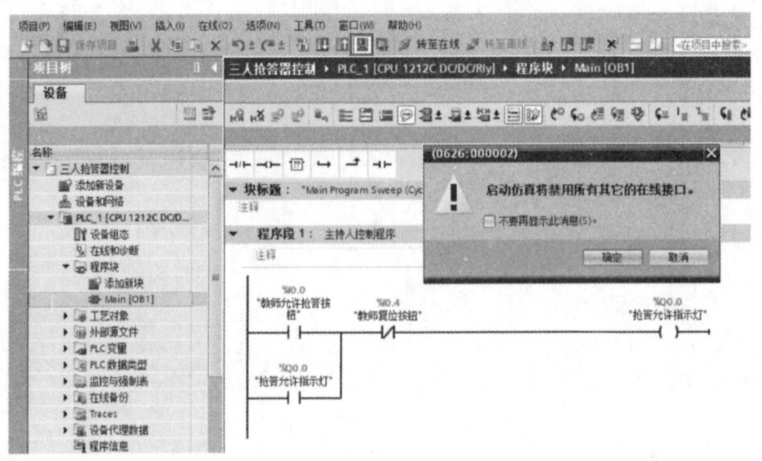

图4-16　单击仿真按钮启动仿真功能

启动仿真功能后，先进行下载前编译组态，检查无误后再把组态和程序下载到仿真器中。下载完成后，单击仿真器的 RUN 按钮，开始仿真。此时，再单击工具栏中的启用/禁用监视按钮启动程序状态监视功能，监视程序的运行，结合监视表和强制表完成程序调试。

【任务实施】

参加智力竞赛的 A、B、C 三位学生的桌上各有一个抢答按钮，分别为 SB1、SB2 和 SB3，用三盏指示灯 HL1、HL2、HL3 显示他们是否抢答成功，一盏指示灯 HL4 显示抢答开始。

在开始抢答之前，教师按下复位按钮 SB5，四盏灯全部熄灭。当教师宣布完当前一道竞赛题目后，按下允许抢答按钮 SB4 后，抢答允许指示灯 HL4 点亮，表示抢答开始。最先按下抢答按钮的参赛学生对应的指示灯点亮，获得答题机会，答题期间指示灯长亮；后按下抢答按钮的两名参赛学生的指示灯不能点亮。

前一道题目抢答完成后，教师按下复位按钮 SB5，抢答重新开始。

实施步骤

分析抢答器工作要求，明确输入/输出元件，选择系统硬件，设计硬件电路图，完成系统组态，设计控制程序，进行抢答器运行仿真，并检验和修改程序。

1. 分配 I/O 地址

依据三人抢答器的控制要求分配教师和三位参赛学生的输入按钮 I 口地址和输出指示灯 O 口地址，见表 4-2。

表 4-2　PLC 控制三人抢答器 I/O 口地址分配

输入地址分配		输出地址分配	
输入地址	功能描述	输出地址	功能描述
I0.0	教师允许抢答按钮	Q0.0	抢答允许指示灯
I0.1	教师复位按钮	Q0.1	学生 1 答题指示灯
I0.2	学生 1 抢答按钮	Q0.2	学生 2 答题指示灯
I0.3	学生 2 抢答按钮	Q0.3	学生 3 答题指示灯
I0.4	学生 3 抢答按钮		

2. 设计硬件电路

选用 S7－1200 系列 PLC CPU 1214C DC/DC/DC 完成系统组态。三人抢答器硬件电路如图 4-17 所示，按图完成电路接线。

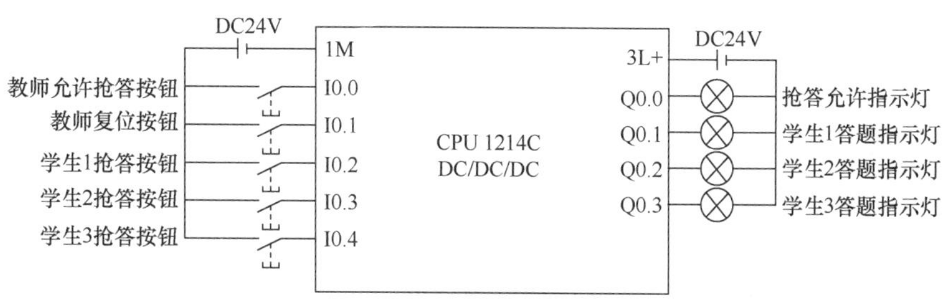

图 4-17　三人抢答器硬件电路

3. 创建工程项目

打开博途软件，在 Portal 视图中选择“创建新项目”，输入项目名称“PLC 控制三人抢答器”，选择项目保存路径，然后单击“创建”按钮，完成项目创建。按图 4-18 所标注的编号按顺序单击“PLC 控制三人抢答器”“添加新设备”“控制器”“CPU 1214C DC/DC/DC”“6ES7 214－1AG40－0XB0”，在设备栏编号 6 处选择版本为 V4.2，以便进行仿真。

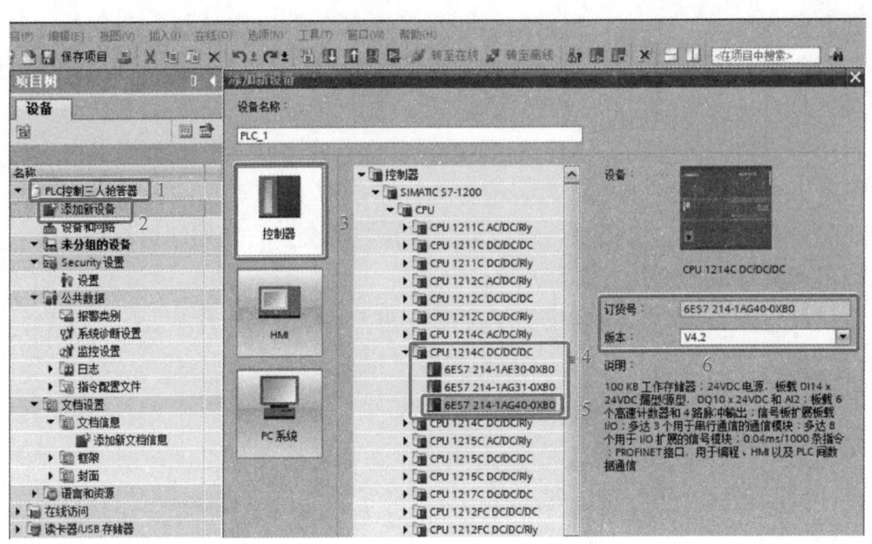

图 4-18　添加 CPU 1214C DC/DC/DC 硬件

4. 定义用户变量表

如图 4-19 所示，在项目树中依次双击编号 1、2、3 矩形框内的栏目，选择新添加的 PLC、PLC 变量、默认变量表，按照表 4-2 在默认变量表中定义抢答器的用户变量。

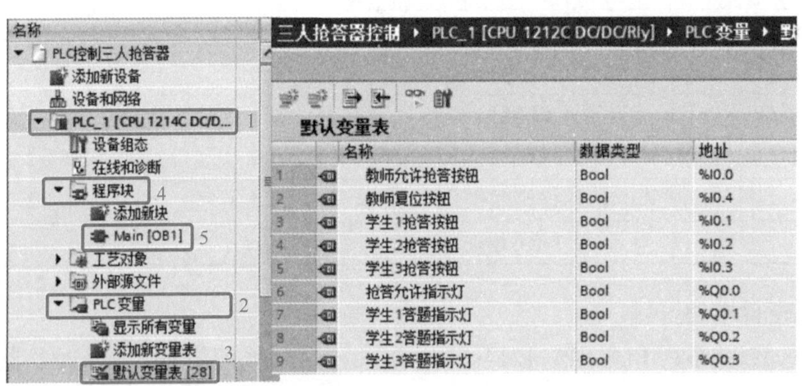

图 4-19　定义 PLC 控制三人抢答器的用户变量

5. 设计控制程序

教师和三位参赛学生的指示灯都属于逻辑量，状态都需要保持。因此，应用基本逻辑指令中的常开指令、常闭指令和线圈指令完成控制要求。指示灯状态保持需要应用自锁控制，三位参赛学生之间不能相互抢走，需要采取互锁控制。

在图 4-19 中，依次双击编号 4、5 矩形框内的栏目，选择程序块、Main，打开主程序的编辑窗口，程序编辑器界面如图 4-10 所示。本任务的控制程序如图 4-20 所示。

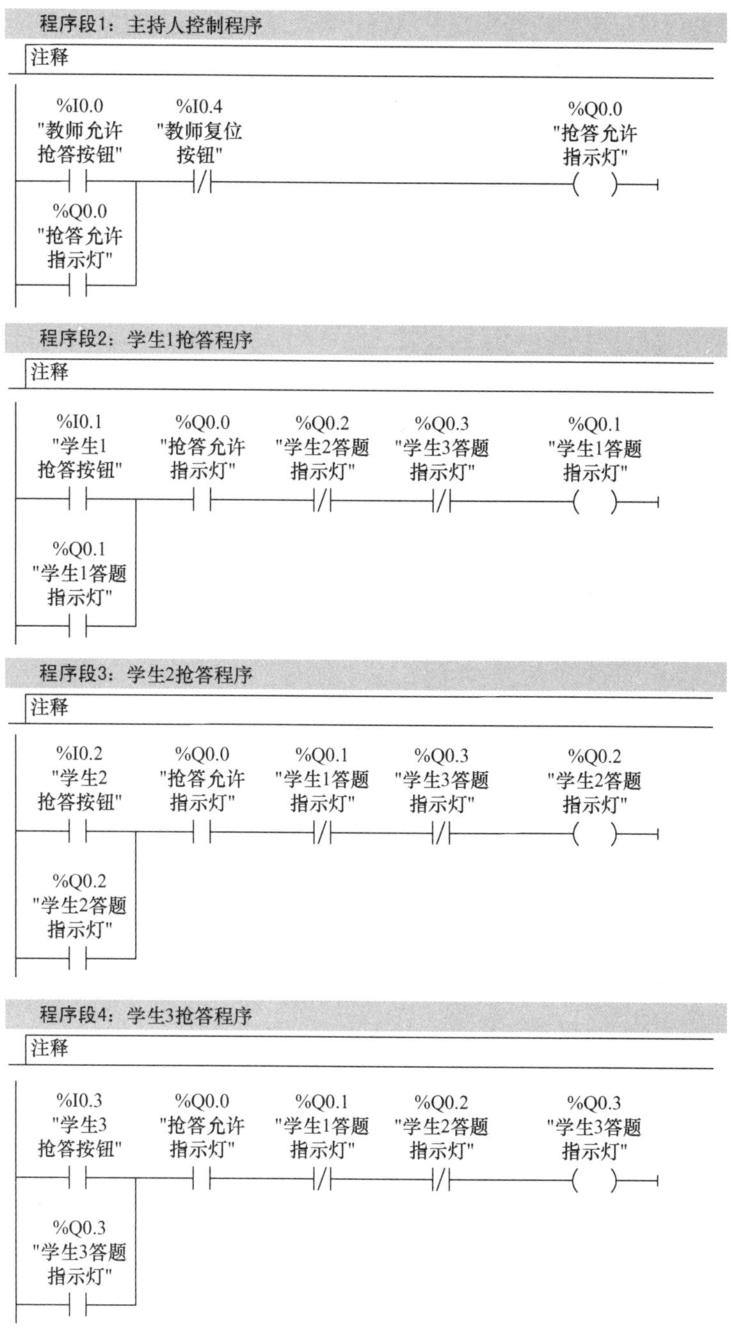

图4-20　“PLC控制三人抢答器”控制程序

6. 完成程序仿真

为了提高程序设计的效率和准确性，可借助PLC的仿真功能，在编程计算机未连接PLC及其他硬件的情况下完成程序的检查和调试。程序编译无误后，把PLC转至离线状态（不连接PLC的CPU），单击工具栏仿真按钮启动仿真功能，如图4-21所示。

开启PLC仿真功能后，打开如图4-20所示的“PLC控制三人抢答器”控制程序的代码块，单击工具栏上的启用/禁用监视按钮（ ），启用程序状态监视功能，同时打开强制表。梯形图中绿色连续线表示状态满足，即有能流流过；蓝色虚线表示状态不满足，没有能流流过；灰色连续线表示状态未知或程序没有执行；黑色表示没有在线监控。

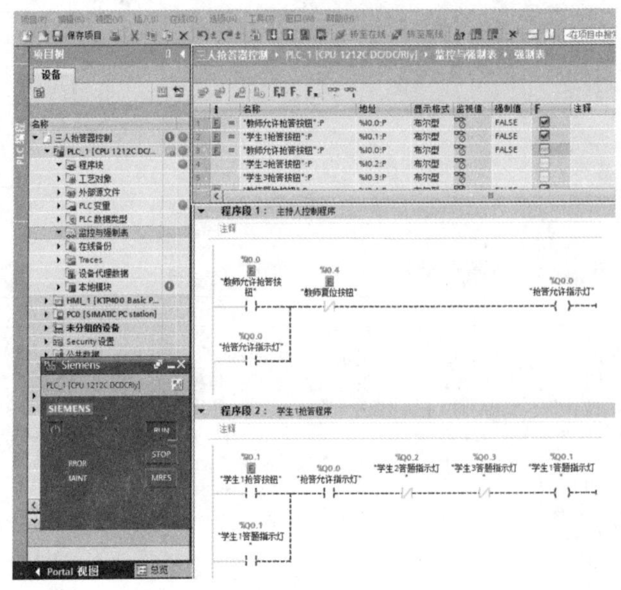

图 4-21 启动仿真功能

教师和学生在遵守抢答规则的条件下，观察运行结果是否能实现抢答器功能；在违反抢答规则的条件下按下按钮，观察运行结果是否满足要求。在调试过程中解决存在的问题。

在强制表中，把教师允许抢答按钮 SB4 和学生 1 抢答按钮 SB1 这两个输入量强制值设为 1（TRUE），强制后的程序运行状态如图 4-22 所示，可以看到这两个触点颜色由蓝色变为绿色，即由断开变为导通。在程序段 1 中，抢答允许指示灯变为绿色（导通状态），表示抢答开始。之后学生 1 答题指示灯也变为绿色（导通状态），表示学生 1 抢到答题权。程序其他部分仿真不再展示。另外，检验每位学生是否可以平等地获得抢答权、其他学生能否抢走抢答权、在未允许抢答时是否能抢答、是否可以抢答复位等。

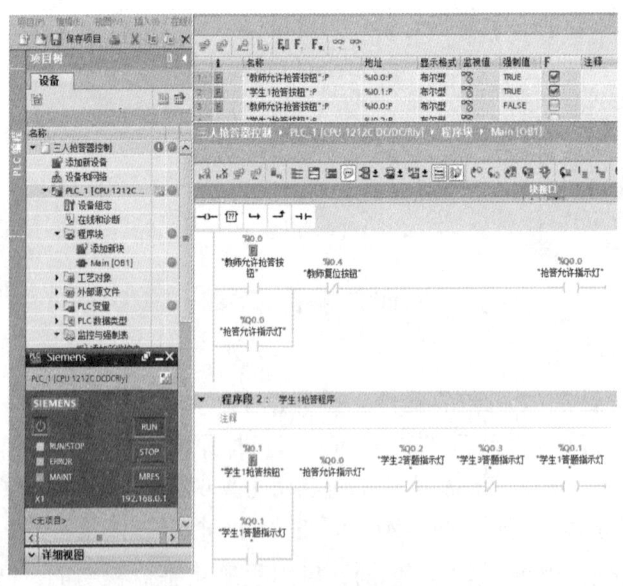

图 4-22 强制变量程序运行状态

【课后测试】

1. 为帮助用户提高效率，博途软件提供了两种不同的视图：________视图和________视图。

2. 博途软件常用的操作包括项目的________、________、________、________、________移植、压缩和解压。

3. 博途软件中基本指令包括________、________、________、________、________移动指令、转换指令、程序控制指令、逻辑运算指令以及移位和循环移位指令等。

4. 若梯形图中某一过程映像输出位 Q 的线圈“断电”，对应的过程映像输出位状态为________，在写入输出模块阶段之后，继电器型输出模块对应的硬件继电器的线圈断电，其常开触点________，外部负载________。

5. S7－1200 系列 PLC 可以使用________、________和________三种编程语言。

6. S7－1200 系列 PLC 包括________、________、________三种代码块。

【拓展思考与训练】

一、拓展思考

1. 程序状态监视有什么优点？什么情况应使用监视表？

2. 修改变量和强制变量有什么区别？

二、拓展训练

训练任务 1：利用三个旋钮开关控制一盏照明灯。设计 PLC 控制程序，要求任何一个旋钮开关都能实现照明灯的亮/灭控制。

训练任务 2：一盏照明灯两地起停控制。请利用四个按钮设计 PLC 控制程序，实现在甲、乙两地都能对一盏照明灯实现亮/灭控制。

训练任务 3：设计一个四人竞赛抢答器控制程序。四人竞赛抢答器的工作要求和三人竞赛抢答器类似，只是参赛人数为四人。

任务 4.2　C620 型车床电气控制系统的 PLC 改造

【任务布置】

一、任务引入

目前我国还有很多企业使用普通车床进行机械加工，为了使机床适应小批量、多品种、复杂零件的加工，减轻工人的劳动强度，需要对现有普通机床进行自动化改造。

在古代，通过手拉或脚踏绳索使工件旋转、手持刀具进行切削。1797 年，英国机械发明家莫兹利创制了用丝杠传动刀架的现代车床，采用交换齿轮改变进给速度和被加工螺纹的螺距。1817 年，英国人罗伯茨采用了四级带轮和背轮机构来改变主轴转速。1845 年，美国人菲奇发明转塔车床提高了机械的自动化程度。1873 年，美国人斯潘塞制成三轴自动车床。第一次世界大战后，军火、汽车和其他机械工业带动各种电动机驱动的高效自动车床和专业化车床迅速发展。为了提高小批量工件的生产率，仿形装置车床、多刀车床得到了发展。

在中国，“一五”和“二五”时期，沈阳铁西机床厂的工人们通过发扬艰苦奋斗的优良传统和精益求精的工匠精神，经过四个月的奋战，终于在1955年研制出C620-1型车床。在二十世纪五六十年代，C620-1型车床年产量达2200台，产量占全国同类产品的80%以上，机床国产化是民族独立和工业独立的象征。

1958年，沈阳水泵厂利用C620-1型车床生产出了DG270-150型高压锅炉给水泵转子部件。为彰显其历史性贡献，1960年，国家发行新版人民币时把它的身影印在2元人民币上。图4-23所示为C620-1型车床陈列在中国工业博物馆，它在新的“岗位”上为人们讲述着中国人民自强奋斗、勇敢创新的故事。

图4-23　中国工业博物馆陈列的C620-1型车床

某机械加工企业有多台C620型车床，决定采用西门子S7-1200系列PLC对电气控制系统进行技术改造，提升自动化程度。

二、问题思考

1. 为什么要对普通机床进行PLC改造？
2. 如何改造机床的电气控制系统？电气控制系统PLC改造的原则是什么？
3. 基于PLC控制的C620型车床电气改造控制程序的设计原则是什么？

【学习目标】

一、知识目标

1. 掌握梯形图的语言基础。
2. 初步理解PLC梯形图语言的编程原则。
3. 掌握位逻辑指令的种类、功能、格式、编程方法。

二、能力目标

1. 能够初步认识梯形图语言，了解梯形图与继电器控制电路设计方法的异同点。
2. 能够运用位逻辑指令编写简单程序段。
3. 用经验设计法编制控制电路的梯形图，学会使用软元件定时器。
4. 能完成普通机床基于PLC控制的电路改造和控制程序的设计。

三、素养目标

1. 培养学生的理解能力、观察能力，提升归纳推理、探索思考和创新应用等素养，激发学生投身工业自动化控制行业的自豪感、责任感和使命感。

2. 回顾众多科学家在普通车床研发中做出的突出贡献和我国科技人员发扬艰苦奋斗的优良传统和精益求精的工匠精神研制 C620 -1 型车床的历史。激发学生学好专业知识，勇攀科技高峰，努力推进我国机械装备升级改造，提升生产效率，增强我国制造业的国际竞争力。

【知识准备】

知识点 1：梯形图语言基础

梯形图语言基础

PLC 是专为工业控制开发的装置，其主要使用者是工厂电气技术人员。为了适应他们的工作习惯和掌握能力，PLC 采用面向工业生产控制过程、面向工程问题的“自然语言”编程。国际电工委员会（IEC）1994 年 5 月公布的 IEC61131 -3（可编程控制器语言标准）规定了下述五种编程语言：功能表图（Sequential Function Chart）、梯形图（Ladder Diagram）、功能块图（Function Black Diagram）、指令表（Instruction List）、结构化文本（Structured Text）。梯形图和功能块图为图形语言，指令表和结构化文本为文字语言，功能表图是一种结构块控制流程图。S7 -1200 系列 PLC 可以使用三种编程语言：结构化文本（ST）、梯形图（LAD）、功能块图（FBD）。梯形图是初学者最常用的编程语言，使用得最多，被称为 PLC 的第一编程语言。

梯形图与电气控制系统的电路图很相似，具有直观易懂的优点，很容易被工厂电气技术人员掌握，特别适用于开关量逻辑控制。梯形图常被称为电路或程序，梯形图的设计称为编程。在梯形图编程中，主要用到以下四个基本概念。

1）软继电器：梯形图中如输入继电器、输出继电器、内部辅助继电器等编程软元件沿用了继电器的名称，但是它们不是真实的物理继电器，而是一些存储单元（软继电器），每一个软继电器与 PLC 存储器中映像寄存器的一个存储单元相对应。该存储单元如果为“1”状态，则表示梯形图中对应软继电器的线圈“通电”，其常开触点接通，常闭触点断开，这种状态称为该软继电器的“1”或“ON”状态。如果该存储单元为“0”状态，对应软继电器的线圈和触点的状态与上述相反，称为该软继电器的“0”或“OFF”状态。使用中，也常将这些“软继电器”称为编程元件。

2）能流：有一个假想的“概念电流”或“能流”（Power Flow）从左向右流动，其方向与执行用户程序时的逻辑运算顺序一致。能流只能从左向右流动。利用能流这一概念，能更好地理解和分析梯形图。

3）母线：梯形图两侧的垂直公共线称为母线（Bus Bar）。在分析梯形图的逻辑关系时，为了借用继电器电路图的分析方法，可以想象左右两侧母线（左母线和右母线）为一个左正右负的直流电源电压，母线之间有“能流”从左向右流动。右母线可以不画出。

4）梯形图的逻辑解算：根据梯形图中各触点的状态和逻辑关系求出与图中各线圈对应的编程软元件的状态，称为梯形图的逻辑解算。梯形图中逻辑解算是按从左至右、从上到下的顺序进行的。解算的结果可以马上被后面的逻辑解算所利用。逻辑解算是根据输入映像寄存器中的值来进行的。

在梯形图的编程过程中，每一段梯形图都必须包含输入和输出两部分，就像通过继电器和接触器的辅助触点搭建控制逻辑电路一样。无论辅助触点之间有多么复杂的串、并联关系，最终都要输出到一个接触器或继电器的线圈上，否则没有意义。同理，如果一个接触器或继电器的线圈没有经过任何触点直接接到电路中，相当于永久闭合，也没有逻辑意义。所谓的逻辑，就是梳理清楚什么工作条件下有什么输出。一段梯形图程序必须包含输入部分和输出部分。其中，输入部分表达的是工作条件，输出部分表达的是结果。

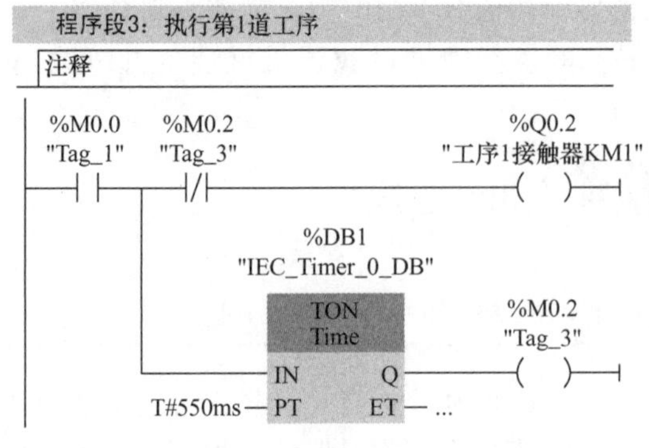

图 4-24　梯形图的组成

梯形图由触点、线圈和用方框表示的指令框组成，如图 4-24 所示。触点和线圈组成的电路称为程序段。利用“能流”概念，可以借用继电器电路的术语和分析方法分析梯形图。在梯形图中，┤├模仿继电器常开触点，┤/├模仿继电器常闭触点，-(　)-模仿继电器线圈。输入程序时，在编程软元件或地址前自动添加“%”，梯形图中一个程序段可以放多个独立电路。

知识点 2：梯形图语言的编程原则

梯形图语言的编程原则如下：

1）梯形图中的继电器、触点、线圈不是物理的，是 PLC 存储器中的位（1 = ON；0 = OFF）；编程时，常开/常闭触点可无限次引用，输出线圈只能有一个。

2）梯形图中流过的不是物理电流而是“概念电流”，只能从左向右流。

3）用户程序根据 PLC 输入/输出映像寄存器中的内容进行运算，逻辑运算结果可以立即被后面的程序使用。

4）PLC 的内部继电器不能做控制用，只能存放逻辑控制的中间状态。

5）输出线圈不能直接驱动现场的执行元件，可通过 I/O 模块上的功率器件来驱动。

知识点 3：位逻辑指令

位逻辑指令是对二进制位信号进行逻辑操作的指令，位逻辑指令扫描信号状态有 1 和 0 两种，并根据布尔逻辑对它们进行组合，产生的结果称为逻辑运算结果（RLO）。用逻辑代数中的 1 和 0 来表示数字量控制系统中变量的两种相反的工作状态。线圈通电、常开触点接通、常闭触点断开为 1 状态，反之为 0 状态。在波形图中，用高、低电平分别表示 1、0 状态。

常用的位逻辑指令包含触点与线圈、基本逻辑指令、置位和复位指令、RS 和 SR 触发器、跳变沿检测指令，见表 4-1。

1）常开触点与常闭触点。常开触点在指定的位为 1 状态时闭合，为 0 状态时断开；常闭触点反之。两个触点串联将进行“与”（AND）运算，两个触点并联将进行“或”（OR）运算。可通过触点相互连接创建组合逻辑。

位操作(逻辑)指令

2）取反触点。中间有“NOT”的触点为取反触点。如果没有能流流入取反触点，则有能流流出；如果有能流流入取反触点，则没有能流流出。

3）线圈。线圈将输入的逻辑运算结果的信号状态写入指定的地址，线圈通电时写入1，断电时写入0。例如，可以用Q0.4:P的线圈将位数据值写入过程映像输出Q0.4，同时立即直接写给对应的物理输出点。

如果有能流流过反向输出线圈，则线圈为0状态，其常开触点断开，反之线圈为1状态，其常开触点闭合。

4）置位、复位输出指令。S（置位输出）、R（复位输出）指令将指定的位操作数置位、复位，具有记忆和保持功能。如果同一操作数的S线圈和R线圈同时断电，指定操作数的信号状态不变。置位、复位指令编程示例如图4-25所示。如果I0.4的常开触点闭合，Q0.5变为1状态并保持该状态；即使I0.4的常开触点断开，Q0.5也仍然保持1状态。在程序状态中，S和R线圈为连续的绿色圆弧和绿色字母时，表示Q0.5为1状态；为间断的蓝色圆弧和蓝色字母时，表示为0状态。

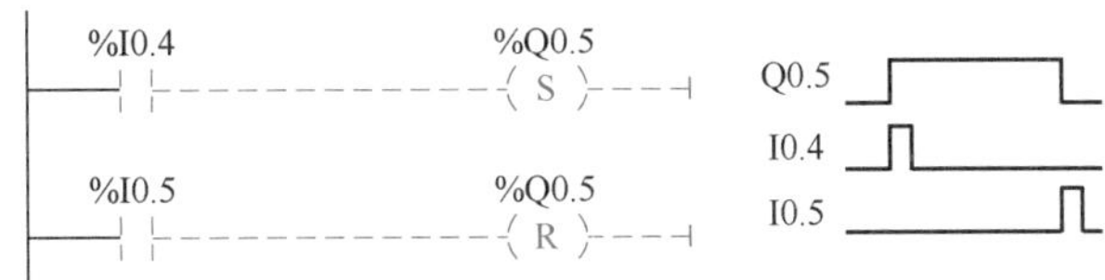

图4-25　置位、复位指令编程示例

5）置位位域指令与复位位域指令。置位位域指令（SET_BF）可将从指定地址开始的连续若干个位地址置位，复位位域指令（RESET_BF）可将从指定地址开始的连续若干个位地址复位。置位位域指令与复位位域指令编程示例如图4-26所示；该程序在I0.6的常开触点信号接通的上升沿将从M5.0开始的连续4个位地址置位；在M4.4的常开触点信号接通的下降沿将从M5.4开始的连续的3个位地址复位。

6）置位/复位触发器与复位/置位触发器。置位/复位（SR）（复位优先）触发器与复位/置位（RS）（置位优先）触发器编程示例如图4-27所示。SR方框是置位/复位（复位优先）触发器，在置位（S）和复位（R1）信号同时为1时，方框上的输出位M7.2被复位为0。可选的输出Q反映了M7.2的状态。

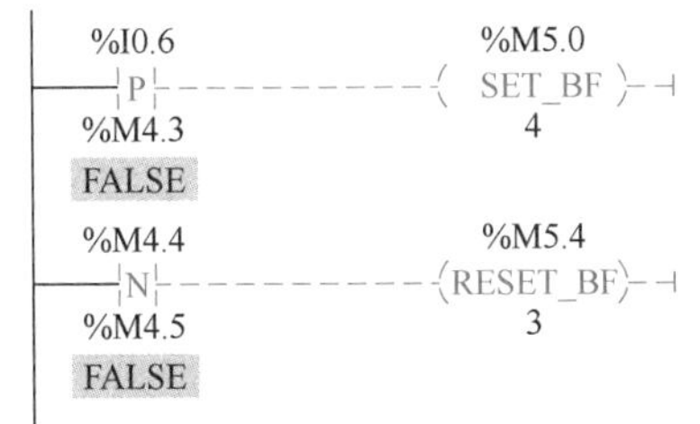

图4-26　置位位域指令与复位位域指令编程示例

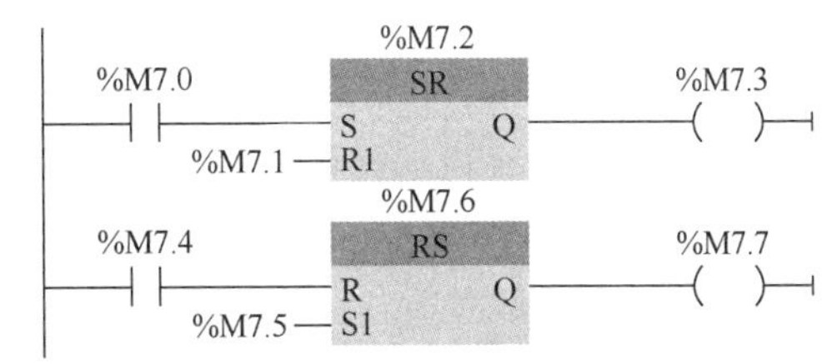

图4-27　置位/复位触发器与复位/置位触发器编程示例

RS方框是复位/置位（置位优先）触发器，在置位（S1）和复位（R）信号同时为1时，方框上的M7.6被置位为1。可选的输出Q反映了M7.6的状态。

现利用复位优先触发器设计任务4.1中三人抢答器的控制程序。由于抢到答题机会时需要保持，重新抢答前需要复位，因此也可以考虑利用复位优先触发器设计其控制程序，如图4-28所示。

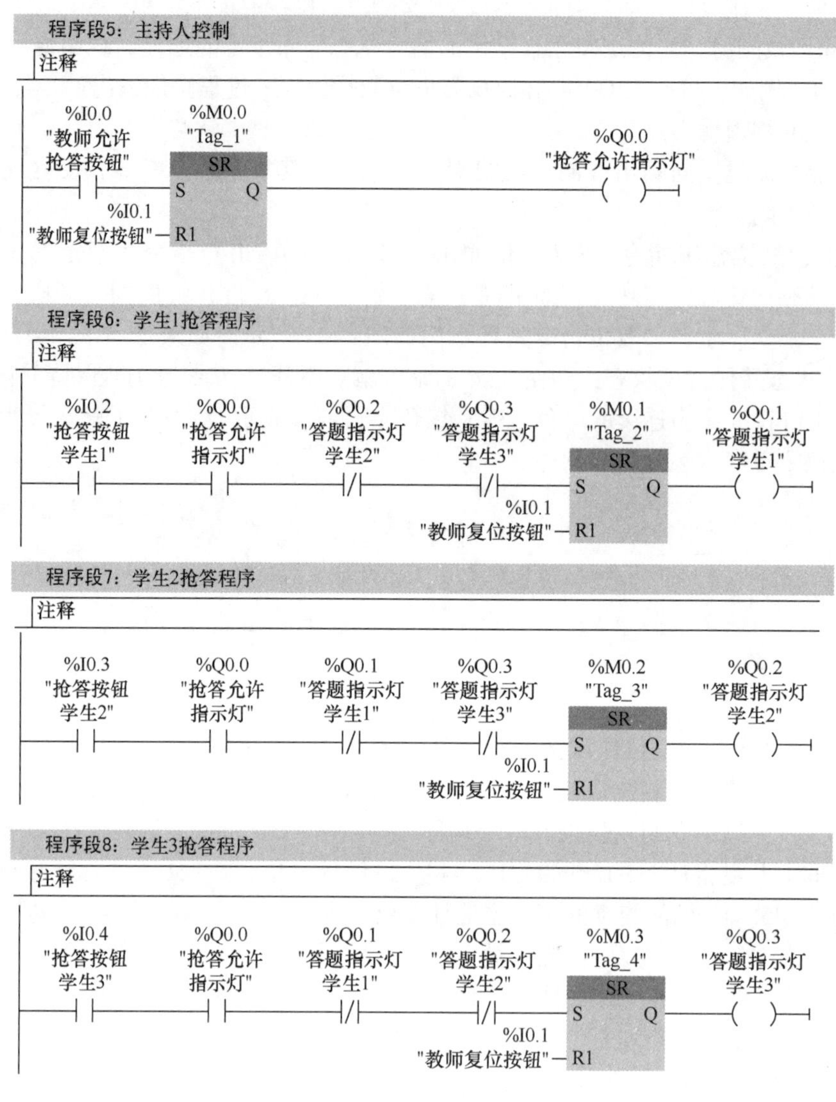

图4-28　利用复位优先触发器设计抢答器控制程序

在三人抢答器运行中，教师和三位参赛学生的指示灯亮、灭后需要保持的状态通过复位/置位触发器实现；教师可以通过SR触发器的复位优先功能强制关闭参赛学生的指示灯。

7）边沿检测触点指令。边沿检测触点指令用于捕捉信号边沿位置（精确的时间点）。边沿检测触点指令编程示例如图4-26所示。如果输入信号I0.6由0变为1状态，则该触点接通一个扫描周期。触点下面的M4.3为边沿存储位，用来存储上一个扫描循环是I0.6的状态，通过比较输入信号的当前状态和上一次循环的状态来检测信号的边沿。边沿存储位的地址只能在程序中使用一次，其状态不能在其他地方被改写。只能使用M、全局DB和静态局部变量作为边沿存储位。

8）边沿检测线圈指令。边沿检测线圈指令相当于把上升（或下降）沿检测与线圈指令集合在一起，可直接输出边沿检测状态。边沿检测线圈指令编程示例如图4-29所示，上升沿检测线圈指令仅在流进该线圈能流的上升沿作用，输出位M6.1为1状态，M6.2为边沿存储位。

在 I0.7 的上升沿，M6.1 的常开触点闭合一个扫描周期，使 M6.6 置位，在 I0.7 的下降沿，M6.3 的常开触点闭合一个扫描周期，使 M6.6 复位。

9）扫描 RLO 的信号边沿指令。扫描 RLO 的信号边沿（P_TRIG 与 N_TRIG），指令编程示例如图 4-30 所示，在流进“扫描 RLO 的信号上升沿”指令（P_TRIG 指令）的 CLK 输入端能流（即 RLO）的上升沿，Q 端输出脉冲宽度为一个扫描周期的能流，方框下面的 M8.0 是脉冲存储位。在流进“扫描 RLO 的信号下降沿”指令（N_TRLG 指令）的 CLK 输入端能流的下降沿，Q 端输出一个扫描周期的能流，方框下面的 M8.2 是脉冲存储位。P_TRIG 指令与 N_TRIG 指令不能放在电路的开始处和结束处。如果 P_TRIG 指令左边只有 I1.0 触点，可以用 I1.0 的 P 触点来代替 P_TRIG 指令。

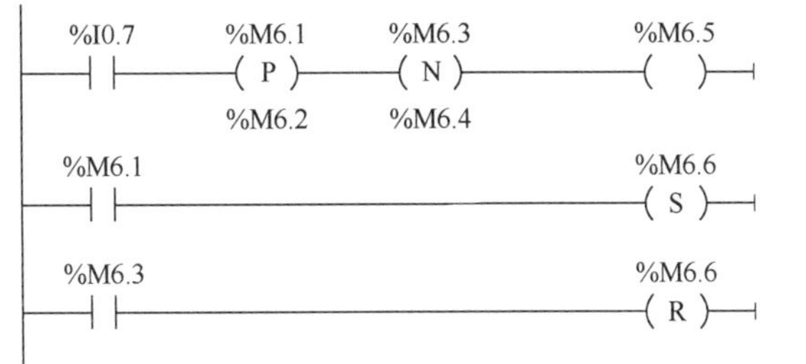

图 4-29 边沿检测线圈指令编程示例

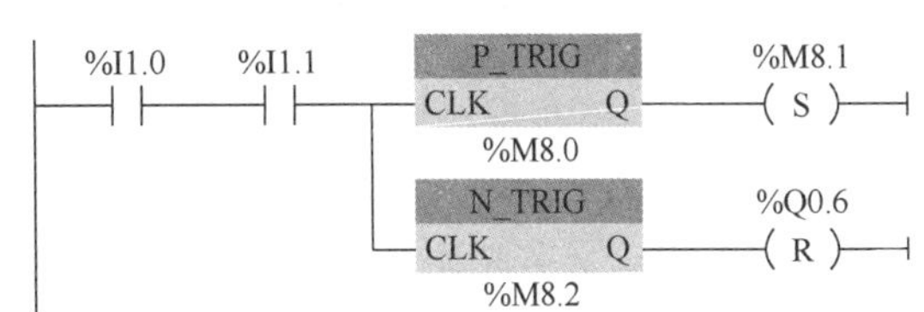

图 4-30 P_TRIG 与 N_TRIG 指令编程示例

三种边沿检测指令的比较：

以上升沿检测为例，P 触点用于检测触点上面的地址的上升沿，并且直接输出上升沿脉冲。其他三种指令都是用来检测流入它们的能流的上升沿。

P 线圈用于检测能流的上升沿，并用线圈上面的地址来输出上升沿脉冲。其他三种指令都是直接输出检测结果。

R_TRIG 指令与 P_TRIG 指令都是用于检测流入它们的 CLK 端的能流的上升沿，并直接输出检测结果。其区别在于 R_TRIG 指令用背景数据块保存上一次扫描循环 CLK 端信号的状态，而 P_TRIG 指令用边沿存储位来保存它。

【任务实施】

车床的加工范围较广，主要是用车刀车削旋转的工件的回转表面，也可用钻头、扩孔钻、铰刀、丝锥、板牙和滚花等工具加工车外圆、车端面、切槽、钻孔、镗孔、车锥面、车螺纹、车成形面、钻中心孔及滚花等。C620 型车床如图 4-31 所示，主要由床身、主轴箱、进给箱、导轨、丝杠、溜板箱、刀架、尾座等部分组成。C620 型号的意义是：C 表示车床，6 表示“普通”单轴卧式车床，20 表示车床回转中心至拖板面高度为 200mm。

图 4-31 C620 型车床外观图

C620 型车床电气控制线路图如图 4-32 所示。

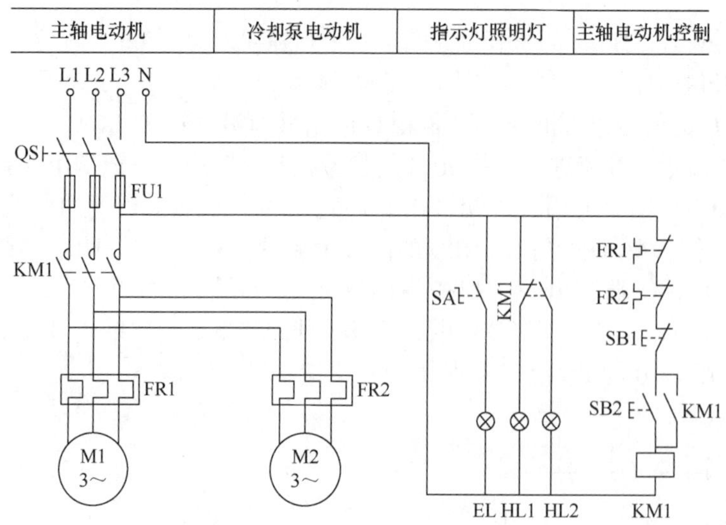

图 4-32　C620 型车床电气控制线路图

C620 型车床的控制要求：

合上电源开关 QS→电源指示灯 HL1 亮→闭合照明开关 SA→照明灯 EL 亮。按下起动按钮 SB2→KM1 得电，主轴电动机 M1、冷却泵电动机 M2 同时工作并自锁，工作指示灯 HL2 亮。按下停止按钮 SB1→KM1 断电，主轴电动机 M1、冷却泵电动机 M2 同时断电并解除自锁，工作指示灯 HL2 灭。

根据上述要求，控制系统采用西门子 S7－1200 系列 PLC 控制器改造控制电路，完成基于 PLC 控制的 C620 型车床电气改造的控制线路设计与接线调试，并完成控制程序设计与调试。

实施步骤

C620 型车床电气系统采用西门子 S7－1200 系列 PLC 控制器，车床工艺能力保持不变，即控制要求不变。对 C620 型车床电气控制系统的 PLC 改造，主电路保持不变，只需要设计 PLC 控制系统和控制程序即可。

结合 C620 型车床工作要求，明确输入/输出元器件，选择系统硬件，设计硬件电路图，进行系统硬件组态，设计控制程序并完成调试。

1. 分配 I/O 地址

结合 C620 型车床的工作要求分析系统中的输入/输出元器件种类和数量，进行 I/O 地址分配。C620 型车床电气控制线路 PLC 改造的 I/O 地址分配见表 4-3。

表 4-3　C620 型车床电气控制线路 PLC 改造的 I/O 地址分配表

输入地址分配		输出地址分配	
输入地址	功能描述	输出地址	功能描述
I0.0	主轴电动机起动按钮 SB2	Q0.0	照明灯 EL
I0.1	主轴电动机停止按钮 SB1	Q0.1	电源指示灯 HL1
I0.2	照明灯开关 SA	Q0.2	工作指示灯 HL2
I0.3	主轴电动机热继电器 FR1	Q0.3	主轴电动机运行
I0.4	冷却泵电动机热继电器 FR2		

2. 设计硬件电路

选用 S7－1200 系列 PLC CPU 1214 AC/DC/RLY，并完成系统组态。设计 C620 型车床电气控制系统 PLC 改造线路，如图 4-33 所示，并按图完成电路接线。

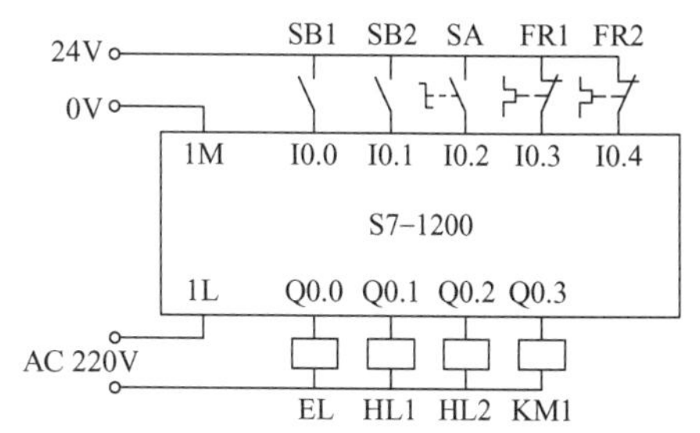

图 4-33　C620 型车床电气控制系统 PLC 改造线路

3. 创建工程项目

打开博途软件，在 Portal 视图中选择“创建新项目”，输入项目名称“C620 型车床电气控制系统的 PLC 改造”，选择项目保存路径，然后单击创建按钮，完成项目创建。在项目树中单击“添加新设备”—“控制器”，设置 CPU 的型号和订货号。

4. 定义用户变量表

在项目树中选择新添加的 PLC—PLC 变量—默认变量表，按照表 4-3 在默认变量表中定义“C620 型车床电气控制系统 PLC 改造”的用户变量表，如图 4-34 所示。

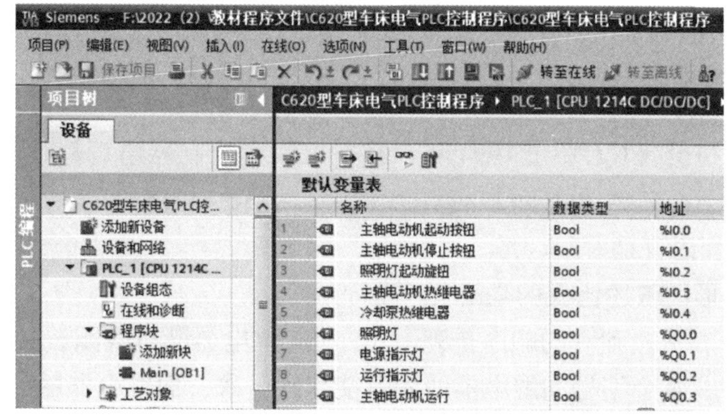

图 4-34　C620 型车床电气控制系统 PLC 改造的用户变量表

5. 设计控制程序

在项目树中依次单击“程序块”“Main”，打开主程序的编辑窗口，设计本任务控制程序，如图 4-35 所示。

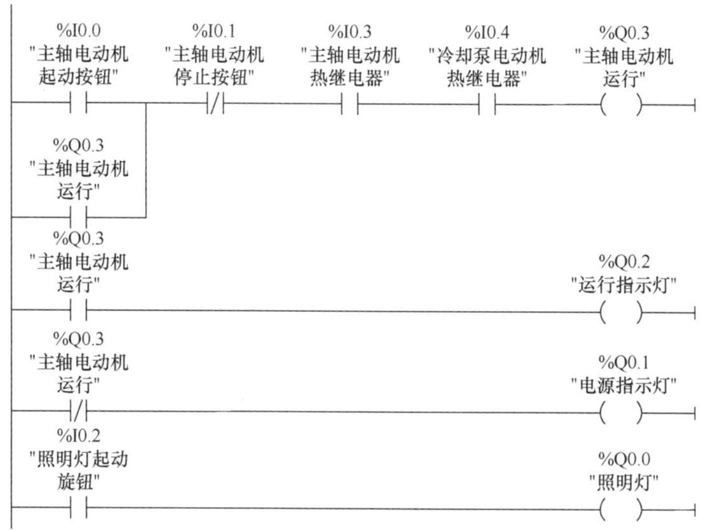

图 4-35　C620 型车床电气控制系统的 PLC 改造控制程序

在程序中，采用起-停-保的方式设计主轴电动机的控制线路。在主电路中，冷却泵电动机和主轴电动机共用接触器 KM1。当按下起动按钮 SB2 时，Q0.3 为高电平并保持，两台电动机同时起动并长动运行。另外，还添加了 FR1、FR2 的过载保护环节。

6. 调试程序

1）程序编译检查无误后，下载程序并运行。

2）按下起动、停止按钮，观察运行结果是否能实现 C620 型车床的控制要求，并解决存在的问题。

【拓展知识】

拓展知识点 1：S7－1200 系列 PLC 的存储器 拓展知识点 2：PLC 的经验设计法编程		PLC 的存储器、编址及寻址	

【课后测试】

1. 国际电工委员会（IEC）于 1994 年 5 月在可编程控制器语言标准中规定了________种编程语言。S7－1200 系列 PLC 可以使用________、________、________3 种编程语言。初学者最常用的编程语言是________。

2. 下列关于梯形图叙述错误的是（　　）。

A. 按自上而下、从左到右的顺序排列　B. 所有继电器既有线圈，又有触点

C. 一般情况下，某个编号的继电器线圈只能出现一次，而继电器触点可出现无数次

D. 梯形图中的继电器不是物理继电器，而是软继电器

3. 位逻辑指令包含________、________、________、________、________等指令。

4. S、R 指令将指定的位操作数置位和复位，具有________和________功能。

5. CPU 中用于存储程序代码的存储器称为________存储器，而用于执行代码及存储数据的存储器称为________存储器。

【拓展思考与训练】

一、拓展思考

1. C620 型车床 PLC 控制线路为什么选用 S7－1200 系列 PLC CPU 1214 AC/DC/RLY？

2. 装载存储器和工作存储器各有什么作用？

3. 谈谈你对 PLC 经验设计法编程的理解。

二、拓展训练

训练任务：设计故障信息显示电路控制程序。在故障信息显示电路中，当故障信号 I0.0 接通（从 I0.0 的上升沿开始）时，故障指示灯（Q0.0 控制）以 1Hz 频率闪烁，同时报警。操作人员接收到报警信号，按下复位按钮 I0.1，蜂鸣器关闭。如果故障已经消失，则指示灯熄灭。如果没有消失，则指示灯转为常亮，直至故障消失。设置 MB0 为时钟存储器字节，M0.5 提供周期为 1s 的时钟脉冲。

任务 4.3　PLC 控制电动机Y-△减压起动

【任务布置】

一、任务引入

电动机起动时可以选择全电压直接起动或减压起动两种方式。全电压直接起动即在额定电压下起动。这种方法的起动电流很大，可达到额定电流的 4 ~7 倍。根据规定，小功率单台电动机的起动功率不宜超过配电变压器容量的 30%，在电网容量和负载两方面都允许的情况下，可以考虑采用全电压直接起动，该起动方式操纵控制方便，维护简单，而且比较经济。通常规定：电源容量在 180kV · A 以上，电动机容量在 7kW 以下的三相异步电动机可直接起动。

减压起动是在电源电压不变的情况下，利用起动设备降低起动时加在电动机定子绕组上的电压，从而限制起动电流，当电动机转速升到一定值后，再使工作电压恢复到额定值。这种方法虽然可减小起动电流，但电动机的转矩与电压的二次方成正比，电动机的起动转矩因此而减小，所以只适用于笼型异步电动机空载或轻载起动的场合。常用的减压起动方法有定子绕组串电阻减压起动和Y-△减压起动。目前我国生产的三相异步电动机中，功率在 4kW 以下的电动机的绕组一般采用Y联结，功率 4kW 以上电动机的绕组推荐采用△联结。

对于长时间运行于三角形联结的三相异步电动机，其功率一般大于 10kW 且超过配电变压器容量 30% 的情况下需要减压起动，即在起动时将定子绕组接成Y联结；当转速升高到一定值时，再改为△联结。这种起动方式称为三相异步电动机的Y-△减压起动。本任务采用 PLC 控制电动机实现Y-△减压起动。

二、问题思考

1. 为什么要对电动机采取减压起动?
2. 怎样利用 PLC 延时指令控制Y-△运行状态的切换?
3. 在利用 PLC 控制电动机Y-△减压起动时，由于 PLC 的高速性会导致 KMY、KM△短路，应采取怎么样的措施来避免?

【学习目标】

一、知识目标

1. 理解电动机Y-△减压起动的目的，并掌握其方法。
2. 掌握接通延时输出定时器 TON 的格式、参数。
3. 掌握接通延时输出定时器 TON 的工作原理和编程方法。

二、能力目标

1. 能准确分析电动机Y-△减压起动的控制要求。
2. 能设计电动机Y-△减压起动的主电路和 PLC 控制电路。
3. 能正确运用接通延时输出定时器实现延时输出程序的设计。
4. 能正确设计电动机Y-△减压起动的 PLC 控制程序并进行调试。

三、素养目标

1. 生产安全是企业生产的命脉，工作人员必须遵循设备操作技术要求以保障生产设备及人身安全。培养学生生产安全意识，增强职业道德，加强责任意识。

2. 通过企业案例介绍电动机安全起动的条件和技术要求，让学生认识到减压起动对电网电压、变压器和电动机安全、同电网其他设备正常运行的影响，提升学生系统思考问题的职业素养。同时要求学生增强专业技术能力和实践能力，做到科学使用设备，强化安全意识。

【知识准备】

接通延时输出定时器指令

知识点：接通延时（输出）定时器

接通延时输出定时器（TON）又称为接通延时定时器，用于将 Q 输出的置位操作延时 PT 指定的一段时间。

1. 指令格式

接通延时定时器（TON）指令格式如图 4-36 所示，包括定时器编号、背景数据块、起动定时器输入、预设时间输入值、定时器输出、经过的时间长度等参数。

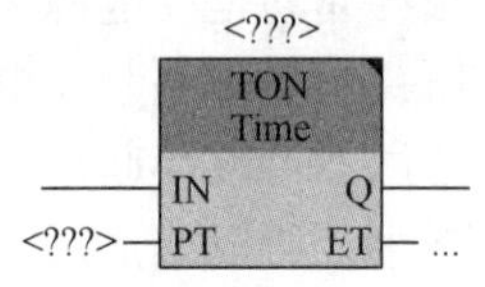

图 4-36　TON 指令格式

2. 指令的输入/输出参数表

TON 指令的输入/输出参数见表 4-4。

表 4-4　TON 指令的输入/输出参数表

参数	数据类型	说明
IN	Bool	启用定时器输入
PT（Preset Time）	Bool	预设的时间值输入
Q	Bool	定时器输出
ET（Elapsed Time）	Time	经过的时间值输出
定时器数据块	DB	指定要使用 RT 指令复位的定时器

当 IN 从 0 变为 1 时，将启动 TON 指令 。PT 为预先设定（需要定义）的时间长度，其计算公式为

预设时间段 T = 设定值 PT × 分辨率

ET 为定时开始后经过的时间（又称当前时间），或称为已耗时间值（需要时可为 ET 指定地址，以方便引用），其数值类型为 32 位的 Time（双字类型），单位为 ms。

3. 应用案例

TON 指令应用案例如图 4-37 所示，TON 指令在 IN 输入的上升沿开始定时。当 ET 大于或等于 PT 指定的设定值时，输出 Q 变为 1 状态，ET 保持不变（见波形 A）。当 IN 输入电路断开或定时器复位线圈 RT 通电时，定时器被复位，当前时间被清零，输出 Q 变为 0 状态。

如果 IN 输入信号在未达到 PT 设定的时间时变为 0 状态（见波形 B），输出 Q 保持 0 状态不变。当复位输入 I0.3 变为 0 状态时，如果 IN 输入信号为 1 状态，将开始重新定时（见波形 D）。

4. 背景数据块

接通延时定时器属于功能块，调用时需要指定配套的背景数据块，TON 指令的数据保

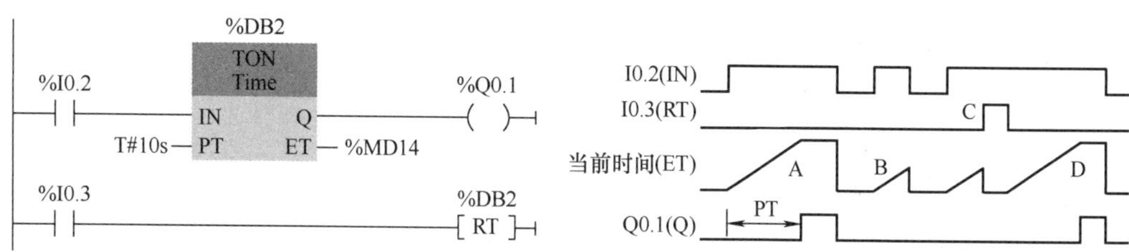

图4-37 TON指令应用案例

存在背景数据块中。在梯形图中输入TON指令时，打开右边的指令窗口，将“定时器操作”文件夹中的TON指令拖放到梯形图中适当的位置，在出现的“调用选项”对话框中修改将要生成的背景数据块的名称，或采用默认的名称。单击“确定”按钮，可自动生成背景数据块。

【任务实施】

有一台10kW的三相异步电动机，长时间运行于三角形联结。系统上电后，按下起动按钮，电动机定子绕组Y联结；延时8s后，电动机定子绕组△联结。按下停止按钮，电动机停止。现要求运用S7－1200系列PLC完成该电动机电气控制系统硬件电路和程序的设计，并调试运行。

PLC控制电动机Y-△减压起动设计

实施步骤

电动机Y-△减压起动的本质是先让电动机绕组Y联结，经过时间延迟后切断Y联结，转换为△联结。之后电动机长动运行，直到停止。显然，关键是对接触器实现定时控制，编程时，需要运用定时器指令。

结合电动机Y-△减压起动控制要求，明确输入/输出元件，选择系统硬件，设计硬件电路图，进行系统硬件组态，设计控制程序，并完成调试。

1. 分配I/O地址

依据电动机Y-△减压起动控制要求确定输入元器件，包括起动按钮SB1、停止按钮SB2、热继电器FR。输出元器件包括电源接触器KM1、星形接触器KM2、三角形接触器KM3。完成I/O地址分配，见表4-5。

表4-5 电动机Y-△减压起动I/O地址分配表

输入地址分配		输出地址分配	
输入地址	功能描述	输出地址	功能描述
I0.0	起动按钮SB1	Q0.0	电源接触器KM1
I0.1	停止按钮SB2	Q0.1	星形接触器KM2
I0.2	热继电器FR	Q0.2	三角形接触器KM3

2. 设计硬件电路

设计电动机Y-△减压起动主电路如图4-38所示，利用PLC控制主电路中的接触器KM1和KM2同时接通，电动机以星形联结方式起动；延时8s后，断开接触器KM2，并接通接触器KM3，电动机以三角形联结方式运行。

选用 S7-1200 系列 PLC CPU 1214 AC/DC/RLY，并完成系统组态。设计的Y-△减压起动 PLC 控制电路如图 4-39 所示，并按图完成电路接线。需要特别注意的是，由于 PLC 的高时间响应特性，当采用同一个定时器的常闭触点关断接触器 KM2 和常开触点接通 KM3 的思路编写程序时，由于接触器 KM2 的主触点会延迟断开，将造成接触器 KM2 、KM3 短时间内同时处于接通状态，导致电源短路，引发危险。为此，在控制电路接线时，接触器 KM2 线圈和 KM3 线圈增加了互锁环节。

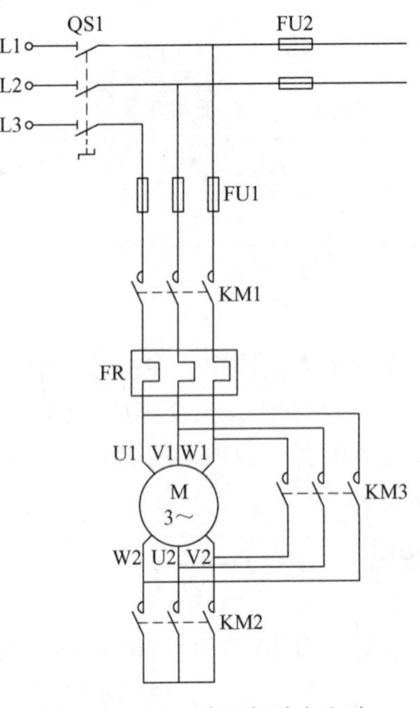

图 4-38　Y-△减压起动主电路

3. 创建工程项目

打开博途软件，在 Portal 视图中选择“创建新项目”，输入项目名称“PLC 控制电动机Y-△减压起动”，选择项目保存路径，然后单击创建按钮，完成项目创建。在项目树中单击“添加新设备”—“控制器”，设置 CPU 的型号和订货号（与 PLC 物理硬件上标注的相同）。

4. 定义用户变量表

在项目树中选择新添加的 PLC—PLC 变量—默认变量表，按照表 4-5 在默认变量表中定义“PLC 控制电动机Y-△减压起动”的用户变量表，如图 4-40 所示。

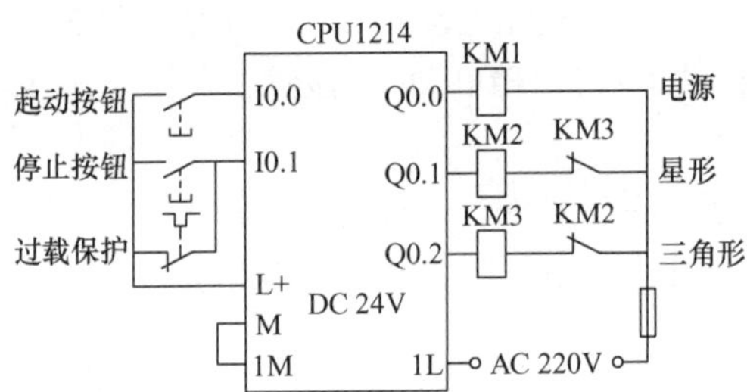

图 4-39　Y-△减压起动 PLC 控制电路

默认变量表

	名称	数据类型	地址	保持
1	起动按钮SB1	Bool	%I0.0	
2	停止按钮SB2	Bool	%I0.1	
3	热继电器FR	Bool	%I0.2	
4	电源接触器KM1	Bool	%Q0.0	
5	星形接触器KM2	Bool	%Q0.1	
6	三角形接触器KM3	Bool	%Q0.2	
7	<添加>			

图 4-40　“PLC 控制电动机Y-△减压起动”的用户变量表

5. 设计控制程序

在项目树中单击“程序块”—“Main”，打开主程序编辑窗口。根据控制要求设计的控制程序如图4-41所示。

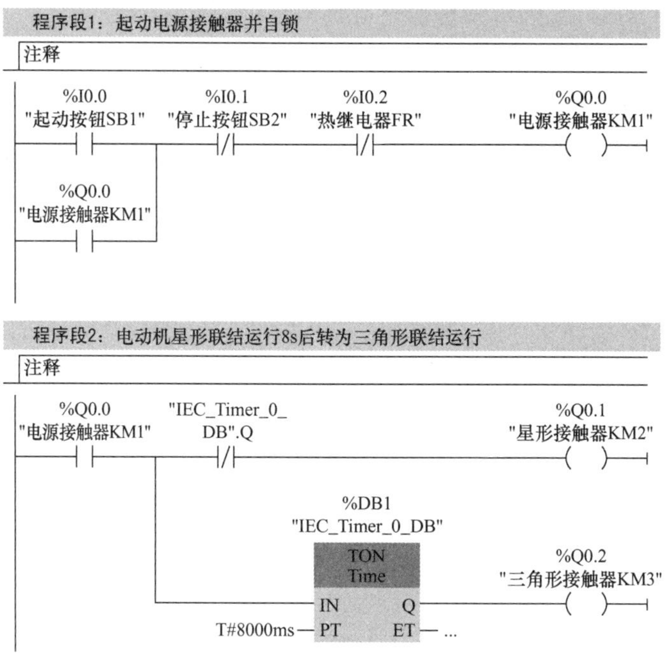

图4-41 电动机Y-△减压起动PLC控制程序

6. 调试程序

1）程序编译检查无误后，下载程序并运行。

2）按下起动、停止按钮，观察运行结果是否能实现电动机Y-△减压起动的全部控制要求，并解决存在的问题。

【拓展任务】

PLC控制工件加工的四道工序

【课后测试】

1. 填写接通延时定时器指令的输入/输出参数的含义：IN ________、PT ________、Q ________、ET ________。

2. 判断正误。TON的起动输入端IN由“1”变“0”时定时器复位。(　　)

3. 设计一个周期闪烁电路，要求Q0.0为ON的时间为5s，Q0.0为OFF的时间为3s。

【拓展思考与训练】

一、拓展思考

1. 在“PLC控制工件加工的四道工序”中，前一道工序结束和后一道工序开始的特点与“PLC 控制电动机Y-△减压起动”中Y-△联结切换方式有什么相似之处？

2. 如果要实现对多个工件的自动加工，即“PLC 控制工件加工的四道工序”循环操作，应该怎样编程？

3. 谈谈你对包含时间要素对象自动控制的 PLC 编程方法的理解？

二、拓展训练

训练任务 1：实现 PLC 控制水泵延时起动。某生产设备用水需要水压维持在规定范围内。当水压低于下限时，传感器导通，延时 2s 起动水泵。当水压不低于下限时，再延时 10s 关闭水泵。请设计控制程序并进行分析。

训练任务 2：控制一台设备延时起动、延时停止。设备起动时，需要预热、润滑充分后再运行。停止时，延时关闭设备，有利于加工产品排空或最后一个产品完成加工。适合采取延时起动、延时停止的起停模式。按下起动按钮 I0.0，经过 5s 后起动设备 Q0.0；按下停止按钮 I0.1，经过 10s 后关闭设备。

任务 4.4　PLC 控制十字路口交通信号灯系统

【任务布置】

一、任务引入

随着城市人口的不断增加，交通流量年年增长，大、中、小城市的汽车、摩托车等车辆与日俱增，道路交通越来越繁忙。由于城市道路资源相对匮乏，在交通高峰时段往往会造成严重的交通拥堵。交通信号灯系统能显著提高交通效率，有力保障道路通畅和人们的出行安全。

十字路口交通信号灯系统组成如图 4-42 所示，东、西、南、北四个方向分别由红、黄、绿三种颜色交通信号灯组成，共计 12 个交通信号灯。因此，交通信号灯需要按照预先规定的流程运行，要有周期特征，方便人们预判。本任务采用西门子 S7－1200 系列 PLC 对交通信号灯系统进行控制。

图 4-42　十字路口交通信号灯系统组成图

二、问题思考

1. 怎样实现红、黄、绿三种颜色交通信号灯分时段按顺序点亮控制？

2. 怎样实现绿灯在给定时段内的闪烁控制？

3. 怎样实现交通信号灯系统周而复始的周期性工作？

【学习目标】

一、知识目标

1. 掌握定时器指令的分类、指令格式和接口参数。

2. 掌握不同类型定时器指令的工作原理和编程方法。
3. 掌握 CPU 信号模块的时钟存储器参数设置方法。

二、能力目标

1. 能够熟知各类定时器指令的功能，并能正确选用。
2. 能够根据工作场景利用各类定时器指令编写程序。
3. 能够正确运用 CPU 信号模块的时钟存储器。
4. 能利用定时器指令设计十字路口交通信号灯系统的 PLC 控制程序。

三、素养目标

1. 在学习活动中锻炼克服困难的意志，培养团队协作能力。
2. 提升分析问题、解决问题的能力，培养实事求是的态度以及进行质疑和独立思考的习惯。
3. 在企业实习、就业时，应爱岗敬业，遵守企业规章制度和工艺流程。

【知识准备】

S7－1200 系列 PLC 有脉冲定时器（TP）、接通延迟定时器（TON）、关断延迟定时器（TOF）、保持型接通延迟定时器（TONR）4 种定时器，格式如图 4-43 所示。

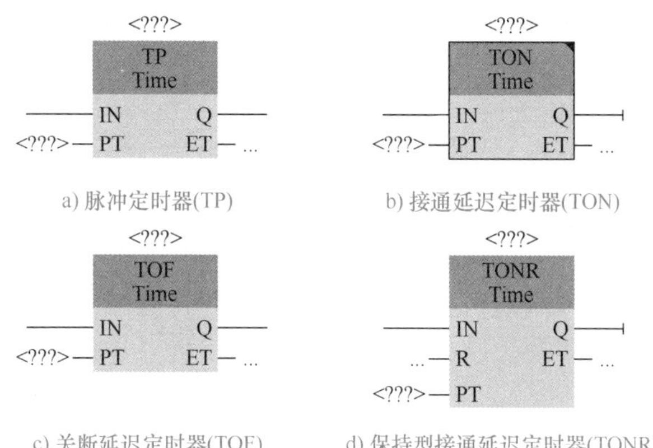

图 4-43 定时器的格式

这 4 种定时器的输入/输出参数见表 4-6，其中，TP、TON 和 TOF 定时器具有相同的输入和输出参数，TONR 定时器还具有附加的复位输入参数 R。

表 4-6 定时器的输入/输出参数表

参数	数据类型	说明
IN	Bool	启用定时器输入
R	Bool	将 TONR 经过的时间重置为零
PT（Preset Time）	Bool	预设的时间值输入
Q	Bool	定时器输出
ET（Elapsed Time）	Time	经过的时间值输出
定时器数据块	DB	指定要使用 RT 指令复位的定时器

其中，参数 IN 为启用定时器输入，当 IN 从 0 变为 1 时，将启用 TP、TON 和 TONR；当 IN 从 1 变 0 时，将启用 TOF。

知识点 1：脉冲定时器指令

1. 脉冲定时器指令的工作原理

脉冲定时器（TP）指令可生成具有预设时间宽度的脉冲。TP 指令将输出 Q 设置为预设的一段时间（即脉冲）。当参数 IN 的逻辑运算结果从“0”变为“1”时，启用该指令。

启用脉冲定时器指令时，预设的时间 PT 即开始计时。随后无论输入信号如何改变，都会将参数 Q 设置为时间 PT。如果持续时间 Q 仍在计时，即使检测到新的信号上升沿，参数 PT 的信号状态也不会受到影响。

可以在参数 ET 中查询当前时间值。该定时器值从 T#0s 开始，达到时间值 PT 时结束。如果达到时间值 PT，并且参数 IN 的信号状态为“0”，则复位 ET 参数。

2. 脉冲定时器指令应用示例

脉冲定时器指令应用示例如图 4-44 所示，脉冲定时器“T1”的 IN 输入端在 I0.0 信号上升沿启用，Q 输出变为 1 状态，开始输出脉冲。ET 从 0ms 开始不断增加，达到 PT 预设的时间时，Q 输出变为 0 状态。如果 IN 输入信号为 1 状态，则当前时间值 ET 保持不变（见波形 A）。如果 IN 输入信号为 0 状态，则当前时间变为 0s（见波形 B）。IN 输入的脉冲宽度可以小于预设值，在脉冲输出期间，即使 IN 输入出现下降沿和上升沿，也不会影响脉冲的输出。

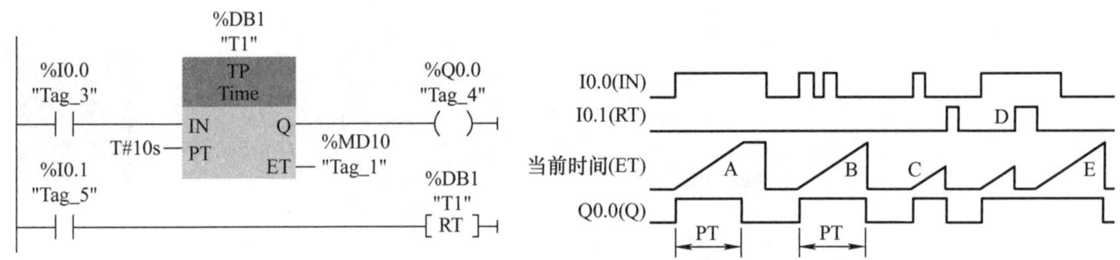

图 4-44 脉冲定时器指令应用示例

当信号 I0.1 为 1 时，定时器复位线圈 RT 通电，定时器 T1 被复位。如果 T1 正处于定时过程中，且 IN 输入信号为 0 状态，将使当前时间值 ET 清零，Q 输出也变为 0 状态（见波形 C）。如果此时正在定时，且 IN 输入信号为 1 状态，将使当前时间清零，但是 Q 输出保持为 1 状态（见波形 D）。复位信号 I0.1 变为 0 状态时，如果 IN 输入信号为 1 状态，将重新开始定时（见波形 E）。

知识点 2：关断延迟定时器

1. 关断延迟定时器指令的工作原理

关断延迟定时器（TOF）指令输出 Q 在预设的延时过后重置为 OFF，用于将 Q 输出的复位操作延时 PT 指定的一段时间。关断延时定时器可以用于设备停机后的延时。

IN 输入电路接通时，输出 Q 为 1 状态，当前时间被清零。

2. 关断延迟定时器指令应用示例

关断延迟定时器指令应用示例如图 4-45 所示。关断延迟定时器的 IN 端在信号 I0.4 的下降沿开始定时，ET 从 0 逐渐增大。当 ET 等于预设值时，输出 Q 变为 0 状态，当前时间保持不变，直到 IN 输入电路接通（见波形 A）。如果 ET 未达到 PT 的预设值，IN 输入信号就变为 1 状态，ET 被清 0，输出 Q 保持 1 状态不变（见波形 B）。

I0.5 为 1 时，复位线圈 RT 通电，如果 IN 输入信号为 0 状态，则定时器被复位，当前时间被清零，输出 Q 变为 0 状态（见波形 C）。如果复位时 IN 输入信号为 1 状态，则复位信号不起作用（见波形 D）。

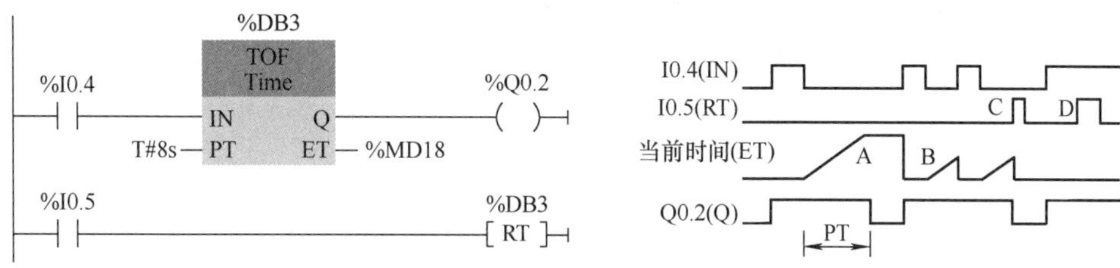

图 4-45　关断延迟定时器指令应用示例

知识点 3：保持型接通延迟定时器

1. 保持型接通延迟定时器指令的工作原理

当多个定时时段累加值达到预设的延时后，保持型接通延迟定时器（TONR）指令输出 Q 设置为 ON。

2. 保持型接通延迟定时器指令应用示例

保持型接通延迟定时器指令应用示例如图 4-46 所示，保持型接通延迟定时器的 IN 输入电路接通时开始定时（见波形 A 和 B）。输入电路断开时，累计的当前时间值保持不变。可以用 TONR 指令来累计输入电路接通的若干个时间段。当图 4-46 中的累计时间 t1 + t2 等于预设值 PT 时，Q 输出变为 1 状态（见波形 D）。

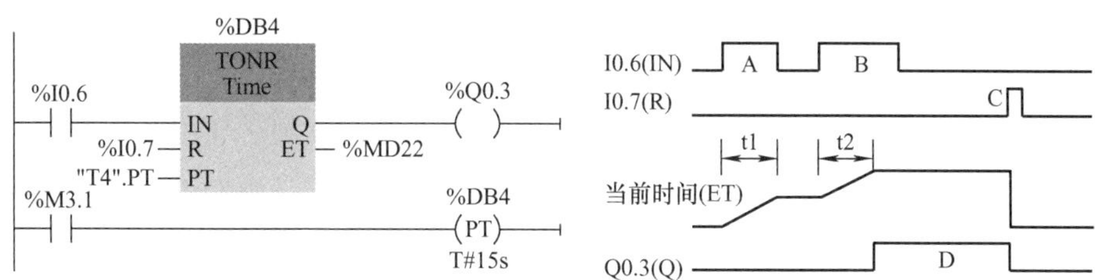

图 4-46　保持型接通延迟定时器指令应用示例

复位输入 R 为 1 状态时（见波形 C），TONR 被复位，它的 ET 变为 0，输出 Q 变为 0 状态。

“加载持续时间”线圈 PT 通电时，将 PT 线圈指定的时间预设值写入 TONR 定时器的背景数据块的静态变量 PT（“T4”.PT）中，将它作为 TONR 的输入参数 PT 的实参。用 I0.7 复位 TONR 时，“T4”.PT 也被清 0。

知识点 4：CPU 信号模块的时钟存储器参数设置

时钟存储器是按 1∶1 占空比周期性地改变二进制状态的位存储器，用于获取多种频率的时钟信号。时钟信号是 PLC 自动产生的方波信号，可以使用时钟存储器来激活闪烁指示灯或启动周期性的重复操作。分配时钟存储器参数时，需要指定要用作时钟存储器字节的

CPU 存储器字节。

选中设备视图中的 CPU，然后选中巡视窗口中“属性”→“常规”标签，选中“系统和时钟存储器”，勾选右边窗口的“启用时钟存储器字节”，如图 4-47 所示。默认 MB0 作为时钟存储器字节。此时，M0.5 为占空比 50% 的秒脉冲信号，实现“闪亮”的控制要求。

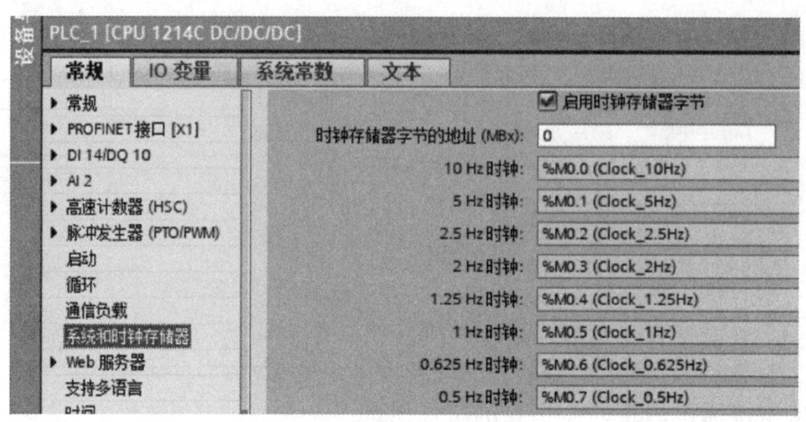

图 4-47　系统和时钟存储器窗口

【任务实施】

十字路口交通信号灯系统工作要求如下：按下起动按钮，信号灯开始工作，南北向红灯、东西向绿灯同时亮。东西向绿灯亮 25s 后，闪烁 3 次（1s/次），接着东西向黄灯亮，2s 后东西向红灯亮，30s 后东西向绿灯又亮……如此不断循环，直至停止工作。与此同时，南北向红灯亮 30s 后，南北向绿灯亮，25s 后南北向绿灯闪烁 3 次（1s/次），接着南北向黄灯亮，2s 后南北向红灯又亮……如此不断循环直至停止工作。十字路口交通信号灯系统工作过程时序图，如图 4-48 所示。

现要求运用 S7－1200 系列 PLC 完成十字路口交通信号灯系统的电气控制系统硬件接线和程序设计，并调试运行。

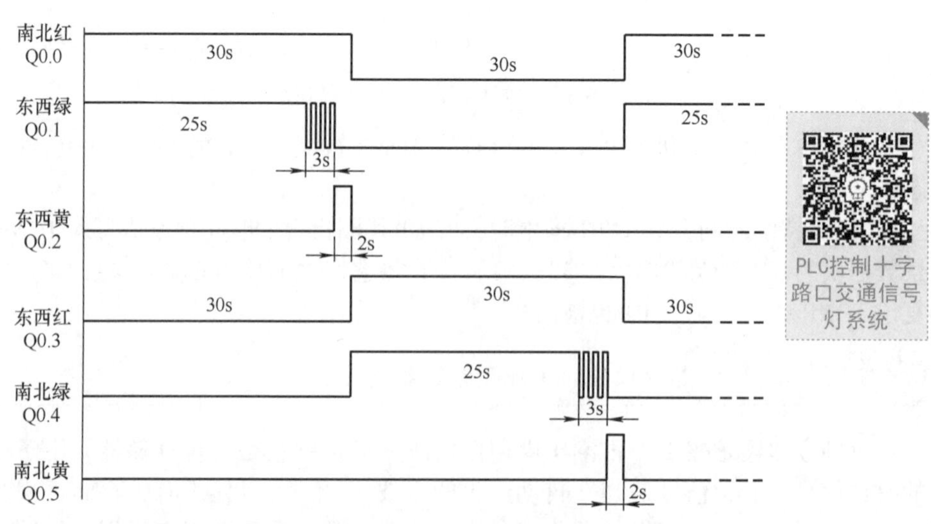

图 4-48　十字路口交通信号灯系统工作过程时序图

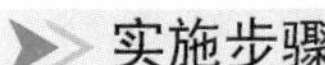

实施步骤

分析十字路口交通信号灯系统：由于南北方向的同一种颜色信号灯时序一致，接线时，连接在同一个输出端子上。这样，编程时采用一个输出软元件编程。东西方向也有这种特点，也采用这种思路。东西方向不同颜色的信号灯按一定的时间顺序点亮，有周期性，可以编写一个周期内的控制程序段，然后循环执行，完成整体控制。南北方向也可以采用这种方法。为降低编程难度，可以分别编写东西和南北方向的信号灯控制程序。

结合十字路口交通信号灯系统控制要求，明确输入/输出元器件，选择系统硬件，设计硬件电路图，进行系统硬件组态，设计控制程序，并完成调试。

1. 分配 I/O 地址

根据十字路口交通信号灯系统控制要求列出所用的输入/输出元器件，并为其分配 PLC 的 I/O 编程地址，见表 4-7。

表 4-7　十字路口交通灯系统 I/O 地址分配表

输入地址分配		输出地址分配	
元器件名称	输入元器件地址	元器件名称	输出元器件地址
起动按钮 SB1	I0. 1	南北红灯 HL1、HL2	Q0. 0
停止按钮 SB2	I0. 2	南北绿灯 HL3、HL4	Q0. 4
		南北黄灯 HL5、HL6	Q0. 5
		东西红灯 HL7、HL8	Q0. 3
		东西绿灯 HL9、HL10	Q0. 1
		东西黄 HL11、HL12	Q0. 2

2. 设计硬件电路

选用 S7－1200 系列 PLC CPU 1214 DC/DC/DC，并完成系统组态。设计的十字路口交通信号灯系统硬件线路如图 4-49 所示，并按图完成电路接线。

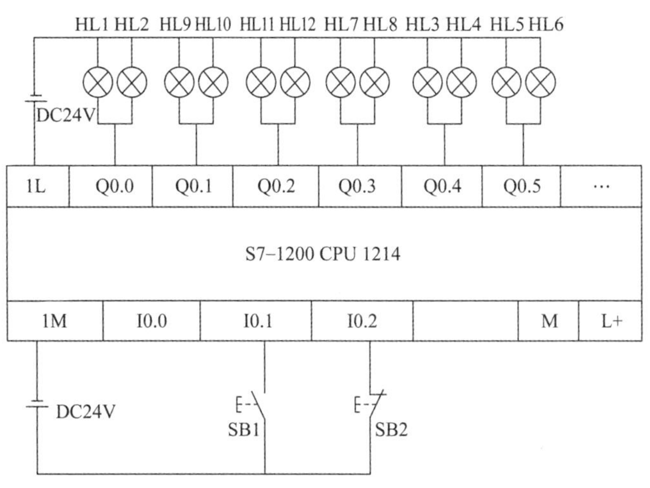

图 4-49　十字路口交通信号灯系统硬件线路

3. 创建工程项目

打开博途软件，在 Portal 视图中选择“创建新项目”，输入项目名称“PLC 控制十字路口交通信号灯系统”，选择项目保存路径，然后单击创建按钮完成项目创建。在项目树中单击“添加新设备”—“控制器”，设置 CPU 的型号和订货号（与 PLC 物理硬件上标注的相同）。

4. 定义用户变量表

在项目树中选择新添加的 PLC—PLC 变量—默认变量表，按照表 4-7 在默认变量表中定义“PLC 控制十字路口交通灯系统”的用户变量表，如图 4-50 所示。

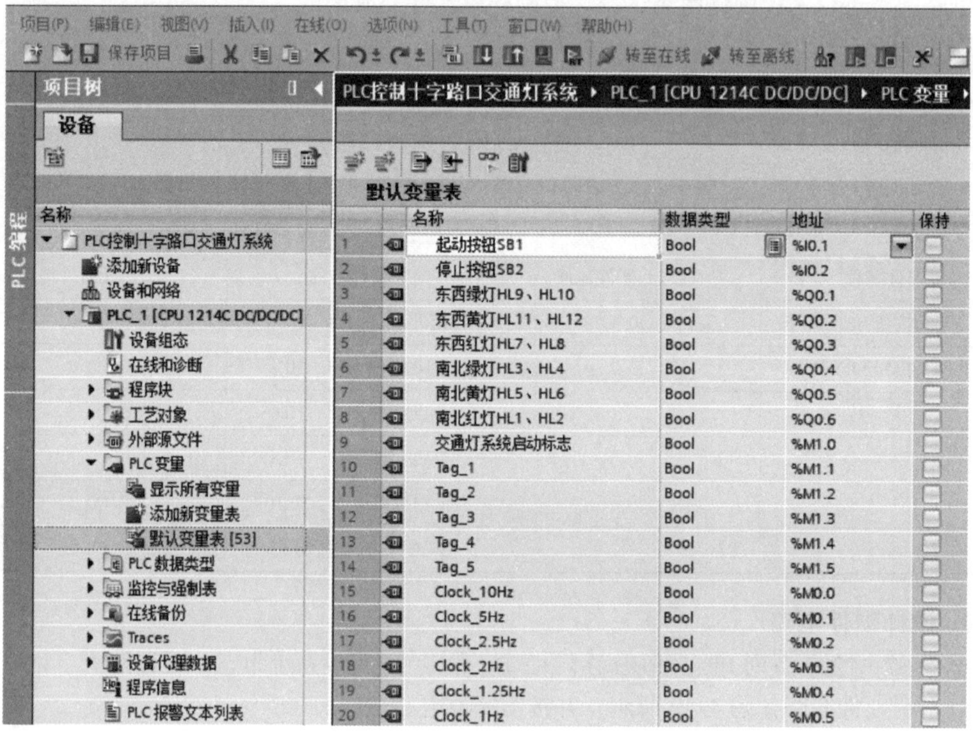

	名称	数据类型	地址	保持
1	起动按钮SB1	Bool	%I0.1	
2	停止按钮SB2	Bool	%I0.2	
3	东西绿灯HL9、HL10	Bool	%Q0.1	
4	东西黄灯HL11、HL12	Bool	%Q0.2	
5	东西红灯HL7、HL8	Bool	%Q0.3	
6	南北绿灯HL3、HL4	Bool	%Q0.4	
7	南北黄灯HL5、HL6	Bool	%Q0.5	
8	南北红灯HL1、HL2	Bool	%Q0.6	
9	交通灯系统启动标志	Bool	%M1.0	
10	Tag_1	Bool	%M1.1	
11	Tag_2	Bool	%M1.2	
12	Tag_3	Bool	%M1.3	
13	Tag_4	Bool	%M1.4	
14	Tag_5	Bool	%M1.5	
15	Clock_10Hz	Bool	%M0.0	
16	Clock_5Hz	Bool	%M0.1	
17	Clock_2.5Hz	Bool	%M0.2	
18	Clock_2Hz	Bool	%M0.3	
19	Clock_1.25Hz	Bool	%M0.4	
20	Clock_1Hz	Bool	%M0.5	

图 4-50 “PLC 控制十字路口交通灯系统”的用户变量表

5. 设计控制程序

编程思路：对十字路口交通信号灯系统的程序设计，首先考虑东西方向各交通信号灯点亮的时间顺序（编程方法参考“拓展任务：PLC 控制工件加工的四道工序”），采用定时器指令控制时间，并编写控制程序。然后按照此思路编写南北方向的控制程序。

在项目树中依次单击选择“程序块”—“Main”，打开主程序的编辑窗口。根据控制要求设计“PLC 控制十字路口交通灯系统”控制程序，如图 4-51 所示。

前 5 段程序依次进行交通灯系统启停控制、东西方向延时定时控制及 60s 循环、东西方向绿灯、黄灯和红灯控制。

6. 调试程序

1）程序编译检查无误后，下载程序并运行。

2）按下起动、停止按钮，观察运行结果是否能实现十字路口交通信号灯系统的全部控制要求，并解决存在的问题。

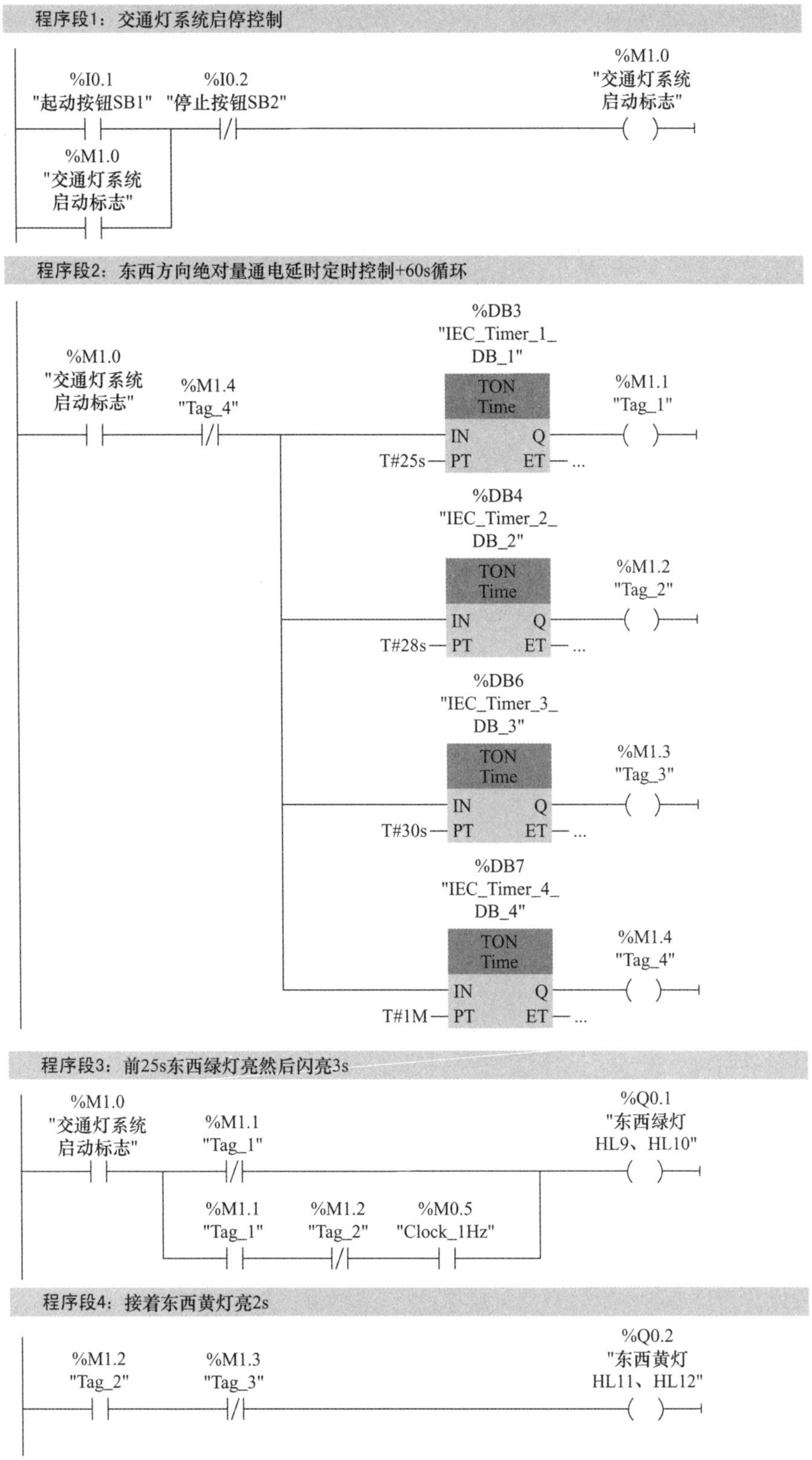

程序段1：交通灯系统启停控制

%I0.1 "起动按钮SB1"
%I0.2 "停止按钮SB2"
%M1.0 "交通灯系统启动标志"
%M1.0 "交通灯系统启动标志"

程序段2：东西方向绝对量通电延时定时控制+60s循环

%M1.0 "交通灯系统启动标志"
%M1.4 "Tag_4"
%DB3 "IEC_Timer_1_DB_1"
TON Time
IN Q
T#25s — PT ET — ...
%M1.1 "Tag_1"
%DB4 "IEC_Timer_2_DB_2"
TON Time
IN Q
T#28s — PT ET — ...
%M1.2 "Tag_2"
%DB6 "IEC_Timer_3_DB_3"
TON Time
IN Q
T#30s — PT ET — ...
%M1.3 "Tag_3"
%DB7 "IEC_Timer_4_DB_4"
TON Time
IN Q
T#1M — PT ET — ...
%M1.4 "Tag_4"

程序段3：前25s东西绿灯亮然后闪亮3s

%M1.0 "交通灯系统启动标志"
%M1.1 "Tag_1"
%Q0.1 "东西绿灯HL9、HL10"
%M1.1 "Tag_1"
%M1.2 "Tag_2"
%M0.5 "Clock_1Hz"

程序段4：接着东西黄灯亮2s

%M1.2 "Tag_2"
%M1.3 "Tag_3"
%Q0.2 "东西黄灯HL11、HL12"

图4-51 “PLC控制十字路口交通灯系统”的控制程序

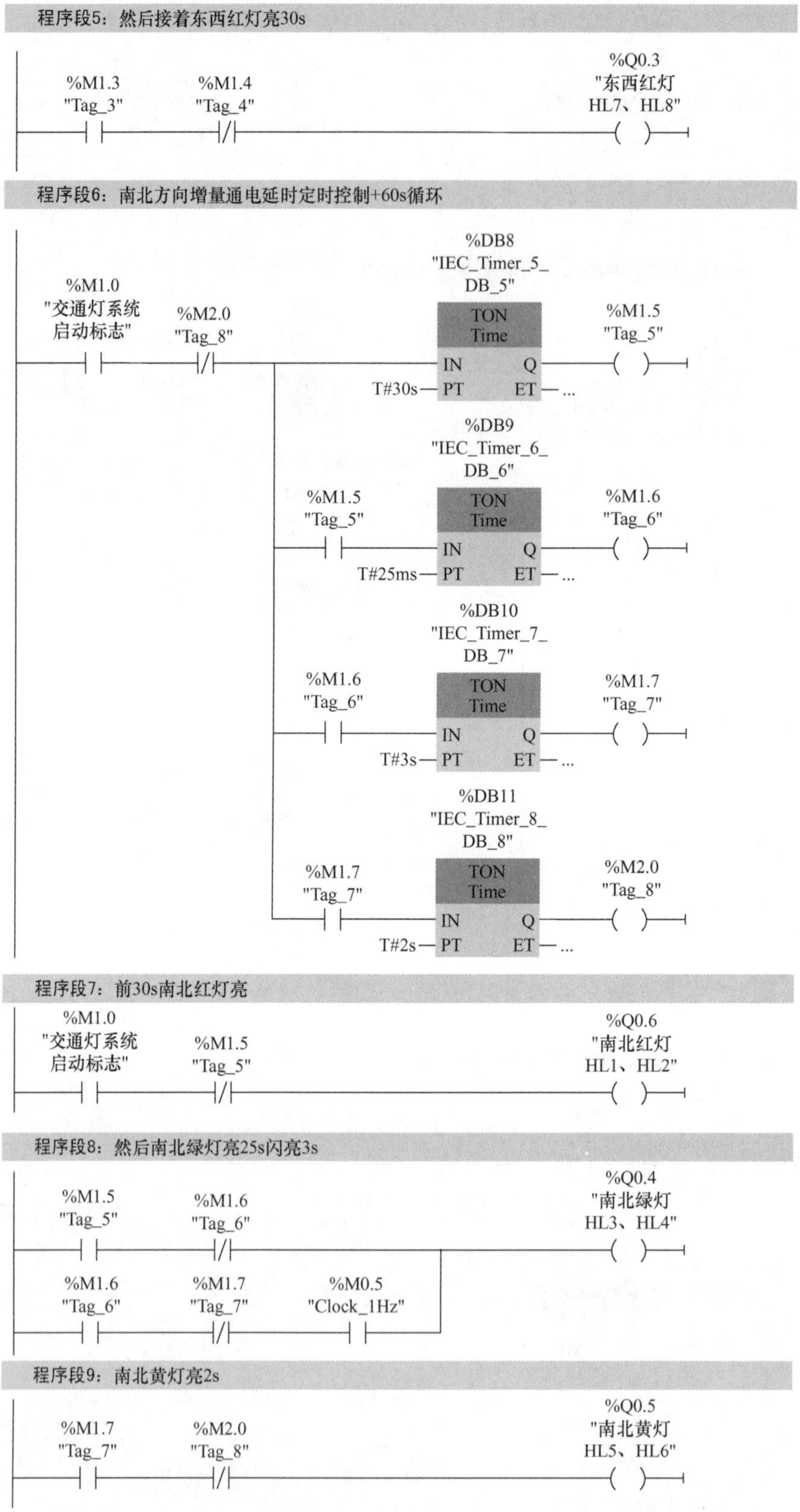

程序段5：然后接着东西红灯亮30s

程序段6：南北方向增量通电延时定时控制+60s循环

程序段7：前30s南北红灯亮

程序段8：然后南北绿灯亮25s闪亮3s

程序段9：南北黄灯亮2s

图4-51 “PLC控制十字路口交通灯系统”的控制程序（续）

【课后测试】

1. 西门子 S7－1200 系列 PLC 的定时器指令可分为__________、________、________、________四种。

2. 脉冲定时器的 IN 端在输入信号上升沿时________该指令，Q 输出变为________状态，开始输出脉冲。ET 从 0ms 开始不断增大，达到 PT 预设的时间时，Q 输出变为________状态。如果 IN 输入信号为 1 状态，则当前时间值 ET ________。如果 IN 输入信号为 0 状态，则当前时间变为 0s。IN 输入的脉冲宽度可以小于预设值，在脉冲输出期间，即使 IN 输入出现下降沿和上升沿，也不会影响________。

3. 关断延迟定时器的 IN 端在输入信号的下降沿开始________，ET 从 0 逐渐增大。ET 等于预设值时，输出 Q 变为________状态，当前时间保持不变，直到 IN 输入电路接通。如果 ET 未达到 PT 预设的值，IN 输入信号就变为________状态，ET 被清 0，输出 Q 保持 1 状态不变。

4. 保持型接通延迟定时器的 IN 输入信号接通时开始________。输入信号断开时，累计的当前时间值保持________。可以用 TONR 指令来累计输入电路接通的若干个时间段。累计时间等于预设值 PT 时，Q 输出变为________状态。

5. 启用时钟存储器字节 MB0 后，1s 闪烁 2 次、5 次、10 次，可以选择____________、____________、____________（填写位地址）来实现。

【拓展思考与训练】

一、拓展思考

1. 如果需要定义的时间长度超出了单个定时器指令定义的时间范围，应该怎么解决？
2. TOF 指令和 TON 有什么区别，分别在什么场景下选用？
3. 结合以往程序设计的经验，谈谈“编程就是通过 PLC 指令书写设备工作过程”的认识。

二、拓展训练

训练任务 1：用接通延时定时器设计周期和占空比可调的振荡电路。在起动按钮 I1.0 接通后，起动定时的振荡电路，其周期为 4s，接通 3s，关断 1s。

训练任务 2：设计一个周期可调、脉冲宽度可调的周期信号发生器振荡电路。周期、脉冲宽度由地址 MW10、MW12 给定。

训练任务 3：设计一个按一定频率闪烁的指示灯。按下起动按钮 I0.0 时，指示灯 Q0.0 按亮 3s、灭 2s 的频率闪烁，按下停止按钮 I0.1 时，指示灯 Q0.0 停止闪烁后熄灭。

训练任务 4：利用 TON、TP、TOF 这 3 种定时器指令设计卫生间冲水控制电路。红外检测传感器检测到有人靠近时，延时 3s，打开冲水电磁阀，冲水 4s 后停止。当人离开时，冲水 5s 后停止。分配 I/O 地址；I0.0 为检测开关地址，Q0.0 为冲水电磁阀地址。

任务 4.5　PLC 控制高精度时钟

【任务布置】

一、任务引入

有不少场合需要运用时钟信号控制设备的工作进度和节拍，在控制器的高精度时钟信号

"指挥"下，确保设备能按照时钟信号自动、可靠、高效地运行。

2004 年，中国被欧盟排斥在研制伽利略计划之外后便痛下决心，开始自主研发北斗系统。卫星在太空定位，主要通过原子钟用的时间计算空间距离，实现距离测量和导航定位。若卫星存在十亿分之一秒（1ns）的时间误差，则会产生 0.3m 的测距误差。卫星上必须配置高精度原子钟，才能实现卫星直接发出高精度导航定位信号。铷原子钟是北斗卫星的"心脏"，决定着卫星的定位、测速和授时功能的精度。北斗转为独立研发后，瑞士公司忽然终止合作。北斗团队的科学家没日没夜干了 8 个月后，成功交付了星载铷钟，计时精度每三百万年差 1s，部分指标已超越 GPS 和伽利略系统。此后，国产化铷钟逐渐全面取代进口铷钟。2019 年，中科院上海天文台研制的星载氢原子钟，约合数百万年甚至 1 千万年才有 1s 误差。氢原子钟为我国北斗导航卫星系统与 GPS、伽利略等卫星导航系统同台竞技提供了有力的技术支撑。

利用 S7－1200 系列 PLC 的 CPU 时钟存储器功能和计数器指令实现高精度时钟电路，从而输出时钟信号，应用于自动控制领域。

二、问题思考

1. 时钟的秒计时是高精度时钟计时的基础，那么，怎样实现秒计时呢?
2. 当时钟的计时有偏差时，怎样实现时钟的分钟、小时的时间调整?
3. 哪些情况需要对计数器复位?

【学习目标】

一、知识目标

1. 掌握计数器指令的功能、分类、指令格式和接口参数，理解其计数值数据类型。
2. 掌握不同类型计数器指令的工作原理和编程方法。
3. 掌握 PLC 时钟存储器设置和应用的方法。

二、能力目标

1. 能够准确认识各类计数器指令的功能、指令格式，能正确选用计数器。
2. 能够根据工作场景利用各类计数器指令编写程序。
3. 能够正确运用 CPU 信号模块的时钟存储器。
4. 能综合利用定时器指令、计数器指令设计高精度时钟 PLC 控制程序。

三、素养目标

1. 在学习活动中努力克服困难，培养坚强意志，养成良好的心理素质。
2. 用我国科学家自主研制出铷原子钟、氢原子钟的事迹激发学生科技报国的家国情怀和使命担当。

【知识准备】

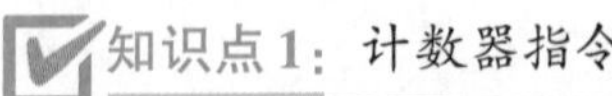

知识点 1：计数器指令

计数器指令用于对内部程序事件和外部过程事件进行计数。S7－1200 系列 PLC 计数器指令有三种，分别是加计数器（CTU）指令、减计数器（CTD）指令、加减计数器

(CTUD) 指令。

(1) 计数器的指令格式

计数器的指令格式如图4-52所示，指令框中包含多个参数，其含义见表4-8。

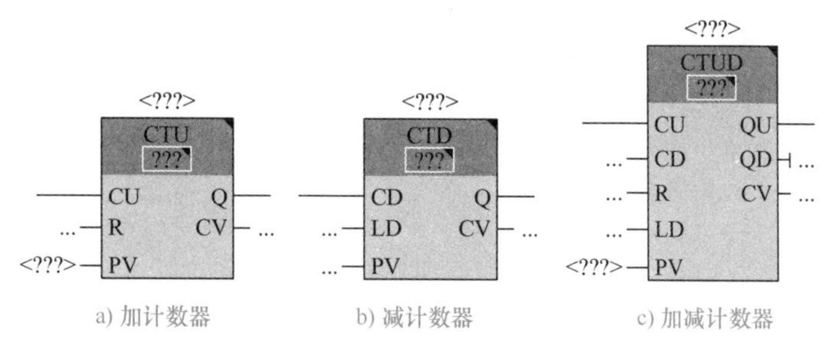

a) 加计数器　　b) 减计数器　　c) 加减计数器

图4-52　计数器的指令格式

计数器指令

表4-8　计数器指令的各参数及含义

参数	数据类型	说明
CU、CD	Bool	加计数或减计数，按加1或减1计数
R (CTU、CTUD)	Bool	将计数值重置为零
LD (CTD、CTUD)	Bool	预设值的装载控制
PV	SInt、Int、DInt、USInt、UInt、UDInt	预设计数值
Q、QU	Bool	CV≥PV时为真
QD	Bool	CV≤0时为真
CV	SInt、Int、DInt、USInt、UInt、UDInt	当前计数值

(2) 计数器的计数值数据类型

计数器的计数容量与计数器的计数类型有关，计数器支持6种数据类型：Int (整型)、SInt (短整型)、DInt (长整型)、USInt (无符号短整型)、UInt (无符号整型)、UDInt (无符号长整型)。单击计数器方框上方的3个问号，可创建计数器名称。单击计数器的方框中的3个问号，再单击问号右边出现的黑色三角按钮，从下拉列表中选择计数器计数值的数据类型。

知识点2：加计数器指令

加计数器 (CTU) 指令用于递增输出参数CV的值。当CTU的加计数输入CU的值从0变为1时，为实际计数值CV的当前计数值加1。每当检测到参数CU的上升沿时，计数器值都会递增。如果CV的值大于或等于预置计数值PV的值，则计数器输出Q=1。当复位R的值从0变为1时，计数器被复位，当前计数值复位为0，CV被清零，计数器的输出Q变为0。

加计数器指令的应用示例如图4-53所示，程序中加计数C0的预设计数值PV为3，对输入信号I1.0的值从0变为1的次数进行加计数。当输入信号I1.0的值从0变为1的次数等于或大于3时，计数器的输出Q状态为1，表示计数达到设定次数。当复位输入信号I1.1的值从0变为1时，计数器C0被复位，当前计数值CV复位为0，计数器的输出Q变为0。

S7-1200系列PLC定时器的DB数据类型可以设置为TIME (IEC) 和LTIME两种。TIME (IEC) 型数据为32位，LTIME型数据为62位，在使用

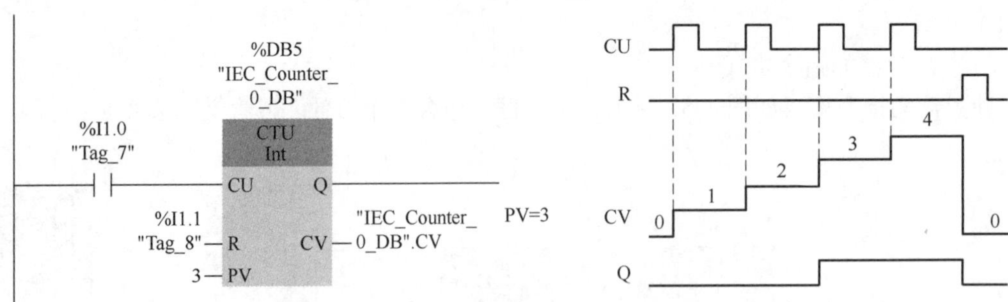

图 4-53　加计数器指令的应用示例

单个定时器指令定义时间段长度时，不能超出其允许的时间范围。如果实际工作中需要定义的时间长度超过允许的时间范围，可以采取定时器指令与计数器指令组合的方式定义时间。

知识点 3：减计数器指令

减计数器（CTD）指令用于递减输出参数 CV 的值。如果输入 CD 的信号状态从“0”变为“1”，则执行该指令，同时输出参数 CV 的当前值减 1。减计数器的装载输入 LD 为 1 状态时，输出 Q 被复位为 0，并把 PV 的值装入 CV。在减计数输入 CD 的上升沿，CV 减 1，直到 CV 达到指定的数据类型的下限值。此后 CV 的值不再减小。CV 小于或等于 0 时，输出 Q 为 1 状态；反之，Q 为 0 状态。第一次执行指令时，CV 被清零。

减计数器指令应用示例如图 4-54 所示，当输入信号 I1. 3 接通时，输出 Q 被复位为 0，并把预设计数值 PV 的值（即 3）装入 CV。复位结束后，对输入信号 I1. 2 值从 0 变为 1 的次数进行减计数，当 CV 的值等于或小于 0 时，输出 Q 为 1 状态。

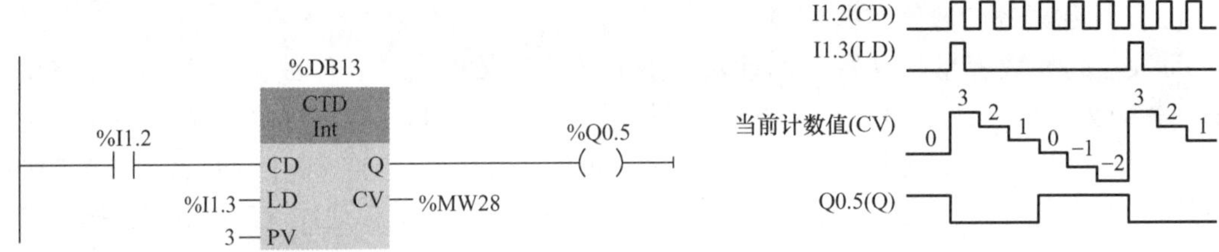

图 4-54　减计数器指令应用示例

知识点 4：加减计数器指令

加减计数器（CTUD）指令在 CU 的上升沿时，CV 加 1，CV 达到指定数据类型的上限值时不再增加；在 CD 的上升沿时，CV 减 1 ，CV 达到指定数据类型的下限值时不再减小。CV 大于或等于 PV 时，QU 为 1；反之为 0。CV 小于或等于 0 时，QD 为 1；反之为 0。装载输入 LD 为 1 状态时，PV 被装入 CV，QU 变为 1 状态，QD 被复位为 0 状态。R 为 1 状态时，计数器被复位，CV 被清零，输出 QU 变为 0 状态，QD 变为 1 状态，CU、CD 和 LD 不再起作用。

加减计数器指令的应用示例如图 4-55 所示，程序中对 I1. 4 从 0 变为 1 的次数进行加计数，对 I1. 5 从 0 变为 1 的次数进行减计数。

当输入信号 I1. 6 接通时，输出 Q 被复位为 0。复位结束后，当输入信号 I1. 7 接通时，PV（即 3）被装入 CV。计数开始后，把信号 I1. 4 从 0 变为 1 的次数进行加计数；把信号

I1.5 从 0 变为 1 的次数进行减计数。

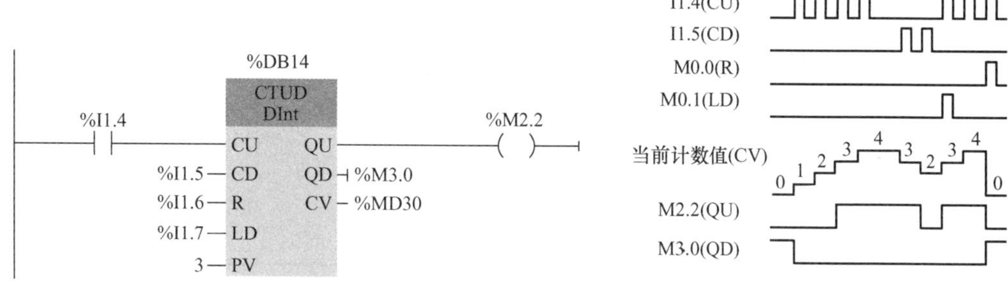

图 4-55　加减计数器指令的应用示例

知识点 5：时钟存储器参数设置

S7－1200 系列 PLC 的 CPU 本身带有系统和时钟存储器功能。如果要使用该项功能，在硬件组态时，需要在 CPU 的属性中进行设置。选中设备视图中的 CPU，然后选中巡视窗口中“属性”→“常规”标签页中“系统和时钟存储器”，勾选右边窗口的“启用系统存储器字节”，采用默认的 MB1 作为系统存储器字节，也可以修改系统存储器字节的地址，如图 4-56 所示。一般采用系统和时钟存储器的默认地址 MB1 和 MB0，应避免同一地址同时两用。当指定了系统存储器和时钟存储器字节后，这两个字节不能再用作其他用途。

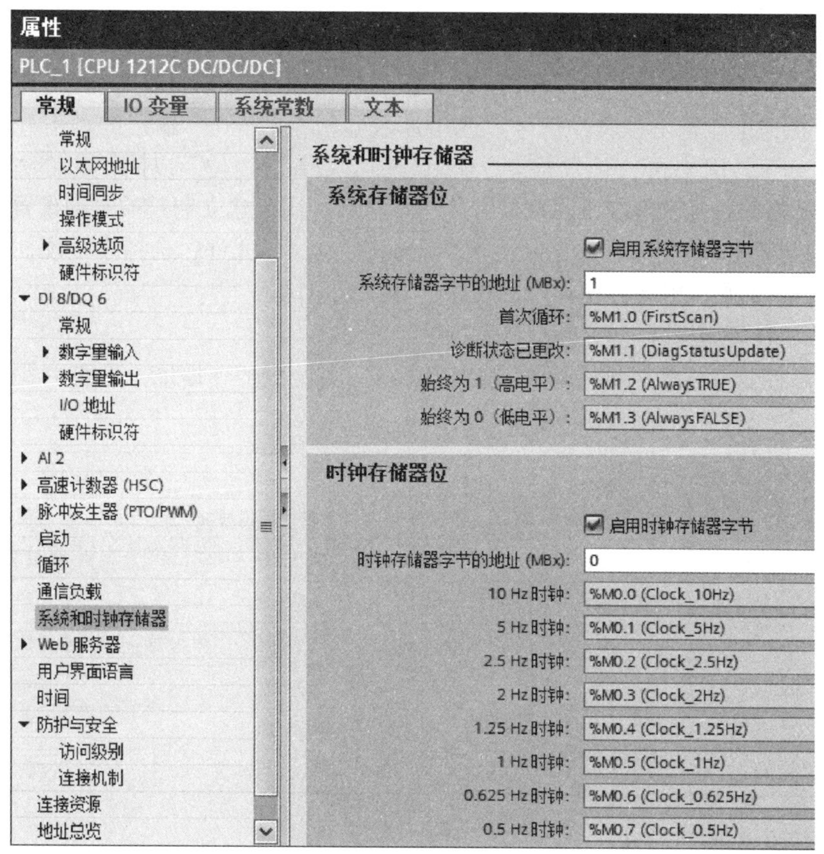

图 4-56　系统和时钟存储器功能

将 MB1 设置为系统存储器字节后，该字节的 M1.0 ~ M1.3 的含义为：

① M1.0（首次循环扫描）：仅在进入 RUN 模式的首次扫描时为 1，以后为 0。

② M1.1（诊断图形已更改）：CPU 登录了诊断事件时，在一个扫描周期内为 1。

③ M1.2（始终为 1）：总是为 1 状态，其常开触点总是闭合。

④ M1.3（始终为 0）：总是为 0 状态，其常闭触点总是闭合。

时钟脉冲是占空比为 0.5 的方波信号，时钟存储器字节每一位对应的时钟脉冲周期或频率见表 4-9。

表 4-9　时钟存储器字节每一位对应的时钟脉冲周期或频率

位	7	6	5	4	3	2	1	0
周期/s	2	1.6	1	0.8	0.5	0.4	0.2	0.1
频率/Hz	0.5	0.625	1	1.25	2	2.5	5	10

【任务实施】

设计高精度时钟，运用西门子 S7－1200 系列 PLC 作为控制器，要求能够实现一整天（24h）的计时，并且具备时间调整功能。一天计时完成后，时钟立即自动复位，并开始下一天的计时，周而复始。

实施步骤

编程思路：高精度计时器的计时程序包含秒、分钟、小时和天单位的计时，另外还要有时间调节和复位的功能设计。运用 S7－1200 系列 PLC 的 CPU 本身带有的时钟存储器功能，则 MB0 的各位地址能输出秒脉冲信号。运用计数器指令对 M0.5 输出的秒信号计数，计数值达到 60 时表示计时 1min，计数器指令输出分钟信号并自复位。以同样的方法完成小时和天的计时并复位。通过输入按钮调整分钟数、小时数，用于建立期望的时钟设置。

结合 PLC 控制高精度时钟的控制要求，明确输入/输出元件，选择系统硬件，设计硬件电路图，进行系统硬件组态，设计控制程序，并完成调试。

1. 分配 I/O 地址

确定 PLC 控制高精度时钟的输入/输出元器件，并分配 I/O 地址，见表 4-10。

表 4-10　PLC 控制高精度时钟 I/O 地址分配表

输入元件地址分配		时钟地址及输出地址分配	
I 元件地址	功能描述	时钟地址及输出地址	功能描述
I0.1	分钟调节按钮	MW100	秒数值存储
I0.2	小时调节按钮	MW102	分钟数值存储
I0.3	手动复位按钮	MW104	小时数值存储
		Q0.0	秒指示灯
		Q0.1	分钟指示灯
		Q0.2	小时指示灯

2. 设计硬件电路

选用 S7－1200 系列 PLC CPU1214 DC/DC/DC，并完成系统组态。设计 PLC 控制高精度

时钟硬件电路如图 4-57 所示，并按图完成电路接线。

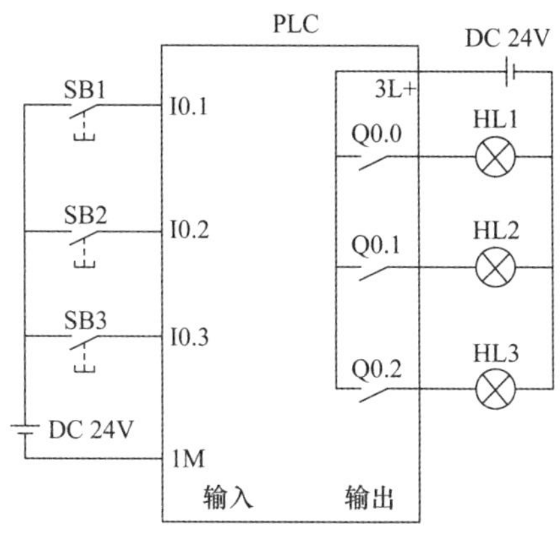

图 4-57　PLC 控制高精度时钟硬件电路

3. 创建工程项目

打开博途软件，在 Portal 视图中选择“创建新项目”，输入项目名称“PLC 控制高精度时钟硬件线路”，选择项目保存路径，然后单击创建按钮完成项目创建。在项目树中单击“添加新设备”—“控制器”，设置 CPU 的型号和和订货号（与 PLC 物理硬件上标注的相同）。

4. 定义用户变量表

在项目树中选择新添加的 PLC—PLC 变量—默认变量表，按照表 4-10 在默认变量表中定义“PLC 控制高精度时钟”的用户变量表，如图 4-58 所示。

图 4-58　“PLC 控制高精度时钟”的用户变量表

5. 设计控制程序

在项目树中依次单击“程序块”—“Main”，打开主程序的编辑窗口。根据控制要求设计“PLC 控制高精度时钟”的控制程序，如图 4-59 所示。

6. 调试程序

1）程序编译检查无误后，下载程序并运行。

2）把 PLC 设置为 RUN 状态，观察高精度时钟的计时过程，看是否计时准确。操作 I1.0、I1.1 观察分钟、小时的时间调整结果。

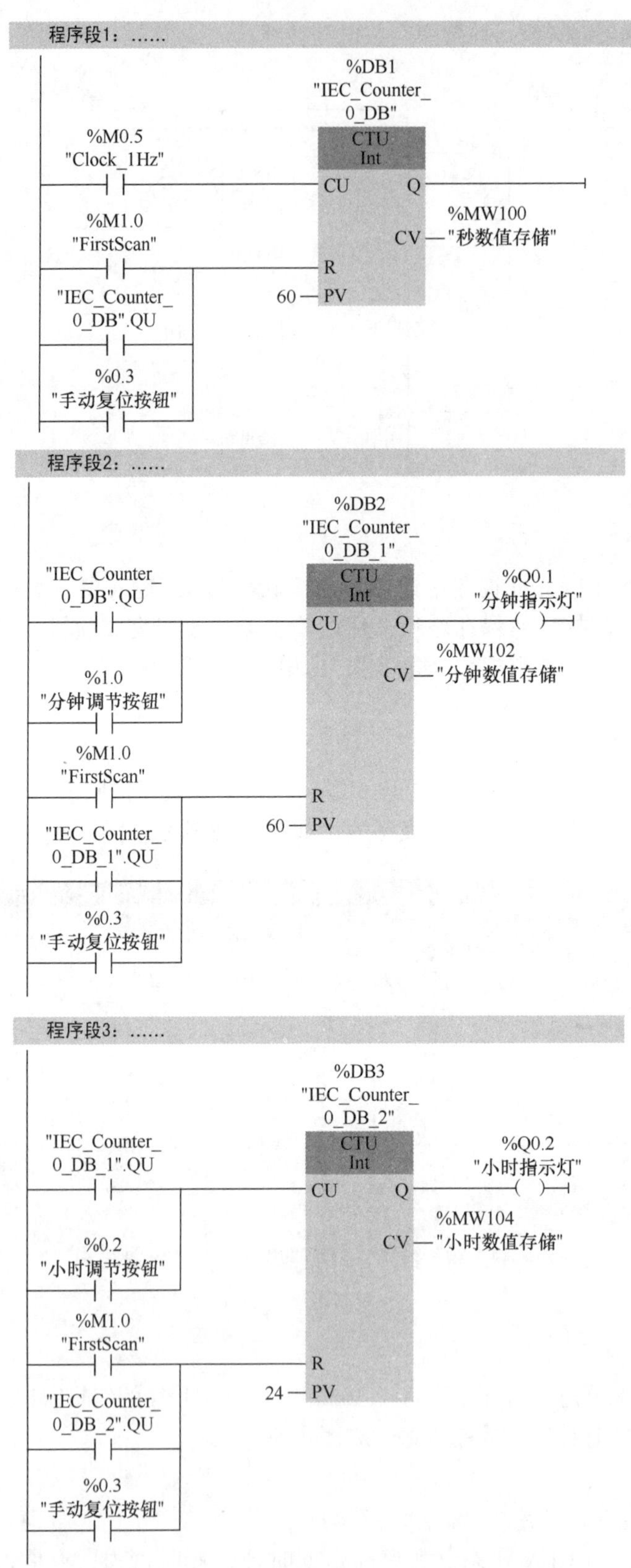

图 4-59 “PLC 控制高精度时钟” 的控制程序

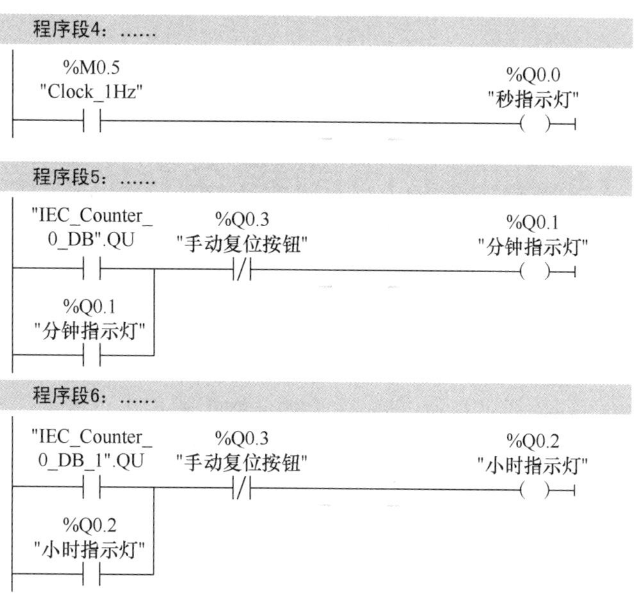

图 4-59　“PLC 控制高精度时钟”的控制程序（续）

【课后测试】

1. 计数器指令用于对内部程序事件和________事件进行计数，可分为三种类型，分别是________计数器、________计数器和________计数器。

2. 填写计数器指令的输入/输出参数的含义：CU ________、CD ________、R ______、PV ________、CV ________、LOAD ________、Q ________、QD ________。

3. 判断题。

1）计数器的数值包含 6 种数据类型，各种类型数据的长度不同，影响其计数范围。(　　)

2）加减计数器指令 CTUD 用于累计计时，当 LD 端为高电平时，计数器指令复位。(　　)

3）S7－1200 系列 PLC 带有系统和时钟存储器功能，硬件组态时在 CPU 的属性中设置就可使用。(　　)

【拓展思考与训练】

一、拓展思考

1. 在“PLC 控制高精度时钟”程序中，各计数器都采用 M1.0 复位，目的是什么？还采用计数器自身的输出位 QU 复位，目的是什么？

2. 在“PLC 控制高精度时钟”程序中，各计数器指令的预设计数值是怎么确定的？

二、拓展训练

训练任务：展厅人数监控系统控制。某展厅最多可容纳 50 人同时参观。展厅进口与出口各装一传感器，每有一人进出，传感器就发出一个脉冲信号。要求编程实现对展厅人数监控，当展厅内不足 50 人时，绿灯亮，表示后来的参观者可以进入；当展厅满 50 人时，红灯亮，表示不准后来的参观者进入。

项目5

S7-1200系列PLC功能指令的编程及应用

S7-1200系列PLC的指令包括基本指令和功能指令。基本指令包括位逻辑指令、定时器指令、计数器指令、比较指令、数学函数指令、移动指令、转换指令、程序控制指令、逻辑运算指令、移位和循环移位指令等。功能指令（Functional Instruction）也称为应用指令（Applied Instruction），可实现某种特定的功能，主要用于数据的传送、运算、变换及程序控制等功能，包括数据处理指令、数学运算指令、逻辑运算指令、程序控制指令。功能指令的本质是功能各异的PLC子程序块，利用它可以将复杂的编程变得简单。本项目重点学习功能指令的功用、指令格式和编程方法，提升学生的编程能力，为今后编写复杂控制任务程序做好准备。

任务5.1 跑马灯的PLC控制

【任务布置】

一、任务引入

东方明珠广播电视塔是上海市标志性建筑之一，又称为“东方明珠”，是上海市对外宣传的重要窗口。它的艺术灯光系统由泛光照明和艺术灯光两部分组成。艺术灯光部分有7种基本演播方式，包括左右移动、闪烁、渐亮渐暗、横开闭幕程式、上下移动、竖开闭幕程式、混合演播程式。灯光可进行个性化设置，呈现三色及多色效果，通过计算机控制可以呈现1000多种变化。

随着社会经济的不断繁荣和发展，在生产和生活中，各大城市都在进行亮化工程。夜晚城市里的彩灯是一大亮点。彩灯控制的基本环节是控制彩灯在整个工作过程中周期性地亮、灭，即彩灯的闪烁，彩灯闪烁控制是典型的开关量顺序控制。PLC在开关量控制方面具有强大的功能，利用PLC控制彩灯，不仅编程简单方便，同时能充分利用其抗干扰的优点，防止空气中存在的各种电磁干扰，保证彩灯控制的可靠稳定。那么，如何应用PLC指令实现彩灯闪烁控制呢？本任务应用比较和移动指令实现跑马灯的PLC控制。

二、问题思考

1. 彩灯可以按哪些不同的顺序亮灭？怎样实现彩灯按顺序亮灭？
2. 怎样实现彩灯周期性亮灭？

【学习目标】

一、知识目标

1. 掌握移动指令的功能和应用方法。
2. 掌握比较指令的程序设计方法。

二、能力目标

1. 能根据系统控制要求选择适当的设计方案和指令。

2. 能采取最优方案完成控制程序的设计。
3. 能较为熟练地解决控制程序调试过程中出现的问题。
4. 根据跑马灯的控制要求，应用移动、比较指令完成控制程序设计。

三、素养目标

1. 培养学生分析、解决生产实际问题的能力，提高学生职业技能和专业素质。
2. 提高学生的学习能力，养成良好的思维和学习习惯。
3. 璀璨夺目的灯光设计激发学生的好奇心与求知欲，培养学生探索未知、追求真理、勇攀科学高峰的责任感和使命感，激发学生科技报国的家国情怀和使命担当。

【知识准备】

知识点1：基本数据类型

数据类型用来描述数据的长度和属性，即用于指定数据元素的大小和解释数据。每个指令至少支持一种数据类型，部分指令支持多种数据类型。指令上使用的操作数的数据类型必须和指令所支持的数据类型保持一致，在建立变量的过程中，我们需要对建立的变量分配相应的数据类型。

S7－1200 系列 PLC 所支持的数据类型有基本数据类型、复杂数据类型、参数数据类型、系统数据类型、硬件数据类型及用户自定义数据类型。本任务只介绍基本数据类型。

基本数据类型是 PLC 编程中最常用的数据类型，通常把占用存储空间 64 个二进制位以下的数据类型称为基本数据类型。基本数据类型包括位、字节、字、双字、整数、浮点数及时间等。表 5-1 列出了基本数据类型的属性。

表 5-1　基本数据类型

数据类型	位数	取值范围	举例
位（Bool）	1	1/0	1、0
字节（Byte）	8	16#00～16#FF	16#08
字（Word）	16	16#0000～16#FFFF	16#0001
双字（DWord）	32	16#0000 0000～16#FFFF FFFF	16#1231 0001
字符（Char）	8	16#00～16#FF	“A”
有符号短整数（SInt）	8	－128～127	108
整数（Int）	16	－32768～32767	88
双整数（DInt）	32	－2 147 483 648～2 147 483 647	888
无符号短整数（USInt）	8	0～255	10
无符号整数（UInt）	16	0～65535	100
无符号双整数（UDInt）	32	0～4 294 967 275	1000
浮点数（Real）	32	±1. 1755494e－38～ ±3. 402823e＋38	12. 345
双精度浮点数（LReal）	64	±2. 2250738585072020e－308～ ±1. 7976931348623157e＋308	123. 45
时间（Time）	32	T#－24d20h31m23s648ms～ T#24d20h31m23s647ms	T#1d2h3m4s5ms

位（Bool）数据长度为 1 位，数据格式为布尔文本，只有两个取值 True、False（真、假），对应二进制数中的“1”和“0”，常用于开关量的逻辑计算，可表示限位开关、热继电器、接触器等。

字节（Byte）的数据长度为 8 位，取值范围为 16#00～16#FF。其中，16#表示十六进制数。

字（Word）的数据长度为 16 位，由两个字节组成，编号低的字节为高位字节，编号高的字节为低位字节，取值范围为 16#0000～16#FFFF。

双字（DWord）的数据长度为 32 位，由 2 个字组成，即 4 个字节组成，编号低的字为高位字，编号高的字为低位字，取值范围为 16#0000 0000～16#FFFF FFFF。

整数（Int）的数据长度为 8、16 和 32 位。整数又分为有符号整数和无符号整数，有符号二进制数，最高位为符号位，最高位是 0，表示正数；最高位为 1，表示负数。整数用补码表示，正数的补码就是它的本身，将一个正数对应的二进制数的各位数求反码后加 1，可以得到绝对值与它相同的负数的补码。

浮点数（Real）分为 32 位和 64 位。浮点数的优点是用很少的存储空间可以表示非常大或非常小的数。PLC 输入和输出的数据大多为整数，用浮点数来处理这些数据时，需要进行整数和浮点数之间的相互转换。需要注意的是，浮点数的运算速度比整数运算速度慢得多。

时间（Time）的数据长度为 32 位，其格式为 T#多少天（day）多少小时（hour）多少分钟（minute）多少秒（second）多少毫秒（millisecond）。

知识点 2：移动指令

移动指令是将数据元素复制到新的存储器地址，并从一种数据类型转换为另一种数据类型，在移动过程中不更改源数据。

1. MOVE 指令

移动（MOVE）指令用于将 IN 输入的源数据传送给 OUT1 输出的目的地址，并且转换为 OUT1 允许的数据类型（与是否进行 IEC 检查有关），源数据保持不变。MOVE 指令的 IN 和 OUT1 可以是 Bool 之外所有的基本数据类型和 DTL、Struct、Array 等数据类型，IN 还可以是常数。MOVE 指令的图形符号、参数和数据类型见表 5-2。

表 5-2　MOVE 指令的图形符号、参数和数据类型

<table>
<tr><td colspan="4">MOVE 指令</td></tr>
<tr><td colspan="4">MOVE
EN — ENO
<???> — IN　OUT1 — <???></td></tr>
<tr><td>参数</td><td>数据类型</td><td>存储区</td><td>说明</td></tr>
<tr><td>EN</td><td>Bool</td><td>I、Q、M、D、L</td><td>使能输入</td></tr>
<tr><td>ENO</td><td>Bool</td><td>I、Q、M、D、L</td><td>使能输出</td></tr>
<tr><td>IN</td><td>位字符串、整数、浮点数、定时器、Date、Time、TOD、DTL、Char、Struct、Array</td><td>I、Q、M、D、L 或常数</td><td>源值</td></tr>
<tr><td>OUT1</td><td>位字符串、整数、浮点数、定时器、Date、Time、TOD、DTL、Char、Struct、Array</td><td>I、Q、M、D、L</td><td>传送源值中的操作数</td></tr>
</table>

在 MOVE 指令中，若 IN 输入端数据类型的位长度超出了 OUT1 输出端数据类型的位长度，则在传送中源值高位会丢失。若 IN 输入端数据类型的位长度小于 OUT1 输出端数据类型的位长度，则用零填充传送目标值中多出来的有效位。

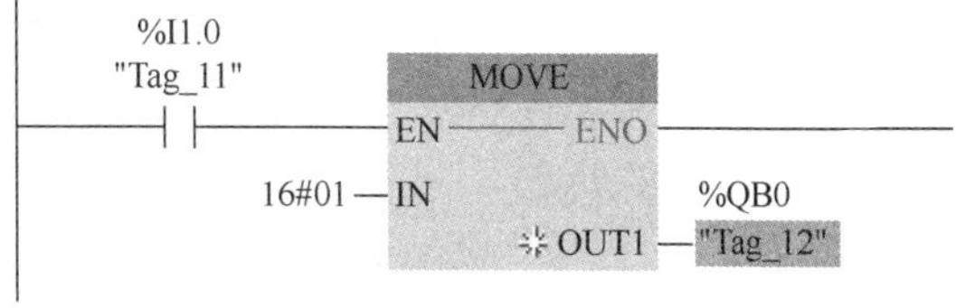

图 5-1 MOVE 指令

图 5-1 所示的 MOVE 指令可将 IN 输入端操作数中的内容 16#01 传送到 OUT1 输出端的操作数 QB0 中，并始终沿地址升序方向传送。

2. MOVE_BLK 和 UMOVE_BLK 指令

存储区移动（MOVE_BLK）指令也称为块移动指令，是将一个存储区（源区域）的内容复制到另一个存储区（目标区域）。非中断存储区移动（UMOVE_BLK）指令的功能与存储区移动（MOVE_BLK）指令的功能基本相同，其区别在于前者的移动操作不会被其他操作系统的任务打断。执行指令时，CPU 的报警响应时间将会增长。

MOVE_BLK 指令和 UMOVE_BLK 指令的图形符号、参数和数据类型等见表 5-3。

表 5-3 MOVE_BLK 指令和 UMOVE_BLK 指令的图形符号、参数和数据类型

MOVE_BLK 指令			UMOVE_BLK 指令
MOVE_BLK EN — ENO <???> — IN OUT — <???> <???> — COUNT			UMOVE_BLK EN — ENO <???> — IN OUT — <???> <???> — COUNT
参数	数据类型	存储区	描述
EN	Bool	I、Q、M、D、L	使能输入
ENO	Bool	I、Q、M、D、L	使能输出
IN	Array	D、L	要复制的源区域的第一个元素
COUNT	Uint	I、Q、M、D、L 或常数	要从源区域复制到目标区域的元素个数
OUT	Array	D、L	源区域数据复制到的目标区域的第一个元素

MOVE_BLK 指令和 UMOVE_BLK 指令具有附加的 COUNT 参数，COUNT 指定要复制数据元素的个数。每个被复制元素的字节数取决于 PLC 变量表中分配给 IN 和 OUT 参数变量名称的数据类型。

MOVE_BLK 指令和 UMOVE_BLK 指令在处理中断的方式上有所不同：①MOVE_BLK 执行期间排队并处理中断事件；②UMOVE_BLK 完成执行前排队但不处理中断事件。

执行 MOVE_BLK 指令可将源区域的内容复制到目标区域，要复制到目标区域的元素个数由参数 COUNT 指定，要复制的元素宽度由输入 IN 的元素宽度定义，复制操作沿地址升序方向进行。只有使能输入 EN 的信号为“1”时，才执行该操作。如果运算执行过程中未发生错误，则输出 ENO 的信号状态为“1”；如果输入 EN 的信号为“0”，或者复制的数据量超出输出 OUT 存储区的数据容量，使能输出 ENO 将返回信号“0”。执行 UMOVE_BLK 指令可将源区域的内容无中断地复制到目标区域，其他操作与 MOVE_BLK 指令相同。

3. SWAP 指令

SWAP（交换）指令用于调换二字节（Word）和四字节（Dword）数据元素的字节顺

序，但不改变每个字节中的位顺序。执行 SWAP 指令时，ENO 始终为 TRUE。

单击功能框名称下方黑色问号，从下拉菜单中选择与指令参数相一致的数据类型，如图 5-2 所示。图 5-3 是交换 DWord 数据类型变量的字节示例。

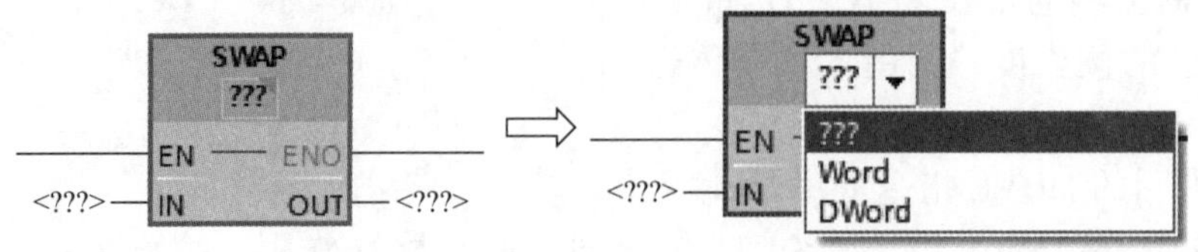

图 5-2　SWAP 交换指令设置

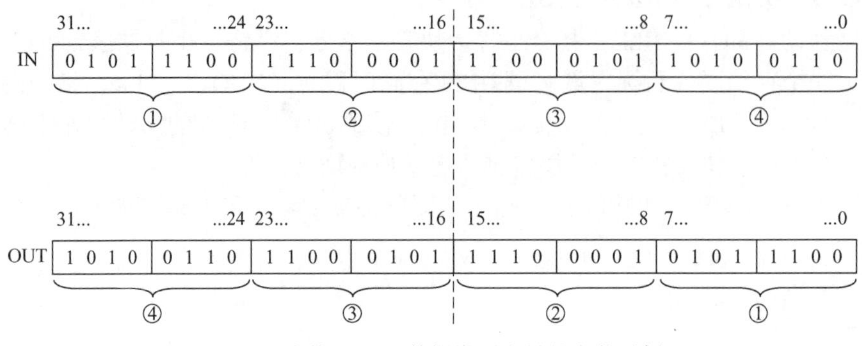

图 5-3　交换 DWord 数据类型变量的字节示例

4. FILL_ BLK 和 UFILL_ BLK 指令

填充块（FILL_ BLK）指令操作使用输入源区域 IN 的值填充目标区域，从输出 OUT 指定的地址开始填充目标区域，重复的复制操作次数由参数 COUNT 指定。执行该操作时，将选择输入 IN 的值，并将其按照参数 COUNT 指定的重复次数复制到目标区域。只有使能输入 EN 的信号为“1”时，才执行该操作。如果运算执行过程中未发生错误，则输出 ENO 的信号为“1”；如果输入 EN 的信号为“0”，或者复制的数据量超出输出 OUT 存储区的数据容量，使能输出 ENO 将返回信号“0”。

填充块不可中断（UFILL_BLK）指令操作可将源区域的内容无中断地复制到目标区域，其他操作与填充块（FILLBLK）指令相同。

FILL_BLK 指令和 UFILL_BLK 指令图形符号、参数及数据类型见表 5-4。

表 5-4　FILL_BLK 和 UFILL_BLK 指令图形符号、参数及数据类型

FILL_BLK 指令		UFILL_BLK 指令
UFILL_BLK：EN—ENO；<???>—IN OUT—<???>；<???>—COUNT		FILL_BLK：EN—ENO；<???>—IN OUT—<???>；<???>—COUNT
参数	数据类型	说明
IN	SInt、Int、Dint、USInt、UInt、UDInt、Real、Byte、Word、DWord	数据源地址
COUNT	USInt、UInt	要复制的数据元素数
OUT	SInt、Int、Dint、USInt、UInt、UDInt、Real、Byte、Word、DWord	数据目标地址

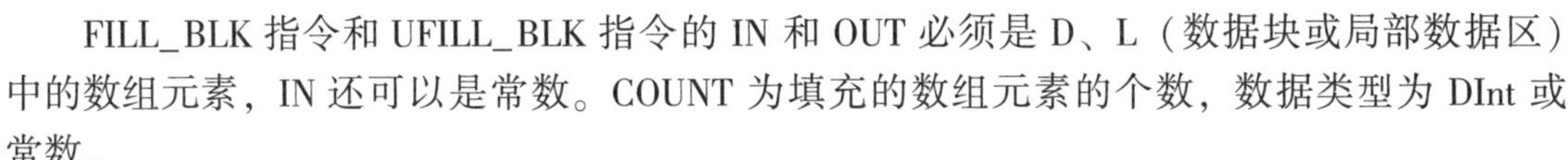

FILL_BLK 指令和 UFILL_BLK 指令的 IN 和 OUT 必须是 D、L（数据块或局部数据区）中的数组元素，IN 还可以是常数。COUNT 为填充的数组元素的个数，数据类型为 DInt 或常数。

> 数据填充应遵循以下操作规则：
>
> 1）若需使用 Bool 数据类型填充，则使用 SET_BF、RESET_BF、R、S 或输出线圈（LAD）。
>
> 2）若需使用单个基本数据类型填充或要在字符串中填充单个字符，则使用 MOVE。
>
> 3）若需使用基本数据类型填充数组，则使用 FILL_BLK 或 UFILL_BLK。
>
> 4）FILL_BLK 和 UFILL_BLK 指令不能用于将数组填充到 I、Q 或 M 存储区。

FILL_BLK 和 UFILL_BLK 指令将源数据元素 IN 复制到通过参数 OUT 指定其初始地址的目标数据区中。复制过程不断重复并填充相邻地址块，直到副本数等于 COUNT 参数。

FILL_BLK 和 UFILL_BLK 指令在处理中断的方式上有所不同：

1）FILL_BLK 执行期间要排队并处理中断事件。

2）在 UFILL_BLK 完成执行前要排队但不处理中断事件。ENO 状态为 1，表示指令执行“无错误”，IN 元素成功复制到全部的 COUNT 个目标中；ENO 状态为 0，表示“目标（OUT）范围超出可用存储区”，仅复制适当的元素。

知识点 3：比较指令

比较指令有数值大小比较（CMP）指令、“值在范围内”比较（RANGE）指令和“检查有效性”（OK 和 NOT_OK）指令。

CMP 指令用于比较两个参数（操作数 1、操作数 2）中的数据大小。

RANGE 指令用于比较某一个值是否在指定的值范围内。

“检查有效性”指令用于检查某个变量的值（操作数）是否为有效或无效的浮点数。如果比较指令的比较结果为“真”，则 RLO 为“1”，否则为 0。比较指令见表 5-5。

表 5-5　比较指令

符号	描述	符号	描述
CMP = =	等于	CMP <	小于
CMP < >	不等于	IN_RANGE	值在范围内
CMP > =	大于或等于	OUT_RANGE	值超出范围
CMP < =	小于或等于	-|OK|-	检查有效性
CMP >	大于	-|NOT_OK|-	检查无效性

1. CMP 指令

CMP 指令的图形符号和操作如图 5-4 所示。在程序段中插入 CMP 指令的符号后，单击中间部位，就会出现两个黄色箭头，单击右上角黄色箭头，在下拉列表中选择需要的 CMP 指令符号；单击右下角黄色箭头，在下拉列表中选择需要的数据类型。然后分别单击红色问号输入操作数 1 和操作数 2。操作数 1 和操作数 2 的数据类型和存储区见表 5-6。

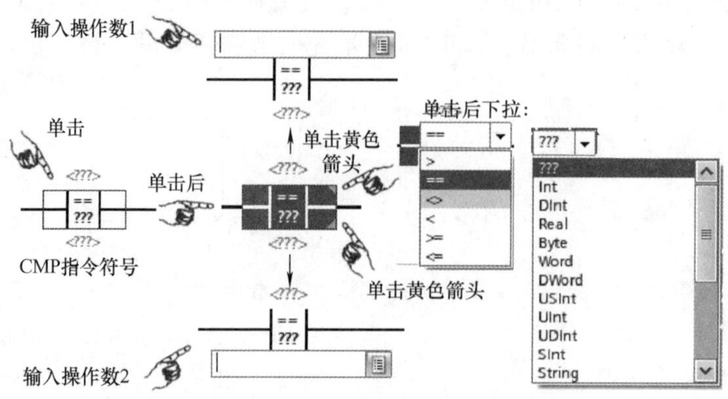

图 5-4　CMP 指令的图形符号和操作

表 5-6　CMP 指令的操作数 1 和操作数 2 的数据类型和存储区

参数	数据类型	存储区	描述
操作数 1	USInt、UInt、UDInt、SInt、Int、DInt、Real、Char、String、Time、DTL	I、Q、M、L、D 或常数	要比较的第一个值
操作数 2	USInt、UInt、UDInt、SInt、Int、DInt、Real、Char、String、Time、DTL	I、Q、M、L、D 或常数	要比较的第二个值

CMP 指令应用实例如图 5-5 所示。

如果输入 I3.0 的信号为“1”，当 MW400 中的内容等于 30 时，置位 Q10.0（置 1），如果 MW400 的内容不等于 30，则 Q10.0 为“0”；当 MW400 > 30 时，则置位 Q10.1（置 1），否则为“0”；当 MW400 < 30 时，则置位 Q10.2（置 1），否则为“0”。

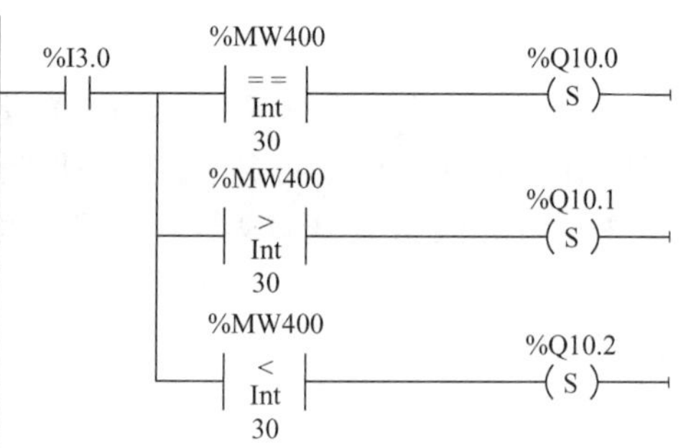

图 5-5　CMP 指令应用实例

2. RANGE 指令

RANGE 指令用于确定输入 VAL 的值是否在指定值范围内（参数 MIN 和 MAX 指定取值范围的限值）。比较时，输入 VAL 的值与参数 MIN 和 MAX 的值相比较，并将结果发送到该功能框输出。RANGE 指令的图形符号、参数和数据类型等见表 5-7。

表 5-7　RANGE 指令的图形符号、参数和数据类型

IN_RANGE “值在范围内”的比较指令	OUT_RANGE “值超出范围”的比较指令
IN_RANGE ??? <???> — MIN <???> — VAL <???> — MAX	OUT_RANGE ??? <???> — MIN <???> — VAL <???> — MAX

（续）

参数	数据类型	存储区	描述
功能框输入	Bool	I、Q、M、L、D	前逻辑运算的结果
功能框输出	Bool	I、Q、M、L、D	比较结果
MIN	SInt、Int、DInt、USInt、UInt、UDInt、Real	I、Q、M、L、D 或常数	取值范围的下限
VAL	SInt、Int、DInt、USInt、UInt、UDInt、Real	I、Q、M、L、D 或常数	比较值
MAX	SInt、Int、DInt、USInt、UInt、UDInt、Real	I、Q、M、L、D 或常数	取值范围的上限

IN_RANGE 是“值在范围内”的比较指令。如果输入 VAL 的值满足 MIN≤VAL≤MAX，则功能框输出的信号为“1”，反之，功能框输出的信号为“0”。如果功能框输入的信号为“0”，则不执行“值在范围内”操作。只有要比较的值具有相同的数据类型且互连了功能框输出时，才能执行该比较功能。

OUT_RANGE 是“值超出范围”的比较指令。如果输入 VAL 的值满足 MIN > VAL 或 VAL > MAX，则功能框输出的信号为“1”；反之，功能框输出的信号为“0”。如果功能框输入端的信号为“0”，则不执行“值超出范围”操作。只有要比较的值具有相同的数据类型且互连了功能框输出时，才能执行该比较功能。

RANGE 指令的应用示例如图 5-6 所示。在图 5-6 中，当 M6.3 为“1”时，执行 RANGE 指令操作，当输入 MD10 的值在输入 MD1 和 MD3 的当前值所指定的取值范围内，即满足 MD1≤MD10≤MD3 时，则功能框输出的信号为“1”，置位输出 Q5.6；否则，如果输入 MD10 的值满足 MD1 > MD10 或 MD10 > MAX，则功能框输出的信号为“1”，置位输出 Q5.7。

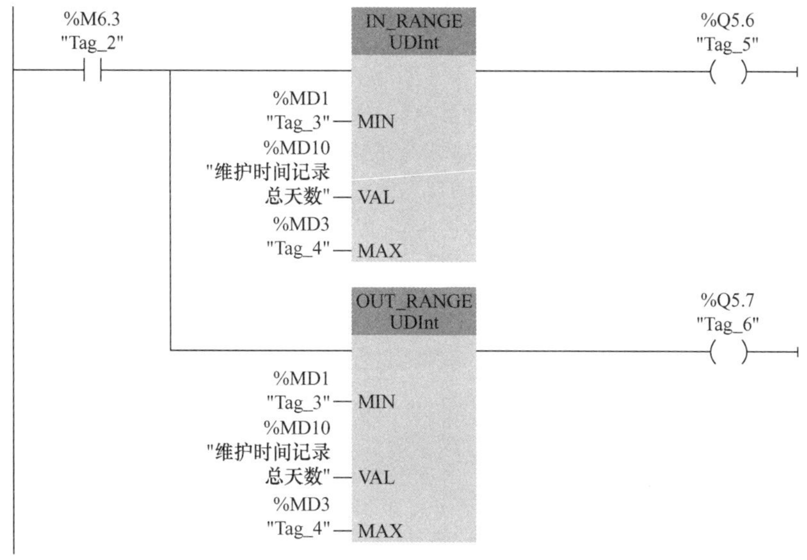

图 5-6　RANGE 指令的应用示例

3. 检查有效性比较指令

“检查有效性”比较（OK）指令用于检查某个变量的值（操作数，数据类型为 Real）

是否为有效的浮点数。当被检查的变量值是有效的浮点数时，其输出信号置位；在任何其他情况下，输出信号为“0”。可以使用“检查有效性”比较指令功能来确保只有指定变量的值为有效浮点数时才启用某个操作。

“检查无效性”比较（NOT_OK）指令用于检查某个变量的值（操作数，数据类型为Real）是否为无效的浮点数。当被检查的变量值是无效的浮点数时，其输出的信号置位“1”；在任何其他情况下，“检查无效性”操作的输出端的信号为“0”。

在图5-7中，当MD1和MD2显示为有效的浮点数时，会激活“加”（ADD）运算并置位输出ENO。执行“加”（ADD）运算时，输入MD1的值将与MD2的值相加，相加的结果存储在输出MD6中。如果执行过程中未发生错误，则输出ENO和Q1.0的信号置“1”。当输入MD4的值是无效浮点数时，则不执行“移动”操作（MOVE）。输出Q1.1的信号状态被复位。

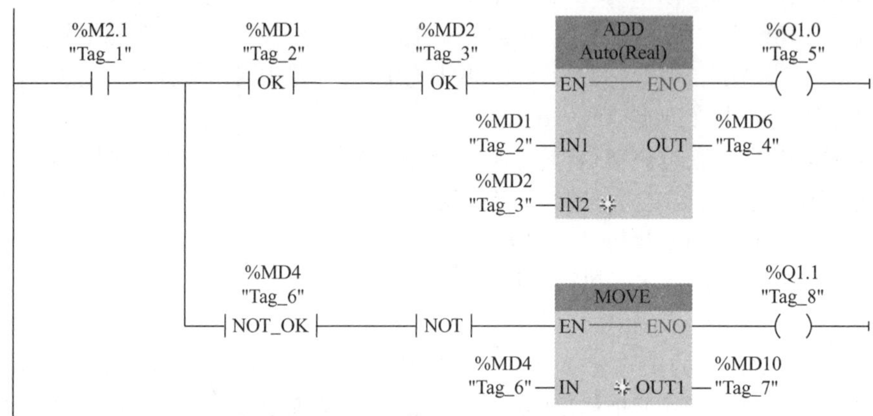

图5-7　检查有效性比较指令的应用示例

【任务实施】

城市的亮化工程和大家日常生活紧密相关，夜晚的大街上，马路两旁各色各样霓虹灯广告随处可见，这些彩灯闪烁时间及流动方向控制是典型的开关量控制。本任务要求使用S7-1200系列PLC实现一个8盏灯的跑马灯控制，要求按下开始按钮后，第1盏灯亮，1s后第2盏灯亮，再过1s后第三盏灯亮，直到第8盏灯亮；再过1s后，第1盏灯再次亮起……如此循环。无论何时按下停止按钮，8盏灯全部熄灭。

根据控制要求，完成跑马灯PLC控制系统I/O地址分配，设计硬件外围电路，要求应用比较和移动指令编制满足控制要求的梯形图程序，进行程序调试和控制系统模拟运行演示。

实施步骤

通过分析跑马灯控制要求，明确输入/输出元件，选择系统硬件，设计硬件电路图，完成系统组态，设计控制程序，进行跑马灯程序调试。

1. 分配I/O地址

依据跑马灯PLC控制的要求，分配控制系统起动按钮SB1、停止按钮SB2输入端口和指示灯HL1～HL8输出端口的地址，见表5-8。

表 5-8　跑马灯的 PLC 控制 I/O 分配表

输入		输出	
输入继电器	元器件	输出继电器	元器件
I0.0	起动按钮 SB1	Q0.0 ~ Q0.7	灯 HL1 ~ HL8
I0.1	停止按钮 SB2		

2. 设计硬件外围电路

根据控制要求及表 5-8 设计跑马灯 PLC 控制的外围硬件电路，如图 5-8 所示，按图完成硬件电路接线。

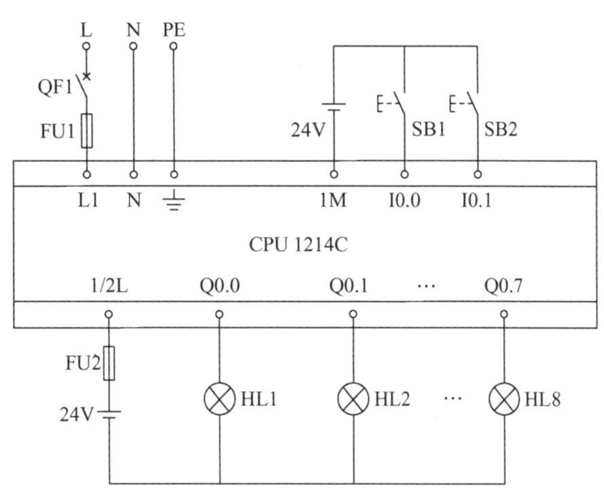

图 5-8　跑马灯的 PLC 控制电路

3. 创建工程项目

打开博途软件，在 Portal 视图中选择“创建新项目”，输入项目名称“跑马灯的 PLC 控制”，选择项目保存路径，然后单击“创建”按钮，完成项目创建。单击“组态设备”，在弹出的窗口项目树中单击“添加设备”，选择与实训装置匹配的设备货号（如 CPU 1214C DC/DC/DC），设备型号确定后，在项目树、硬件视图和网络视图中均可以看到已添加的设备。打开项目树中的“PLC_1”，最后进行设备组态。

4. 定义用户变量表

结合跑马灯的 PLC 控制 I/O 分配表，为方便程序设计、分析和调试，定义用户变量表。本任务用户变量表如图 5-9 所示。

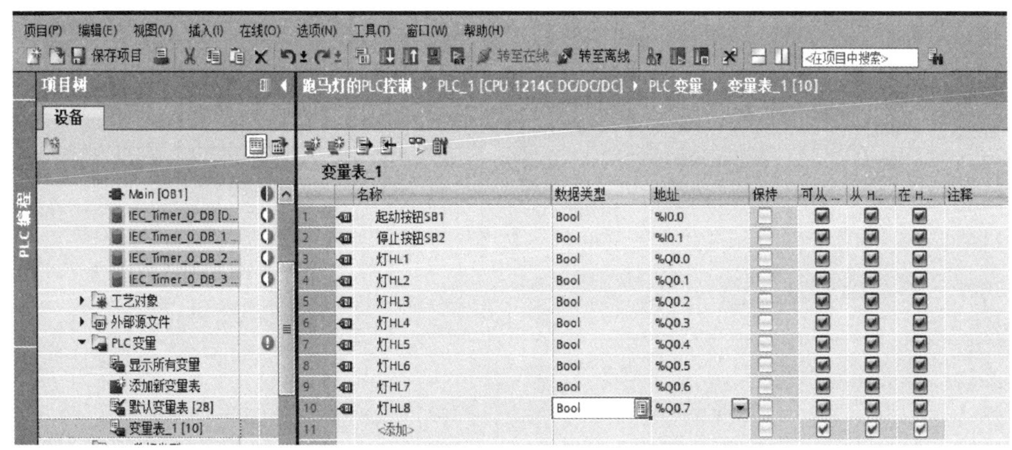

图 5-9　跑马灯的 PLC 控制用户变量表

5. 编写程序

本任务要求每隔 1s 连接在 QB0 端的 8 盏灯以跑马灯的形式流动。时间信号由定时器产生，一个 8s 的定时器作为一个循环周期，应用移动和比较指令编写程序，梯形图程序如图 5-10 所示。

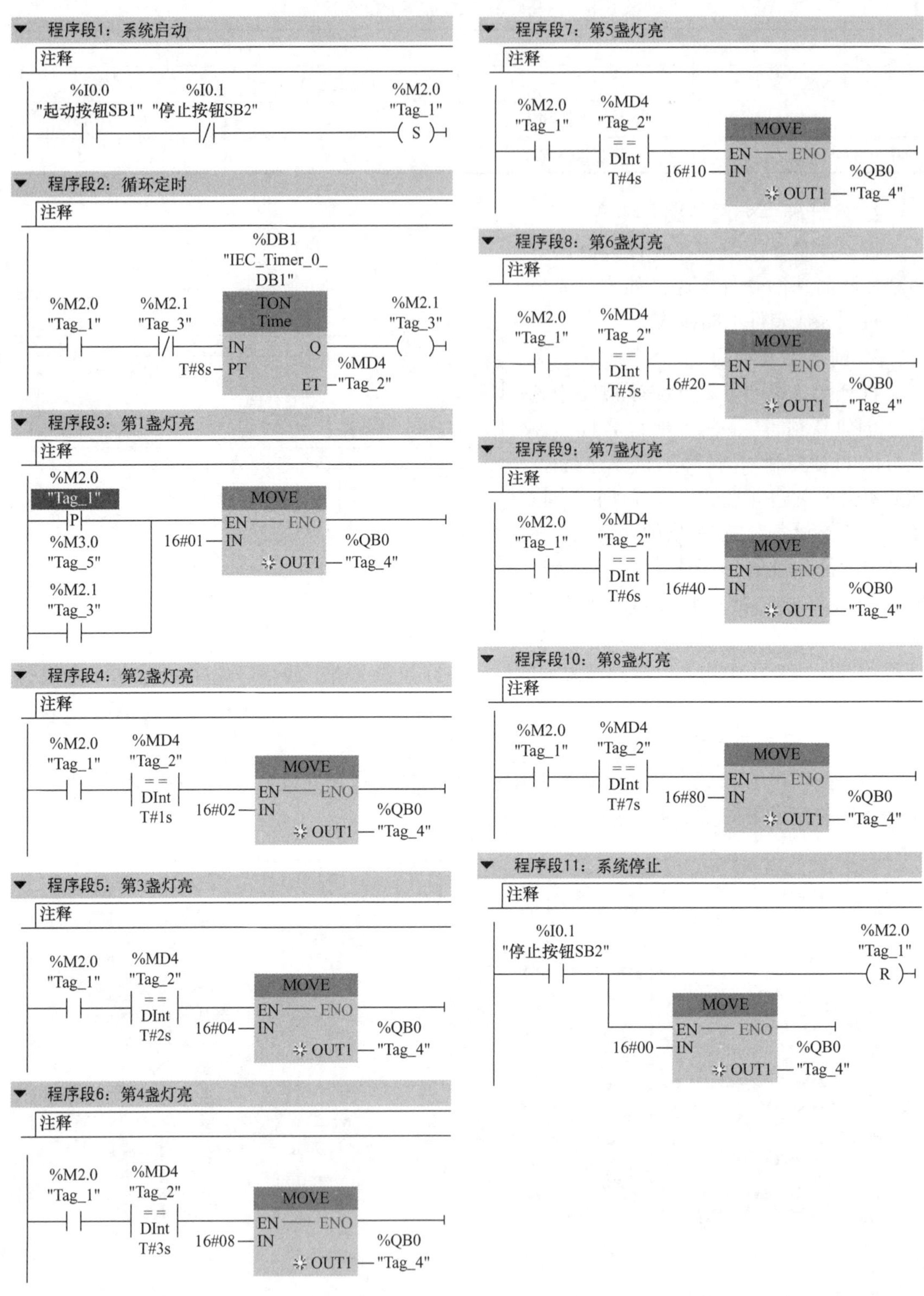

图 5-10　跑马灯的梯形图程序

6. 调试程序

将调试好的程序下载到 CPU 中。按下跑马灯起动按钮 SB1，观察 8 盏灯是否逐一点亮，

8s 后再次循环。在任意一盏灯点亮时，按下跑马灯起动按钮 SB1，观察 8 盏灯点亮的情况，是重新从第 1 盏点亮，还是灯的点亮不受起动按钮的影响。无论何时按下停止按钮 SB2，8 盏灯是否全部熄灭。若上述调试现象与控制要求一致，则说明本任务实现。

【课后测试】

1. IB2.7 是输入字节的第________位。
2. MW0 是由__________、__________两个字节组成；其中________是 MW0 的高字节，________是 MW0 的低字节。
3. QD10 是由________、________、________、________字节组成。
4. WORD（字）是 16 位________符号数，INT（整数）是 16 位________符号数。

【拓展思考与训练】

一、拓展思考

1. 字、双字、整数、双整数和浮点数哪些是有符号的？哪些是无符号的？
2. 应用 MOVE 指令、FILL_BLK 指令是否可以实现跑马灯 PLC 控制？

二、拓展训练

训练任务 1：用 MOVE 指令实现三相笼型异步电动机的星形-三角形减压起动控制。

训练任务 2：应用时钟存储器字节和比较指令实现跑马灯 PLC 控制。

训练任务 3：应用定时器、计数器和比较指令实现跑马灯 PLC 控制。

训练任务 4：某轧钢厂的成品库可存放钢卷 1000 个，因为不断有钢卷入库、出库，需要对库存的钢卷进行统计。当库存低于下限 100 时，指示灯 HL1 亮；当库存大于 900 时，指示灯 HL2 亮；当达到库存上限 1000 时报警器 HA 响，停止入库，请设计控制程序。

任务 5.2　流水灯的 PLC 控制

【任务布置】

一、任务引入

哈利法塔原名迪拜塔，是一座 828m 高的人工构造物。2020 年 2 月 2 日 20 时 20 分，在这个表达爱的最佳时间，哈利法塔亮起了五星红旗，表达了阿联酋对中国和全球华人的支持。哈利法塔的灯光秀比烟花更加环保，同时给游客也带来了不一样的感官体验。哈利法塔的灯光秀作为公共娱乐设施中十分重要的构成部分，不仅是一种艺术形式，还能渲染清新活泼、绚丽变换的气氛，给人们带来了不一样的视觉震撼。

哈利法塔灯光秀的本质是千万亿彩灯的周期性变换，如何快捷、可靠、稳定的控制彩灯，成为灯光秀是否能够成功的关键所在。PLC 具有通用性强、使用方便、适应面广、可靠性高、抗干扰性强、编程简单等特点，以其在工业自动控制和顺序控制等方面具有的突出优势成为众多灯光秀控制组件的不二之选。那么，PLC 如何控制这些灯的亮灭、闪烁时间和流动方向呢？本任务将应用移动指令和循环移位指令实现流水灯的 PLC 控制。

二、问题思考

1. 哈利法塔中的彩灯是如何进行周期性变化的？

2. PLC 如何控制彩灯的亮灭、闪烁时间和流动方向？

3. 如何实现流水灯的循环闪烁？

【学习目标】

一、知识目标

掌握移位指令的功能和应用方法。

二、能力目标

1. 能够应用移动指令和循环移位指令编写流水灯的 PLC 控制程序。
2. 能够应用移动指令、移位指令和比较指令编写流水灯的 PLC 控制程序。
3. 能够根据任务要求选择较好的设计方案。

三、素养目标

1. 发挥学生的主观能动性，按照自己的想法设计流水灯控制程序，鼓励学生积极思考，激发学生的创新意识，培养创新思维。

2. 通过哈利法塔亮起中国五星红旗事件，教育引导学生热爱祖国，引领学生成长成才，为祖国培养德才兼备的新型技术人才。

【知识准备】

数据移位指令

知识点：移位指令

移位指令包括移位指令（SHR、SHL）和循环移位指令（ROR、ROL），如图 5-11 所示。

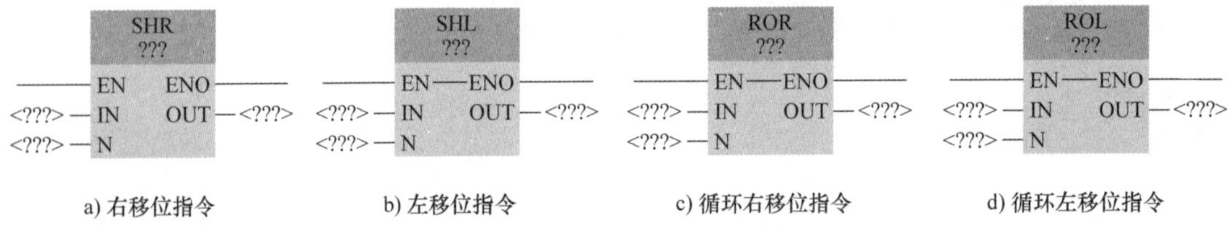

a) 右移位指令　b) 左移位指令　c) 循环右移位指令　d) 循环左移位指令

图 5-11　移位指令

移位指令（SHR、SHL）可将输入参数 IN 指定的存储单元的整个内容逐位向右或向左移动若干位，移动的位数用输入参数 N 来定义，移位的结果保存在输出参数 OUT 指定的目标地址中。

无符号数移位和有符号数左移，空出来的位用 0 填充。图 5-12 所示为整数数据类型操作数的内容向左移动 6 位。

有符号数右移，空出来的位用符号位填充。图 5-13 所示为整数数据类型操作数的内容向右移动 4 位。其中，正数的符号位为 0，负数的符号位为 1。

当输入参数 N 为“0”时，移位指令不会移位，但输入参数 IN 的值将会被复制给输出参数 OUT 指定的目标地址。当输入参数 N 大于被移位存储单元的位数时，所有原来的位都被移出后，目标地址中的值将全部被 0 或符号位取代。

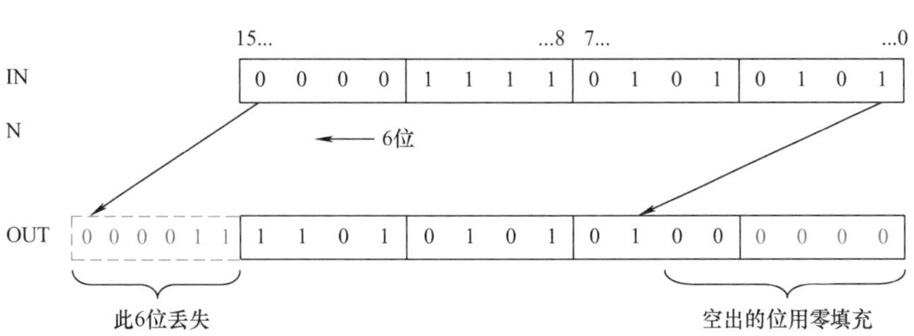

图 5-12　整数数据类型操作数的内容向左移动 6 位

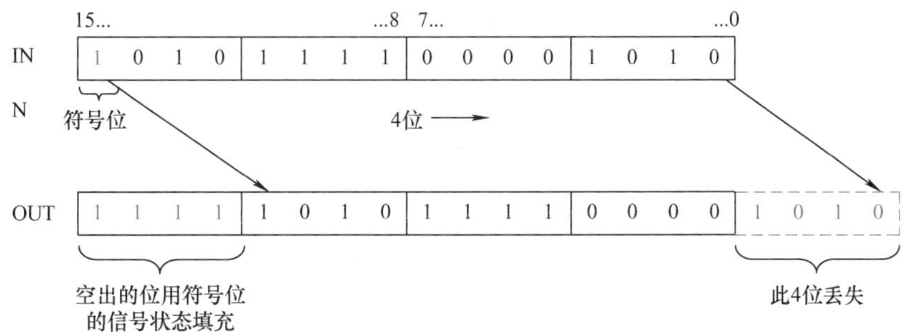

图 5-13　整数数据类型操作数的内容向右移动 4 位

将移位指令放入梯形图后，可以单击指令中的“???”来设置变量的数据类型和修改操作数的数据类型，如图 5-14a 所示。单击指令名称右侧的倒三角按钮，在下拉列表中可以选择移位指令类型，如图 5-14b 所示为移位指令设置。

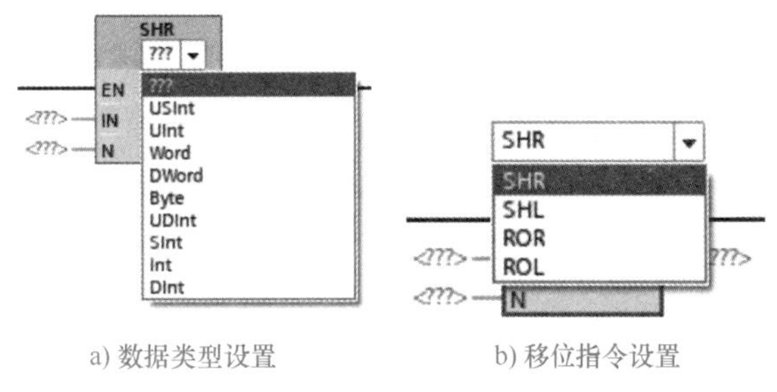

a) 数据类型设置　　b) 移位指令设置

图 5-14　移位指令参数设置

循环移位指令（ROL、ROR）可将输入参数 IN 指定的存储单元的整个内容逐位循环左移或循环右移若干位，即移出来的位又送回存储单元另一端空出来的位，原始的位不会丢失。输入参数 N 为移位的位数，移位的结果保存在输出参数 OUT 指定的目标地址中。图 5-15 所示为 DWord 数据类型操作数的内容向右循环移动 3 位。

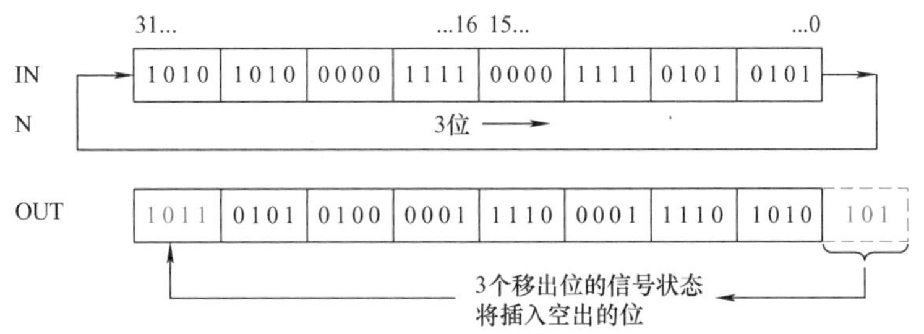

图 5-15　循环右移 3 位

图 5-16 所示为 DWord 数据类型操作数的内容向左循环移动 3 位。

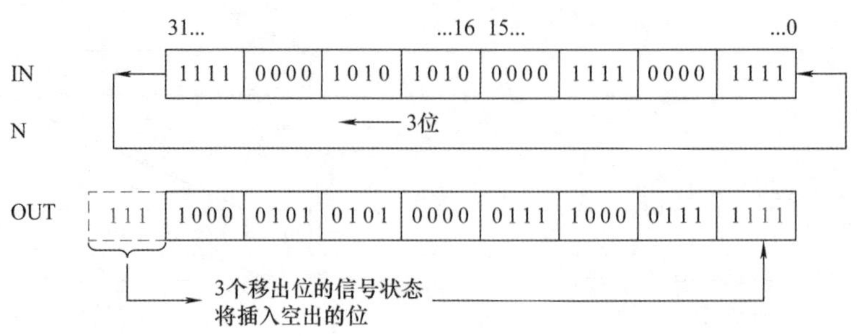

图 5-16 循环左移 3 位

当 N 为“0”时，循环移位指令不会移位，但输入参数 IN 的值将会被复制给输出参数 OUT 指定的目标地址。其中，移位位数 N 可以大于被移位存储单元的位数。

【任务实施】

本任务要求使用 S7－1200 系列 PLC 实现一个 8 盏灯的流水灯控制。任务要求：按下开始按钮后，第 1 盏灯点亮，1s 后第 1、2 盏灯点亮，再过 1s 后第 1、2、3 盏灯点亮……直到 8 盏灯全点亮；8 盏灯全部点亮后，再过 1s，只有第 1 盏灯点亮，然后进入下一次循环。无论何时按下停止按钮，8 盏灯全部熄灭。

实施步骤

1. 分配 I/O 地址

依据流水灯的 PLC 控制要求，分配控制系统起动按钮 SB1、停止按钮 SB2 输入端口和指示灯 HL1 ~ HL8 输出端口的地址，见表 5-9。

表 5-9 流水灯的 PLC 控制 I/O 分配表

输入		输出	
输入继电器	元器件	输出继电器	元器件
I0. 0	起动按钮 SB1	Q0. 0 ~ Q0. 7	HL1 ~ HL8
I0. 1	停止按钮 SB2		

2. 设计硬件外围电路

根据控制要求及表 5-9 设计流水灯 PLC 控制的硬件电路，如图 5-17 所示，按图完成硬件电路接线。

3. 创建工程项目

双击桌面上的“TIA PORTAL”图标，打开博途编程软件，在 Portal 视图中选择“创建新项目”，输入项目名称“LSD”，选择项目保存路径，然后单击“创建”按钮，创建项目就完成了，接着进行项目的硬件组态。

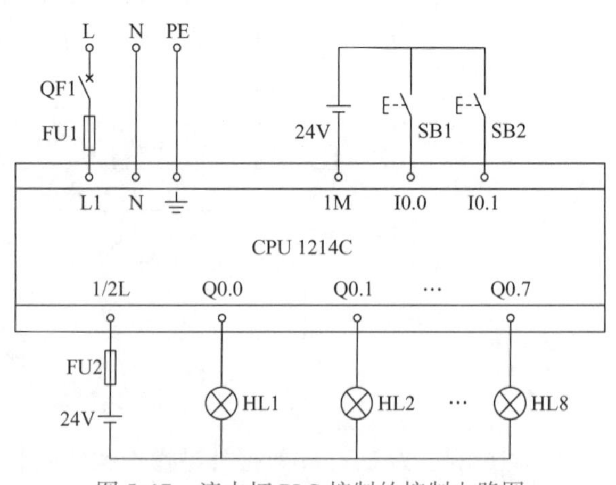

图 5-17 流水灯 PLC 控制的控制电路图

4. 定义用户变量表

结合流水灯的 PLC 控制 I/O 分配表，为方便程序设计、分析和调试，定义用户变量表。本任务用户变量表如图 5-18 所示。

LSD ▸ PLC_1 [CPU 1214C DC/DC/DC] ▸ PLC 变量 ▸ 变量表_1 [10]

变量　用户常量

变量表_1

	名称	数据类型	地址	保持	可从 ...	从 H...	在 H...
1	起动按钮SB1	Bool	%I0.0	☐	☑	☑	☑
2	停止按钮SB2	Bool	%I0.1	☐	☑	☑	☑
3	灯HL1	Bool	%Q0.0	☐	☑	☑	☑
4	灯HL2	Bool	%Q0.1	☐	☑	☑	☑
5	灯HL3	Bool	%Q0.2	☐	☑	☑	☑
6	灯HL4	Bool	%Q0.3	☐	☑	☑	☑
7	灯HL5	Bool	%Q0.4	☐	☑	☑	☑
8	灯HL6	Bool	%Q0.5	☐	☑	☑	☑
9	灯HL7	Bool	%Q0.6	☐	☑	☑	☑
10	灯HL8	Bool	%Q0.7	☐	☑	☑	☑

图 5-18　流水灯的 PLC 控制用户变量表

5. 编写程序

本任务要求每隔 1s 连接在 QB0 端的 8 盏灯以流水灯的形式点亮。在此，秒时间信号使用系统时钟存储器字节（采用默认字节 MB0），并使用循环移位指令编写程序，程序如图 5-19 所示。

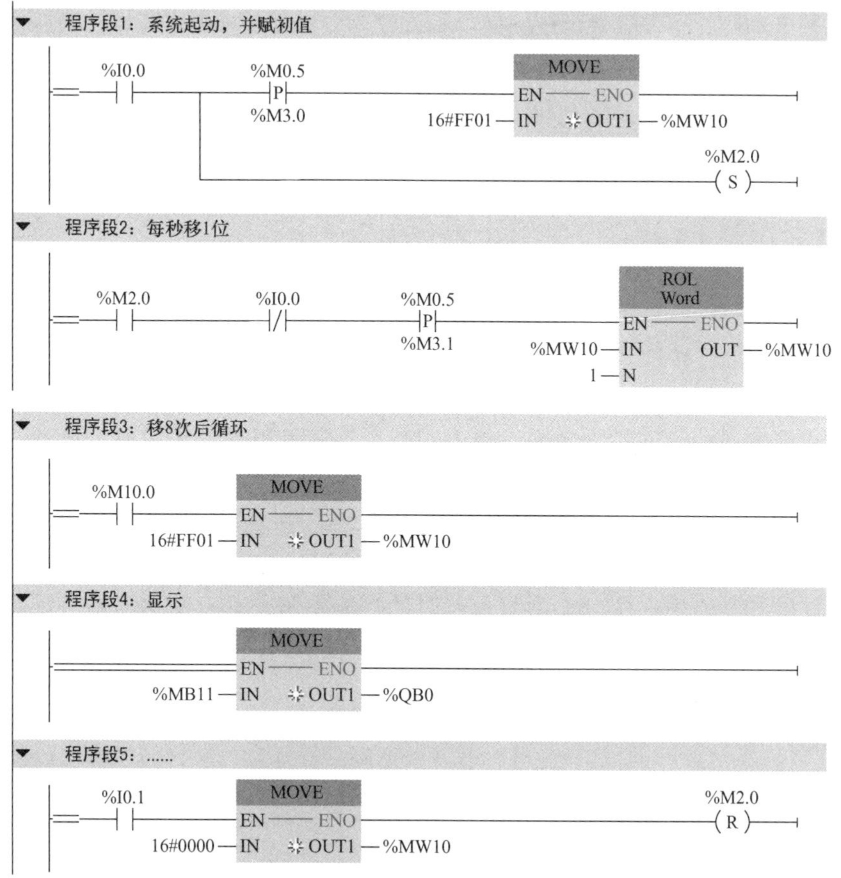

图 5-19　流水灯的 PLC 控制程序

6. 调试程序

将调试好的用户程序及设备组态一起下载到 CPU 中，并连接好线路。按下流水灯起动按钮 SB1，观察 8 盏灯的亮灭情况。是否每秒顺序增加 1 盏点亮的灯，直到 8 盏灯全部点亮后，再次循环。在任意一盏灯点亮时，若再次按下流水灯起动按钮 SB1，观察 8 盏灯的点亮情况，是重新从第 1 盏点亮，还是灯的点亮不受起动按钮控制。无论何时按下停止按钮 SB2，8 盏灯是否全部熄灭。若上述调试现象与任务要求一致，则说明本任务实现。

【课后测试】

1. 移位指令包括________指令、________指令、________指令和________指令。

2. 无符号数移位和有符号数左移，空出来的位用________填充。有符号数右移，空出来的位用________填充。

3. 循环移位指令移位位数 N 可以________被移位存储单元的位数。

【拓展思考与训练】

一、拓展思考

1. 移动指令和移位指令的区别是什么？

2. 只应用右移位指令和移动指令可以实现流水灯的 PLC 控制吗？

二、拓展训练

训练任务 1：应用移动指令、移位指令和比较指令编写流水灯的 PLC 控制程序。

训练任务 2：用移位指令实现 4 盏流水灯的控制。

任务 5.3　9s 倒计时的 PLC 控制

【任务布置】

一、任务引入

“倒计时”来源于 1927 年德国的科幻电影《月球少女》，在这部影片中，导演为了增加艺术效果，在火箭发射的镜头里设计了“9、8、7、…、3、2、1”点火的发射程序。这个程序突出了火箭发射的时间越来越少，使人们产生火箭发射前的紧迫感。此后，“倒计时”被普遍采用。

随着社会的发展和进步，倒计时的应用越来越多，并且在我们的日常生活中也随处可见，在重大节日和事件到来之前，一般都会有相应的倒计时显示牌，以增强人们对重大节日和事件的关注度和紧迫感。用 PLC 实现倒计时的控制系统，具有简单、经济、高效的优点。那么，如何应用 PLC 指令实现 9s 倒计时控制呢？本任务将应用数学运算指令、移动指令设计一个 9s 倒计时控制系统。

二、问题思考

1. 怎样实现倒计时数字显示？

2. 如何产生倒计时“秒”信号？

3. 怎样实现计时牌上数字的倒序变化？

4. 怎样控制倒计时停止？

【学习目标】

一、知识目标

1. 掌握数学运算指令的功能和应用方法。
2. 掌握逻辑运算指令的功能和应用方法。

二、能力目标

1. 能根据系统控制要求选择适当的设计方案和指令。
2. 能正确连接数码管与 PLC。
2. 能采取最优方案完成控制程序的设计。
3. 能熟练地解决控制程序调试过程中出现的问题。
4. 根据 9s 倒计时的控制要求，应用数学运算指令、移动指令完成控制程序的设计。

三、素养目标

1. 培养学生分析、解决生产实际问题的能力，提高学生的职业技能和专业素质。
2. 提高学生的学习能力，养成良好的思维和学习习惯。
3. “倒计时”是为了准确、清楚地突出时间的紧迫感。在日常学习工作中，引导学生要有紧迫感，珍惜时间，培养遵纪守时的职业习惯。

【知识准备】

知识点 1：数学运算指令

运算指令包括数学运算指令和逻辑运算指令。

数学运算指令包括整数运算指令和浮点数运算指令，有加、减、乘、除、余数、取反、加 1、减 1、绝对值、最大值、最小值、限值、平方、二次方根、自然对数、指数、正弦、余弦、正切、余切、反正弦、反余弦、反正切、求小数、取幂等指令。

1. 四则运算指令

（1）加法（ADD）指令

西门子 S7－1200 系列 PLC 的加法（ADD）指令（可以从 TIA 软件右边指令窗口“基本指令”下的“数学函数”中直接添加）如图 5-20a 所示。使用 ADD 指令，根据图 5-20b 所示选择数据类型，将输入的 IN1 值与输入的 IN2 值相加，并将求得的和存储在输出 OUT（OUT = IN1 + IN2）中。

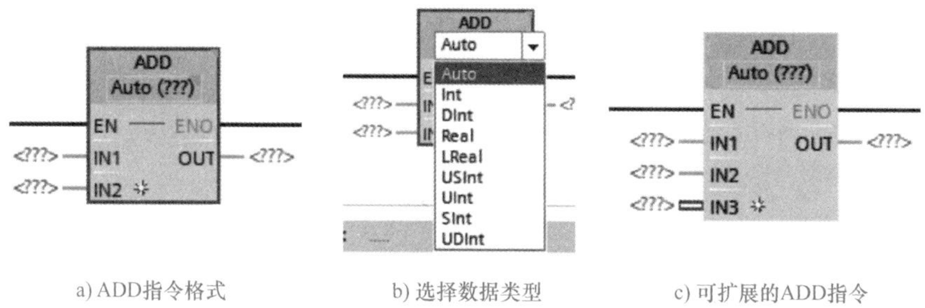

a) ADD指令格式　　b) 选择数据类型　　c) 可扩展的ADD指令

图 5-20　ADD 指令

在初始状态下，指令框中至少包含两个输入（IN1 和 IN2），可以用鼠标单击图符扩展输入数目，如图 5-20c 所示。在功能框中按升序对插入的输入进行编号，执行 ADD 指令时，将所有可用输入参数的值相加，并将求得的和存储在输出 OUT 中。

表 5-10 列出了 ADD 指令的参数。根据参数说明，只有使能输入 EN 的信号状态为“1”时，才执行 ADD 指令。如果成功执行 ADD 指令，则使能输出 ENO 的信号状态也为“1”。如果满足下列条件之一，则使能输出 ENO 的信号状态为“0”：

1）使能输入 EN 的信号状态为“0”。

2）指令结果超出输出 OUT 指定数据类型的允许范围。

3）浮点数具有无效值。

表 5-10　ADD 指令的参数

参数	输入/输出类型	数据类型	存储区	说明
EN	输入	Bool	I、Q、M、D、L	使能输入
ENO	输出	Bool	I、Q、M、D、L	使能输出
IN1	输入	整数、浮点数	I、Q、M、D、L 或常数	要相加的第一个数
IN2	输入	整数、浮点数	I、Q、M、D、L 或常数	要相加的第二个数
INn	输入	整数、浮点数	I、Q、M、D、L 或常数	要相加的第 n 个数（可选输入值）
OUT	输出	整数、浮点数	I、Q、M、D、L	总和

（2）减法、乘法、除法指令

单击 ADD 指令的功能框下拉菜单（见图 5-21），并从下拉列表（含 SUB、ADD、MUL、DIV、MOD）中选择不同的四则运算类型。其中，①SUB 指令表示减法（IN1 - IN2 = OUT）；②MUL 指令表示乘法（IN1 × IN2 = OUT）；③DIV 指令表示除法（IN1/IN2 = OUT）。MOD（求模）指令将在后文介绍。

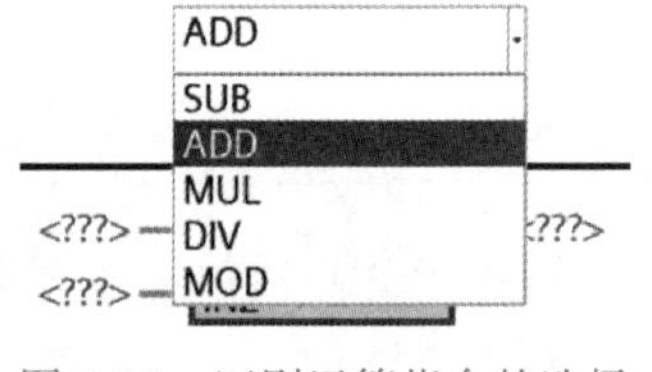

图 5-21　四则运算指令的选择

整数除法运算会截去商的小数部分以生成整数输出。

启用数学指令（EN = 1）后，指令会对输入值（IN1 和 IN2）执行指定的运算并将结果存储在由输出参数（OUT）指定的存储器地址中。运算成功完成后，指令会设置 ENO = 1。

2. 其他整数数学运算指令

（1）MOD 指令

除法指令只能得到商，余数被丢掉；可用 MOD（求模）指令来求除法的余数。MOD 指令用于 IN1 以 IN2 为模的数学运算，输出 OUT 中的运算结果为除法运算 IN1/IN2 的余数，其指令形式如图 5-22 所示。

图 5-23 举例说明了 DIV 指令和 MOD 指令的工作原理：如果操作数% I0.0 的信号状态为“1”，则将执行 DIV 指令，将操作数% IW64 的值除以操作数 IN2 的常数值“4”，商存储在操作数% MW20 中，余数存储在操作数% MW40 中。

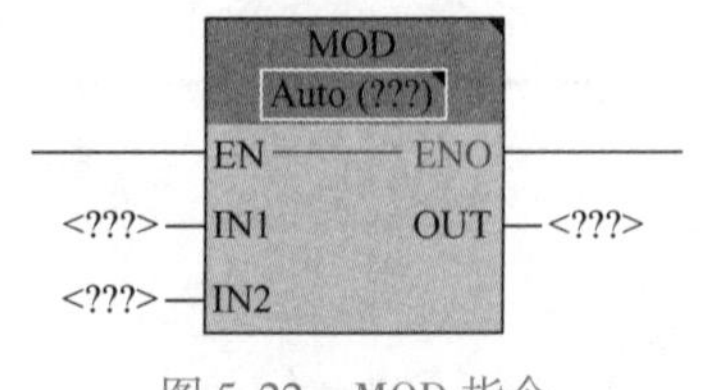

图 5-22　MOD 指令

（2）NEG 指令

使用 NEG（取反）指令可将参数 IN 的值的算术符号取反，并将结果存储在参数 OUT 中。其指令形式如图 5-24 所

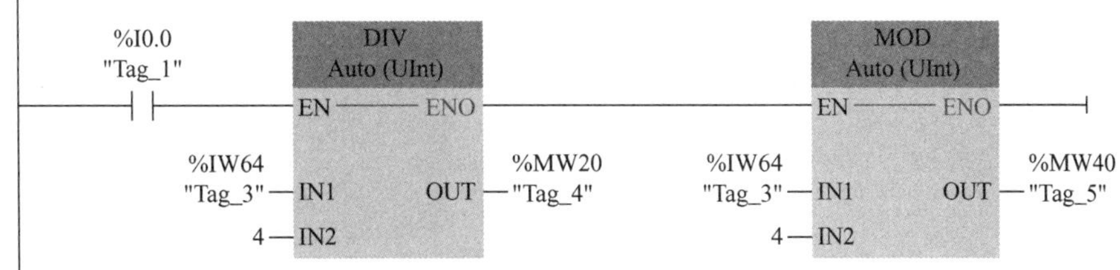

图 5-23　DIV 指令和 MOD 指令举例

示。在功能框名称下方单击黑色“???”，并从下拉菜单中选择 Int、DInt、Real、SInt、LReal中的一种数据类型。注意与输入 IN/输出 OUT 的数据类型保持一致。此外，输入 IN 还可以是常数。

ENO 的状态为 1 表示“无错误”；为 0 表示“结果值超出所选数据类型的有效数值范围”。以 SInt 为例，NEG（－128）的结果为＋128，超出该数据类型的最大值。

除了上述运算指令之外，西门子 S7－1200 系列 PLC 还有 INC、DEC 及 ABS 等数学运算指令，具体说明如下。

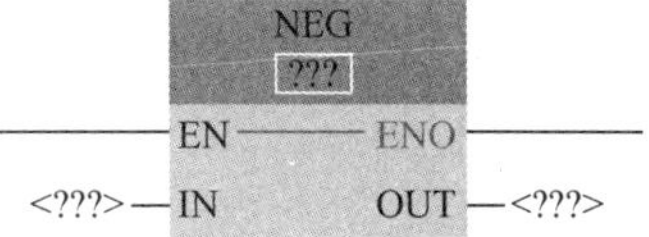

图 5-24　NEG 指令

1）INC 指令和 DEC 指令：参数 IN/OUT 的值分别加 1 和减 1。

2）绝对值（ABS）指令：求输入 IN 中有符号整数或实数的绝对值。

3. 浮点函数运算指令

浮点数（实数）数学运算指令的操作数 IN 和 OUT 的数据类型均为 Real。

浮点数函数运算的梯形图及对应的描述见表 5-11。需要注意的是，三角函数和反三角函数指令的角度均为以弧度为单位的浮点数。

表 5-11　浮点数函数运算的梯形图及对应的描述

梯形图	描述	梯形图	描述
SQR ??? EN ENO <???> IN OUT <???>	求输入 IN 的平方	TAN ??? EN ENO <???> IN OUT <???>	求输入 IN 的正切值
SQRT ??? EN ENO <???> IN OUT <???>	求输入 IN 的二次方根	ASIN ??? EN ENO <???> IN OUT <???>	求输入 IN 的反正弦值
LN ??? EN ENO <???> IN OUT <???>	求输入 IN 的自然对数	ACOS ??? EN ENO <???> IN OUT <???>	求输入 IN 的反余弦值
EXP ??? EN ENO <???> IN OUT <???>	求输入 IN 的指数值	ATAN ??? EN ENO <???> IN OUT <???>	求输入 IN 的反正切值

（续）

梯形图	描述	梯形图	描述
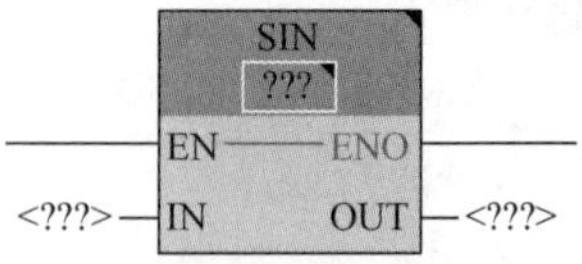 SIN ??? EN ENO <???> IN OUT <???>	求输入 IN 的正弦值	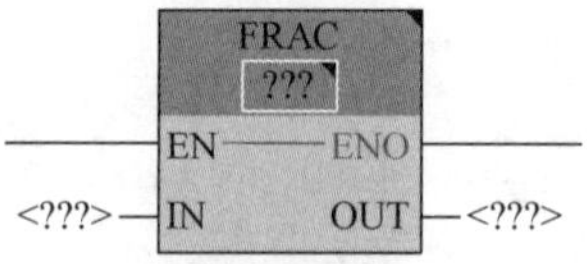 FRAC ??? EN ENO <???> IN OUT <???>	求输入 IN 的小数值
 COS ??? EN ENO <???> IN OUT <???>	求输入 IN 的余弦值	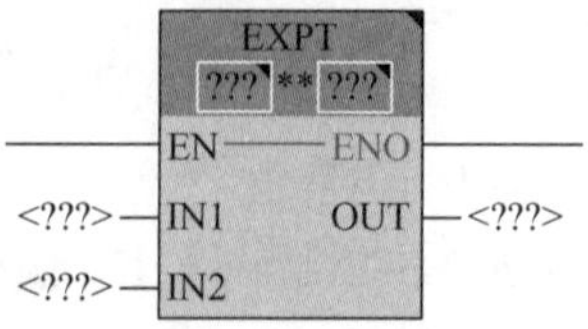 EXPT ??? ** ??? EN ENO <???> IN1 OUT <???> <???> IN2	求以 IN1 为底，IN2 为幂的值

知识点 2：逻辑运算指令

逻辑运算指令包括与、或、异或、取反、解码、编码、选择、多路复用和多路分用指令，见表 5-12。

表 5-12　逻辑运算指令

梯形图	指令	梯形图	指令
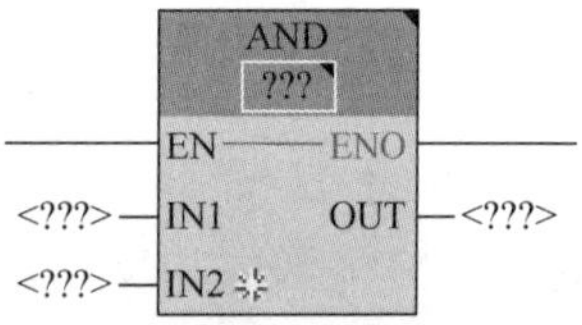 AND ??? EN ENO <???> IN1 OUT <???> <???> IN2	与逻辑运算	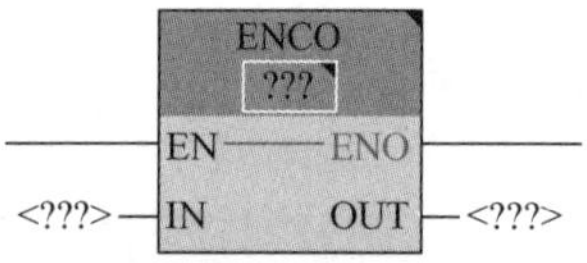 ENCO ??? EN ENO <???> IN OUT <???>	编码
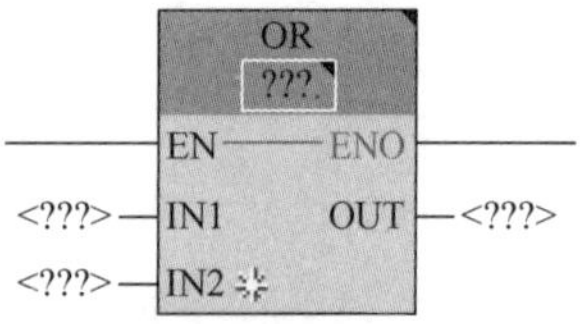 OR ??? EN ENO <???> IN1 OUT <???> <???> IN2	或逻辑运算	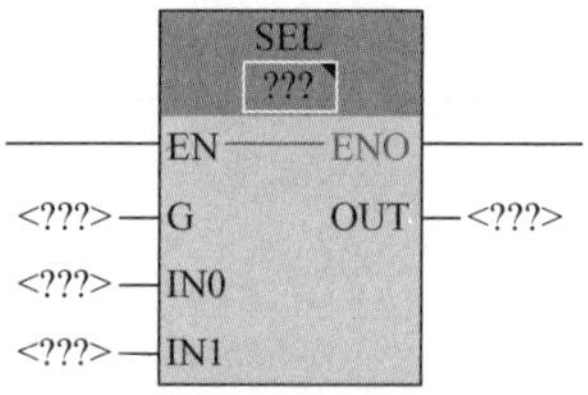 SEL ??? EN ENO <???> G OUT <???> <???> IN0 <???> IN1	选择
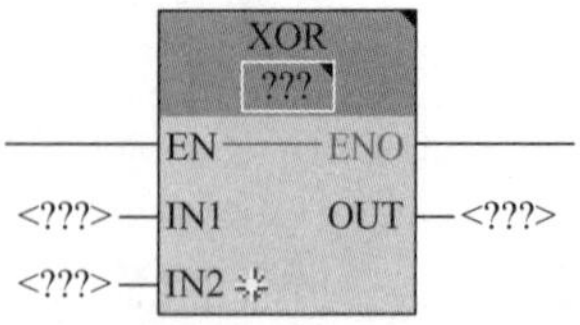 XOR ??? EN ENO <???> IN1 OUT <???> <???> IN2	异或逻辑运算	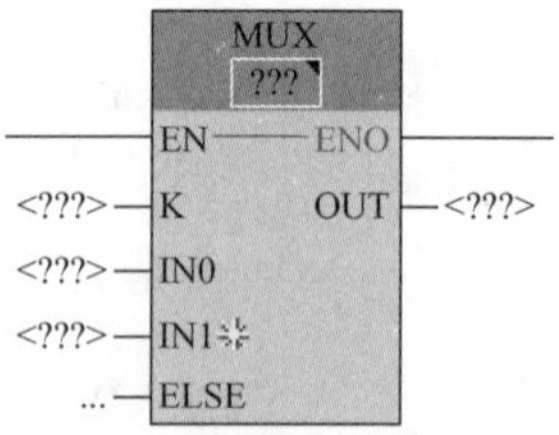 MUX ??? EN ENO <???> K OUT <???> <???> IN0 <???> IN1 … ELSE	多路复用
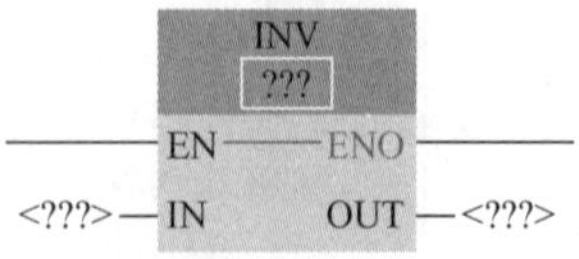 INV ??? EN ENO <???> IN OUT <???>	取反	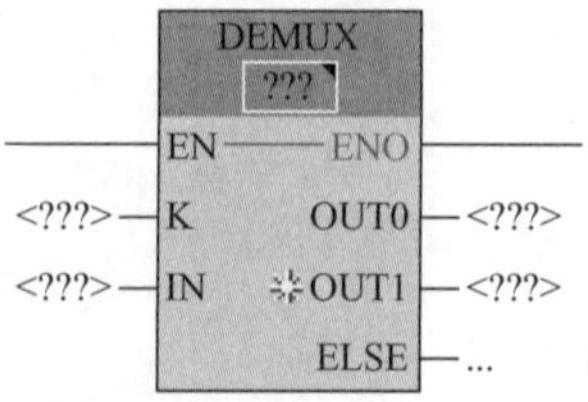 DEMUX ??? EN ENO <???> K OUT0 <???> <???> IN OUT1 <???> ELSE …	多路分用
DECO UInt to ??? EN ENO <???> IN OUT <???>	解码		

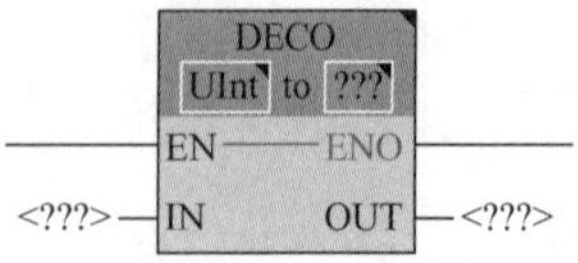

1. 逻辑运算指令

逻辑运算指令

逻辑运算指令对两个（或多个）输入 IN1 和 IN2 逐位进行逻辑运算。逻辑运算的结果存放在输出 OUT 指定的地址中。

与（AND）运算时，两个（或多个）操作数的同一位如果均为 1，运算结果的对应位为 1，否则为 0。

或（OR）运算时，两个（或多个）操作数的同一位如果均为 0，运算结果的对应位为 0，否则为 1。

异或（XOR）运算时，两个（若有多个输入，则两两运算）操作数的同一位如果不相同，运算结果的对应位为 1，否则为 0。

与、或、异或指令的操作数 IN1、IN2 和 OUT 的数据类型为十六进制的字节、字和双字。

取反指令将输入中的二进制数逐位取反，即各位的二进制数由 0 变 1，由 1 变 0，运算结果存放在输出指定的地址中。

逻辑运算指令举例见表 5-13。

表 5-13 逻辑运算指令举例

参数	数值
IN1	0101 1001
IN2	1101 0100
AND 指令的 OUT	0101 0000
OR 指令的 OUT	1101 1101

输入 IN1 为 01011001，输入 IN2 为 11010100，与运算时，操作数同一位均为 1，结果为 1，否则为 0，得出运算结果为 01010000；或运算时，两个操作数的同一位如果不相同，结果为 1，否则为 0，该例或运算结果为 11011101。

2. 解码和编码指令

假设输入参数的值为 n，解码指令将输出参数的第 n 位置为 1，其余各位置 0。利用解码指令输入值控制输出的指定位。如果输入值大于 31，将输入值除以 32 以后，用余数来进行解码操作。

输入 IN 的数据类型为无符号整数，OUT 的数据类型可选字节、字和双字。

IN 的值为 0 ~ 7（3 位二进制数）时，输出 OUT 的数据类型为 8 位的字节。

IN 的值为 0 ~ 15（4 位二进制数）时，输出 OUT 的数据类型为 16 位的字节。

IN 的值为 0 ~ 31（5 位二进制数）时，输出 OUT 的数据类型为 32 位的字节。

编码指令与解码指令相反，将输入 IN 中为 1 的最低位的位数送给输出 OUT 指定的地址，IN 的数据类型可选字节、字和双字，OUT 的数据类型为整数。

3. 选择、多路复用和多路分用指令

（1）选择指令

选择指令的输入参数 G 为 0 时，选中 IN0，G 为 1 时，选中 IN1，并将它们保存在输出参数 OUT 指定的地址中。

（2）多路复用指令

多路复用指令是根据输入参数 K 的值选中某个输入数据，并将它传送到输出参数 OUT

指定的地址中。K = m 时，将选中 INm；如果 K 的值超过允许的范围，将选中输入参数 ELSE。参数 K 的数据类型为双整数，输入和输出的数据类型应相同。

（3）多路分用指令

多路分用指令是根据输入参数 K 的值将输入 IN 的内容传送到选定的输出地址中，其他输出则保持不变。K = m 时，将输入 IN 的内容传送到输出 OUTm 中；如果参数 K 的值大于可用输出数，输入 IN 的内容将被传送到 ELSE 指定的地址中，同时输出 ENO 的信号状态将被分配为“0”。

只有当所有输入 IN 与所有输出 OUT 具有相同数据类型时，才能执行多路分用指令。参数 K 的数据类型只能为整数。

【任务实施】

本任务使用 S7 -1200 系列 PLC 实现 9s 倒计时的 PLC 控制。要求按下开始按钮后，数码管上显示 9，松开开始按钮后，按每 1s 递减，减到 0 时停止。无论何时按下停止按钮，数码管显示 0，再次按下开始按钮，数码管依然从数字 9 开始递减。

根据控制要求，完成 9s 倒计时 PLC 控制系统的 I/O 地址分配，设计硬件外围电路，应用移动指令、数学运算指令编制满足控制要求的梯形图程序，并进行程序调试和控制系统模拟运行演示。

实施步骤

1. 分配 I/O 地址

依据倒计时 PLC 控制的要求，分配控制系统起动按钮 SB1、停止按钮 SB2 的输入端口和数码管各段输出端口的地址，见表 5-14。

表 5-14　9s 倒计时的 PLC 控制 I/O 分配表

输入		输出	
输入继电器	元器件	输出继电器	元器件
I0.0	起动按钮 SB1	Q0.0	数码管显示 a 段
I0.1	停止按钮 SB2	Q0.1	数码管显示 b 段
		Q0.2	数码管显示 c 段
		Q0.3	数码管显示 d 段
		Q0.4	数码管显示 e 段
		Q0.5	数码管显示 f 段
		Q0.6	数码管显示 g 段

2. 设计硬件外围电路

根据表 5-14，设计 9s 倒计时的 PLC 控制电路的硬件电路如图 5-25 所示，按图完成硬件电路接线。

3. 创建工程项目

打开博途软件，在 Portal 视图中选择“创建新项目”，输入项目名称“9s 倒计时的 PLC 控制”，选择项目保存路径，单击“创建”按钮，完成项目创建；单击“组态设备”，在弹出的窗口项目树中单击“添加设备”，选择与实训装置匹配的设备型号（如 CPU 1214C DC/

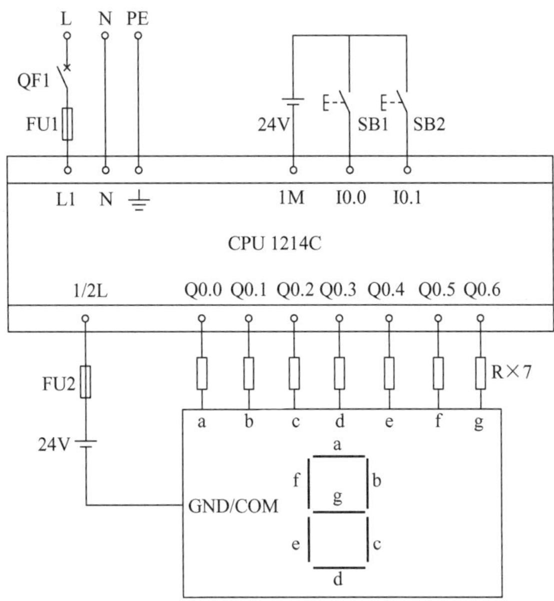

图 5-25 9s 倒计时的 PLC 控制电路

DC/DC)；打开项目树中的“PLC_1”进行设备组态。

4. 定义用户变量表

结合表5-14，为方便程序设计、分析和调试，定义用户变量表，本任务用户变量表如图5-26所示。

选项(N) 工具(T) 窗口(W) 帮助(H)

转至在线 转至离线 <在项目中搜索>

9S倒计时的PLC控制 ▸ PLC_1 [CPU 1214C DC/DC/DC] ▸ PLC 变量 ▸ 变量表_1 [9]

变量

变量表_1

	名称	数据类型	地址	保持	可从 ...	从 H...	在 H...	注释
1	s	Bool	%I0.0	☐	☑	☑	☑	
2	停止按钮SB2	Bool	%I0.1	☐	☑	☑	☑	
3	数码管显示a段	Bool	%Q0.0	☐	☑	☑	☑	
4	数码管显示b段	Bool	%Q0.1	☐	☑	☑	☑	
5	数码管显示c段	Bool	%Q0.2	☐	☑	☑	☑	
6	数码管显示d段	Bool	%Q0.3	☐	☑	☑	☑	
7	数码管显示e段	Bool	%Q0.4	☐	☑	☑	☑	
8	数码管显示f段	Bool	%Q0.5	☐	☑	☑	☑	
9	数码管显示g段	Bool	%Q0.6	☐	☑	☑	☑	
10	<添加>			☐	☑	☑	☑	

图 5-26 9s 倒计时的 PLC 控制用户变量表

5. 编写程序

本任务程序的编制主要是控制数码管上的数字显示。S7－1200 PLC 中没有译码指令，显示数码只能按字符驱动和按段驱动。

(1) 按字符驱动

所谓按字符驱动，即需要显示什么字符就送相应的驱动代码，如要显示“2”，则驱动代码为2#01011011（共阴极接法，对应段为1时亮），本任务采用按字符驱动，每个数字驱动的二进制代码见表5-15。9s 倒计时的 PLC 控制程序如图5-27所示。

表 5-15　数字 0 ~9 驱动的二进制代码（字符）

7 段组合体	g	f	e	d	c	b	a	显示数字
	0	1	1	1	1	1	1	0
	0	0	0	0	1	1	0	1
	1	0	1	1	0	1	1	2
	1	0	0	1	1	1	1	3
	1	1	0	0	1	1	0	4
	1	1	0	1	1	0	1	5
	1	1	1	1	1	0	1	6
	0	1	0	0	1	1	1	7
	1	1	1	1	1	1	1	8
	1	1	0	1	1	1	1	9

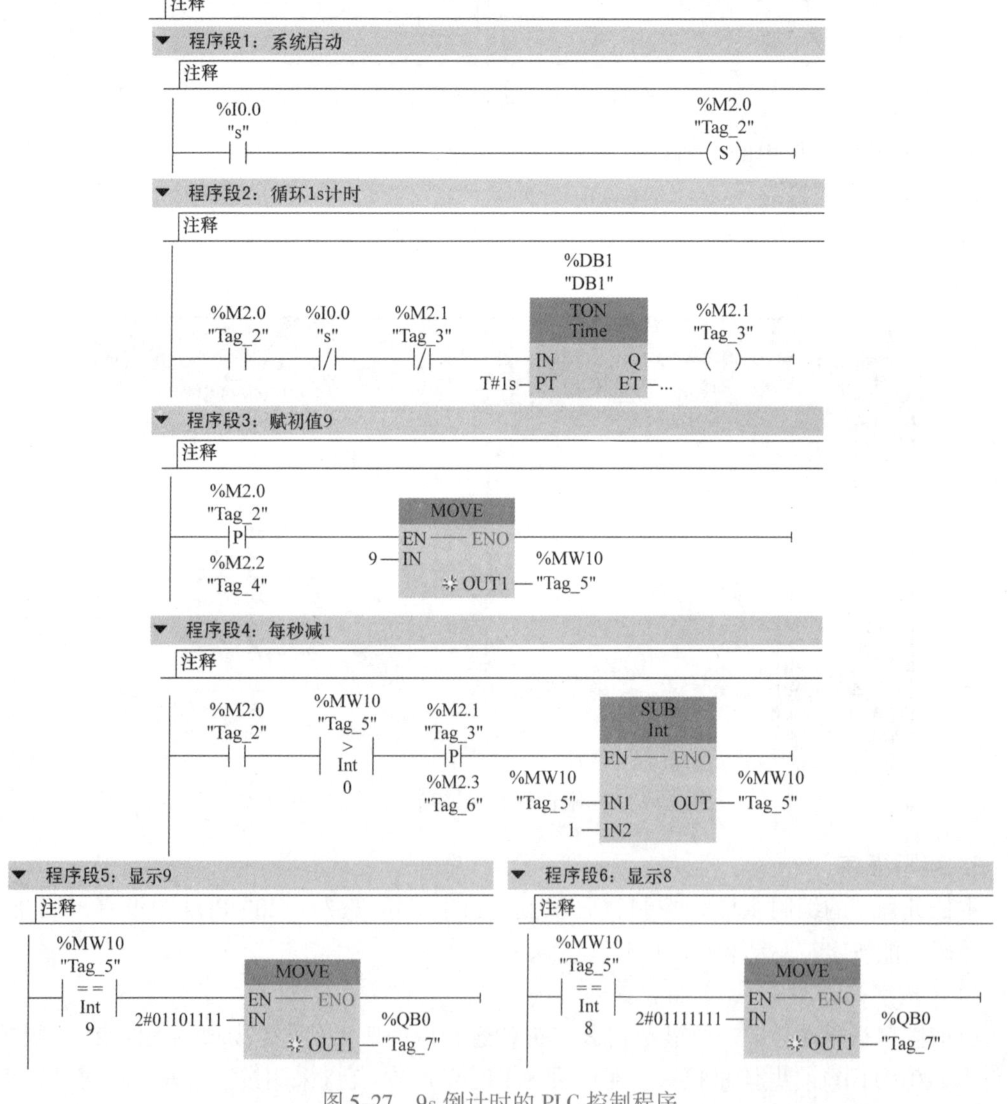

图 5-27　9s 倒计时的 PLC 控制程序

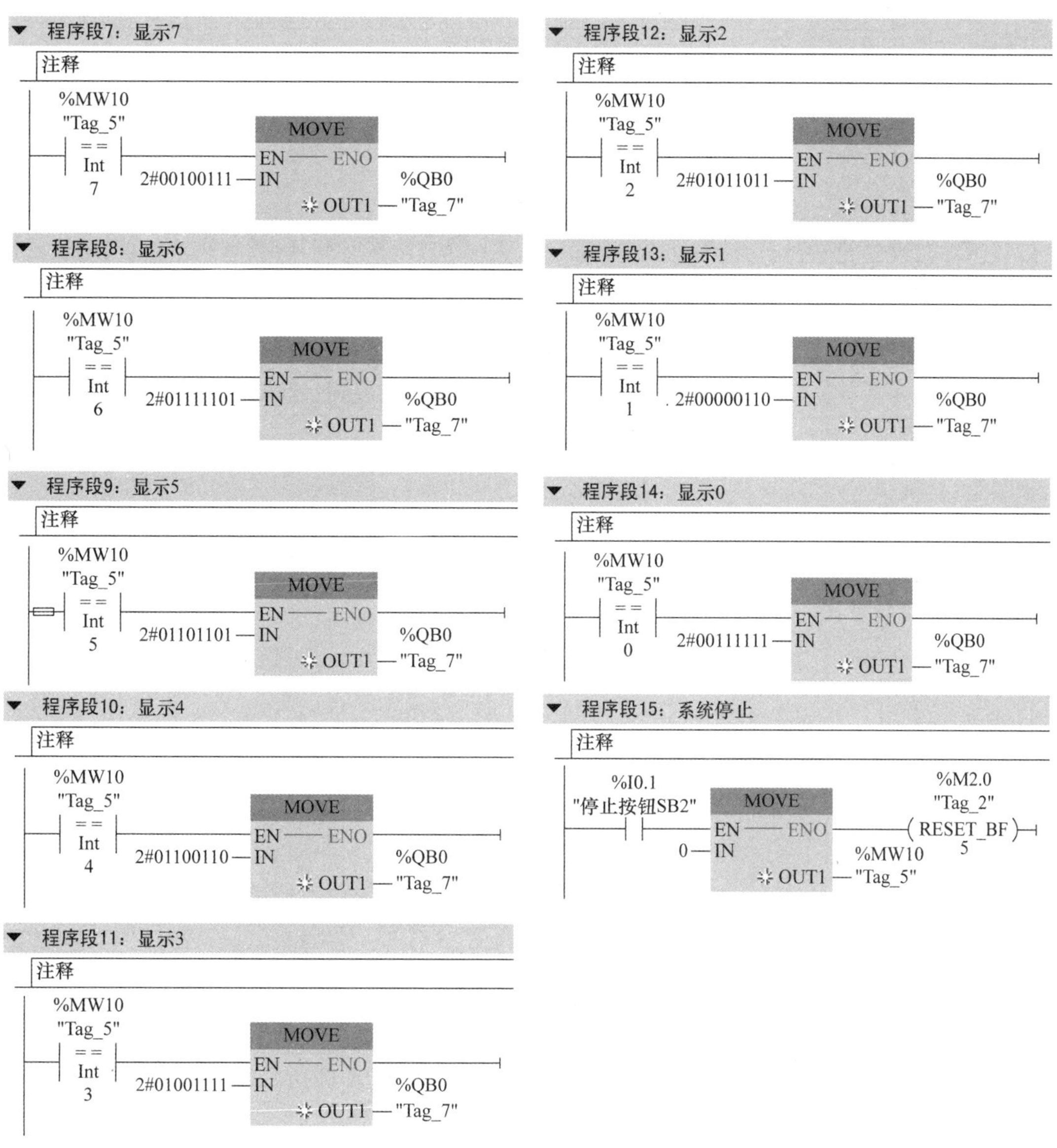

图 5-27 9s 倒计时的 PLC 控制程序（续）

（2）按段驱动

按段驱动是指待显示的数字需要点亮数码管的哪几段，就直接以点动的形式驱动相应的段所连接的 PLC 输出端，如 M2.2 接通时显示 2，需要点亮数码管的 a、b、d、e 和 g 段，即需驱动 Q0.0、Q0.1、Q0.3、Q0.4 和 Q0.6；同时，M2.5 接通时显示 5，需要点亮数码管的 a、c、d、f 和 g 段，即需驱动 Q0.0、Q0.2、Q0.3、Q0.5 和 Q0.6。按段驱动数码管程序如图 5-28 所示。

6. 调试程序

将编好的程序及设备组态下载到 CPU 中。按下起动按钮 SB1 不松开，观察此时 Q0.0 ~ Q0.6 灯亮灭的情况，显示的数字是否为 9，松开起动按钮 SB1 后，数码管上显示的数字是否从 9 每隔 1s 依次递减，直到为 0。按下停止按钮 SB2 后，再次起动 9s 倒计时，在倒计时过程中，按下停止按钮 SB2 后，是否显示数字 0，若上述调试现象与控制要求一致，则说明本任务实现。

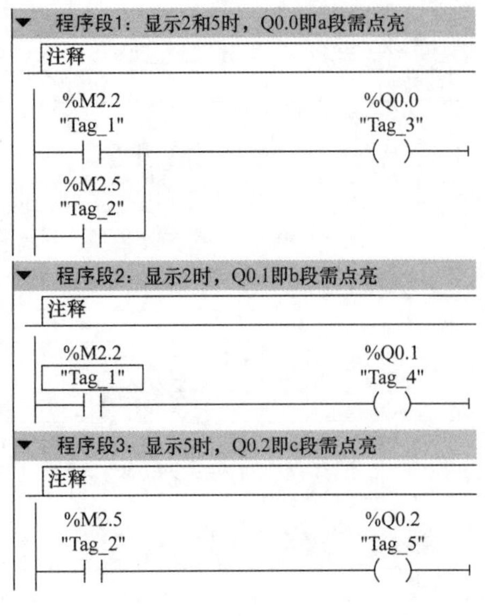

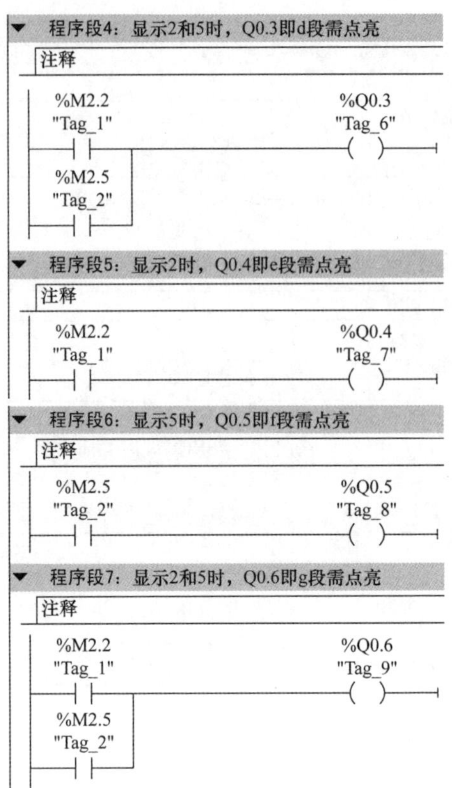

图 5-28　按段驱动数码管程序

【课后测试】

1. 以下哪种数据类型是 S7－1200 PLC 不支持的数据类型？（　　）

A. SInt　　B. UInt　　C. DT　　D. Real

2. 每一位 BCD 码用________位二进制数来表示，其取值范围为二进制数 2#0000 ~ 2#1001。BCD 码 2#0000 0001 1000 0101 对应的十进制数是________。

3. 如果指令的 ENO 输出为深色，EN 输入端有能流流入且指令执行时出错，则 ENO ________端能流流出。

4. MB2 的值为 2#1011 0110，循环左移 2 位后为 2#________，再左移 2 位后为 2#________。

5. 整数 MW4 的值为 2#1011 0110 1100 0010，右移 4 位后为 2#________。

6. 在变量表中生成一个名为“双字”的变量，数据类型为 DWord，它的第 23 位字节的符号名为________和第 3 位字节的符号名为________。

【拓展思考与训练】

一、拓展思考

1. 程序状态监控有什么优点？什么情况应使用监控表？

2. 修改变量和强制变量有什么区别？

二、拓展训练

训练任务 1：用共阳极数码管实现 9s 倒计时的 PLC 控制。

训练任务 2：用按段驱动法实现 15s 倒计时的 PLC 控制。

项目6

S7-1200系列PLC顺序控制功能及应用

在工业应用现场有很多控制系统的生产工艺具有一定的顺序。需要按照生产工艺预先规定的步骤，在各输入信号的作用下，根据内部状态和时间的变化，各执行机构自动有序地动作，这样的控制系统称为顺序控制系统。这种控制系统采用顺序控制设计法设计程序，程序易于阅读、调试和修改。

顺序控制设计法主要采用的是顺序功能图。顺序功能图又称为功能流程图或状态转移图，是一种描述顺序控制系统的图形表示方法，是专门用于工业顺序控制程序设计的一种功能性说明语言。它能完整地描述控制系统的工作过程、功能和特性，是分析、设计电气控制系统控制程序的重要工具。在本项目中，通过完成机床动力头、交通信号灯和大小球分拣等典型任务，使学生掌握顺序控制系统的编程方法，提高解决实际问题的能力。

任务 6.1　机床动力头的 PLC 顺序控制

【任务布置】

一、任务引入

在现代自动化工业生产中，很多设备都是按照一定的工艺流程循环运行的。生产过程中各执行机构具有工艺动作路线长、关系复杂的特点。例如，搬运机械手、包装生产线、机床上顺序移动部件、交通信号灯等设备。在设计这类复杂工作任务时，若直接采用梯形图编程，往往需要采用大量的中间单元来完成记忆、联锁等功能，电路关系复杂不易理解，梯形图往往很复杂，编程难度很大。由于同时要考虑的因素很多，在修改某一部分电路时，往往“牵一发而动全身”，对其他部分电路产生很大影响。针对这类工作任务，通常采用顺序功能图设计其控制程序。

机床动力头也称为动力刀座，指的是安装在动力刀塔上、可由电动机驱动的刀座。这种刀座一般应用在车、铣复合机和多功能钻床上，也有少数可应用在带动力刀塔的加工中心上。动力头一般由主运动装置、进给运动装置和控制装置组成。动力头的主运动装置采用三相异步电动机驱动，主轴的转速特性好，输出功率大，非常适合于多轴钻削和较大孔径的加工工况。进给运动装置常采用液压站或压缩空气作为动力源。因为气压和液压传动具有动作反应快、环境适应性好、结构简单、体积小等优点，并且工作寿命长，动力来源方便。通常选用 PLC 控制机床动力头的动作顺序。

现有一台应用机床动力头的多功能钻床，其机床动力头采用气动方式驱动，在一个工作周期中按快进、工进和快退的顺序动作，以实现钻削功能，采用 S7－1200 系列 PLC 控制机床动力头进给运动。

二、问题思考

1. 什么是顺序控制？

2. 顺序控制有什么特点？
3. 如何用 PLC 实现一个顺序控制过程？

【学习目标】

一、知识目标

1. 掌握顺序功能图的概念和用法。
2. 掌握机床动力头硬件电路的设计方法。
3. 掌握机床动力头的程序编写和调试方法。

二、能力目标

1. 能对机床动力头硬件电路进行正确接线。
2. 能正确编写和调试机床动力头的 PLC 程序。

三、素养目标

1. 通过动力头顺序控制实现过程的学习，使学生认识到顺序控制的重要性，培养学生团队协作能力和严谨的工作态度。

2. 培养学生遵守生产技术规范的职业素养。

【知识准备】

知识点 1：顺序控制概述

顺序控制是按照生产工艺预先规定的顺序，在不同的输入信号作用下，根据内部状态和时间的顺序使生产过程中的每个执行机构自动有序地执行动作。顺序控制包含三个要素：转换条件、转换目标和工作任务。顺序控制实现方法主要是 PLC 顺序控制设计法。使用顺序控制设计法有三个关键点：一是理顺动作顺序，明确各步的转换条件；二是准确地画出顺序功能图；三是根据功能图正确地画出相应的梯形图，最后再根据某些特殊功能要求添加部分控制程序。

知识点 2：顺序控制设计法的编程步骤和方法

1. 顺序控制设计法的编程步骤

用顺序控制设计法编程的基本步骤如下：

1）分析控制要求，将控制过程分成若干个工作步，明确每个工作步的功能，弄清步的转换是单向进行还是多向进行，确定步的转换条件（可能是多个信号的逻辑组合）。画出工作流程图，它对理顺整个控制过程的进程及分析各步的相互联系有很大作用。

2）为每个步设定控制位。控制位最好使用位存储器 M 的若干连续位。若用定时器/计数器的输出作为转换条件，则应为其指定输出位。

3）确定所需输入和输出点的个数，选择 PLC 机型，并分配 I/O。

4）画出顺序控制功能图并编写梯形图，添加某些特殊要求的程序。

2. 顺序控制设计法的编程方法

（1）使用起保停电路的顺序控制设计法

起保停电路即起动-保持-停止电路，是在梯形图设计中应用比较广泛的一种电路。其工作原理是：当输入信号的常开触点接通时，输出信号的线圈得电，同时使输入信号进行“自锁”或“自保持”，即输入信号的常开触点失去作用。当设计满足上述要求的梯形图时，首先要根据工艺要求画出顺序功能图，功能图中的每一步用存储器 M 表示，每一步执行的动作用 Q 表示，然后根据功能图设计梯形图。在用此方法设计梯形图时，一定要准确地找出每一步的起动条件、停止条件和执行的动作，每一步的执行必须包括“起动”“自锁”和“停止”三个部分。

使用起保停电路的顺序控制设计法是一种通用的设计方法，它使用的仅是 PLC 中最基本的指令，任何顺序控制系统的梯形图都可以用此方法。

（2）以转换为中心的顺序控制设计法

在以转换为中心的编程方法中，将转换的所有前级步对应的存储器位的常开触点与转换对应的触点或电路串联，该串联电路作为梯形图中起保停电路的起动电路。用它来控制对后续步存储器位的置位（使用置位指令 S）和前级步存储器位的复位（使用复位指令 R）。在使用这种方法设计梯形图时，注意不能将输出位的线圈与置位指令和复位指令并联，应根据顺序功能图，用代表步的存储器位的常开触点或它们的并联电路来驱动输出位的线圈。这种设计法有规律可循，梯形图转换实现的基本规则之间有着严格的对应关系，在设计复杂控制系统的顺序功能图时，既容易掌握，又不容易出错，可使编程的效率大大提高。

知识点3：顺序功能图（SFC）

顺序功能图（Sequential Function Chart，SFC）是描述控制系统控制流程功能和特性的一种图形语言。它并不涉及所描述控制功能的具体技术，是一种通用的技术语言，是设计 PLC 顺序控制程序的主要工具，很容易被初学者所接受，也可以供不同专业人员之间进行技术交流使用。

例如，在工业生产中的锅炉燃烧系统、烘干系统、冷却系统、通风系统等场合，风机设备被大量使用。某风机的工作过程为：① 按下起动按钮，引风机先起动；② 5s 后，鼓风机自动起动；③ 按下停止按钮，鼓风机立即停止，5s 后，引风机自动停车，其工作时序如图 6-1 所示。这就是一个典型的顺序控制过程。

根据控制要求，用顺序功能图表示上述风机的控制过程，如图 6-2 所示。

从图 6-2 中可以看出，顺序功能图主要可以分为四个部分，分别是状态（或步）、动作（或命令）、有向连线和转换及转换条件。

I0.0 I0.1 Q0.0 引风机 Q0.1 鼓风机 5s 5s

图 6-1 风机的工作时序

（1）状态

SFC 中的步是控制系统的一个工作状态，即一个步就是一个工作状态，SFC 由这些顺序相连的步所组成。顺序控制设计法最基本的思想是将系统的一个工作周期划分为若干个顺序相连的阶段，这些阶段称为步（step），并用编程元件来代表各步。步是根据输出量的状态变化来划分的，在任何一步之内，各输出量的 ON/OFF 状态不变，但是相邻两步输出量总的状态是不同的。步的这种划分方法使代表各步的编程元件的状态与各输出量的状态之间有简单的逻辑关系。顺序控制设计法用转换条件控制代表各步的编程元件，让它们的状态按一定的顺序变化，然后用代表各步的编程元件去控制 PLC 的各输出位。

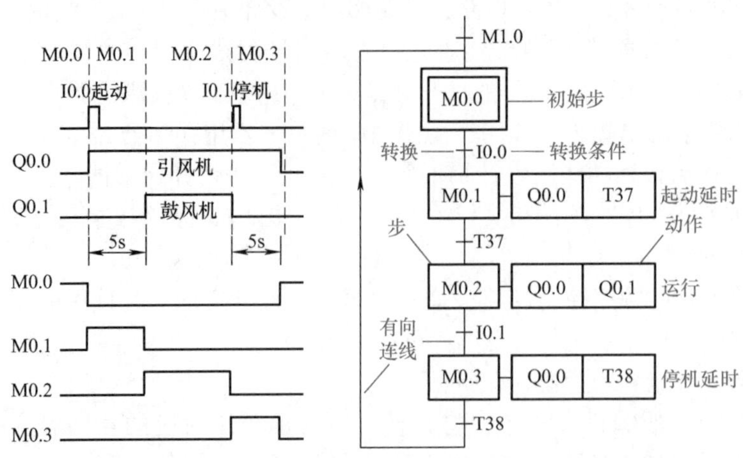

图 6-2　风机顺序功能图

注：如任务 4.5 知识点 5 中介绍，在本项目中，勾选“启用系统存储器字节”，采用默认地址 MB1，M1.0 为初始化脉冲指令。

起始步：与系统的初始状态相对应的步称为初始步，初始状态一般是系统等待起动命令的相对静止的状态。初始步用双线方框表示，每一个顺序功能图至少应有一个初始步，如图 6-2 中的 M0.0 步。一般状态用单线方框表示，如图 6-2 中的 M0.1 步。步元件号用 M 加地址表示。

活动步：当系统正处于某一步所在的阶段时，该步处于活动状态，称为“活动步”。步处于活动状态时，相应的动作被执行；处于不活动状态时，相应的非存储型动作被停止执行。

（2）动作

对于被控系统，在某一步中要完成某些“动作”。一个步表示控制过程中的稳定状态，它可以对应一个或多个动作。

动作的表示：步的动作用方框在步的后面直接标示（如 M0.1 — Q0.1 | Q0.2）；或步之间用线连在一起（如 M0.1 ┬(Q.0.0) └(Q.0.1)）。它不表示动作的先后顺序，同一个步的动作应该是同时完成。

（3）有向连线和转换

在顺序功能图中随着时间的推移和转换条件的实现将会发生步的活动状态的进展，这种进展按有向连线的路线和方向进行。在画顺序功能图时，将各步按它们成为活动步的先后次序顺序排列，并用有向连线将它们连接起来。步的活动顺序通常是从上到下或从左到右，在这两个方向有向连线上的箭头可以省略。如果不是这两个方向，应在有向连线上用箭头注明方向。在可以省略箭头的有向连线上，为了便于理解，也可以加箭头。

转换用与有向连线垂直的短画线来表示，转换将相邻的两步分隔开。步的活动状态的进展是由转换来实现的，与控制过程的发展相对应。

（4）转换条件

使系统由当前步进入下一步的信号称为转换条件。转换条件可以是外部的输入信号，如按钮、指令开关的接通或断开等；也可以是 PLC 内部产生的信号，如定时器、计数器常开触点的接通等，还可以是若干个信号的与、或、非逻辑组合。

在顺序功能图中，步表示将一个工作周期划分成的不同连续阶段，当转换实现时，步变为活动步，同时该步对应的动作被执行。在进行顺序功能图的具体设计时，必须要注意：顺序功能图中必须有初始步，如没有它，系统将无法开始和返回；两个相邻步不能直接相连，

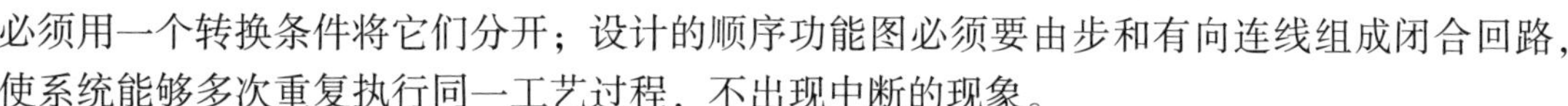

必须用一个转换条件将它们分开；设计的顺序功能图必须要由步和有向连线组成闭合回路，使系统能够多次重复执行同一工艺过程，不出现中断的现象。

知识点4：顺序功能图中转换实现的基本规则

1. 顺序功能图转换实现的条件

在顺序功能图中，步的活动状态的进展是由转换的实现来完成的。转换实现必须同时满足以下两个条件：

1）该转换所有的前级步都是活动步。

2）相应的转换条件得到满足。

2. 转换实现应完成的操作

转换实现时应完成以下两个操作：

1）使所有由有向连线与相应转换符号相连的后续步都变为活动步。

2）使所有由有向连线与相应转换符号相连的前级步都变为不活动步。

以上规则可以用于任意结构中的转换，其区别如下：在单序列中，一个转换仅有一个前级步和一个后续步。在选择序列的分支与合并处，一个转换也只有一个前级步和一个后续步，但是一个步可能有多个前级步或多个后续步。在并行序列的分支处，转换有几个后续步，在转换实现时应同时将它们对应的编程元件置位。在并行序列的合并处，转换有几个前级步，它们均为活动步时才有可能实现转换，在转换实现时，应将它们对应的编程元件全部复位。

【任务实施】

本任务将对组合机床动力头PLC控制电气系统部分进行设计、安装与调试。组合机床动力头的运动过程如图6-3所示。动力头的初始位置是停在左边，压下限位开关SQ1。当按下起动按钮SB1时，动力头向右快进，碰到限位开关SQ2后变为工进，碰到限位开关SQ3后转为快退，返回初始位置后停止运动。

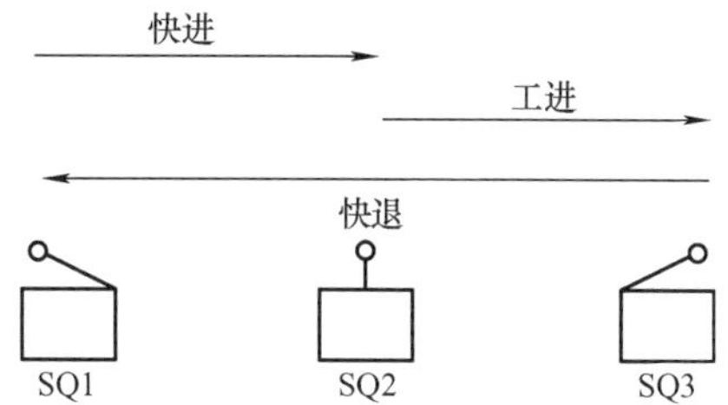

图6-3 组合机床动力头的运动过程

结合运动过程控制要求，将机床动力头控制过程分解为初始、快进、工进、快退4个工步，电磁阀YV1、YV2、YV3在各步的状态见表6-1。

表6-1 机床动力头动作顺序

步	YV1	YV2	YV3
初始	0	0	0
快进	1	1	0
工进	0	1	0
快退	0	0	1

实施步骤

1. I/O 地址分配

依据机床动力头的控制要求，确定输入元器件包括起动按钮 SB1 和限位开关 SQ1、SQ2、SQ3，输出元器件包括电磁阀 YV1、YV2、YV3，完成 I/O 地址分配，见表 6-2。

表 6-2　机床动力头 I/O 地址分配表

输入地址分配		输出地址分配	
输入地址	功能描述	输出地址	功能描述
I0.0	起动按钮 SB1	Q0.0	电磁阀 YV1
I0.1	限位开关 SQ1	Q0.1	电磁阀 YV2
I0.2	限位开关 SQ2	Q0.2	电磁阀 YV3
I0.3	限位开关 SQ3		

2. 设计硬件电路

选用 S7－1200 系列 PLC CPU1214C DC/DC/DC，并完成系统组态。设计机床动力头控制系统硬件电路如图 6-4 所示，并按图完成电路接线。

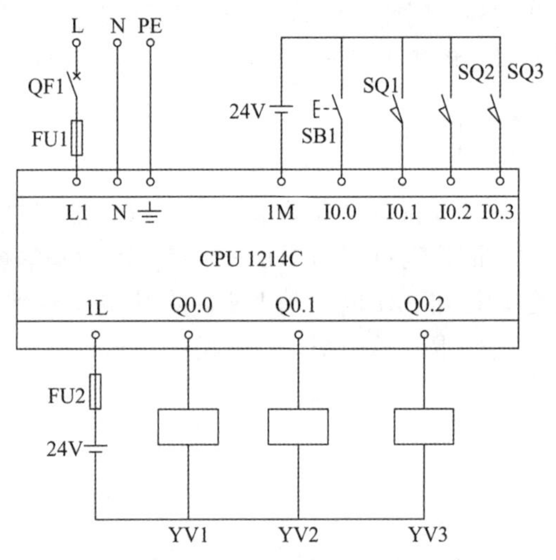

图 6-4　机床动力头控制系统硬件电路

3. 定义用户变量表

在项目树中选择新添加的 PLC—PLC 变量—默认变量表，按照表 6-2 在默认变量表中定义“机床动力头控制系统”的用户变量表，如图 6-5 所示。

4. 顺序功能图设计

按照控制要求，将机床动力头的一个工作周期分为初始状态、快进、工进和快退共四步，分别用 M0.0、M0.1、M0.2 和 M0.3 表示，依此设计机床动力头的顺序功能图如图 6-6 所示。

起动按钮信号 I0.0 和限位开关信号 I0.1、I0.2、I0.3 是各步之间的转换条件，采用内部标志位存储器 MB0 的前 4 位 M0.0、M0.1、M0.2 和 M0.3 代表机床动力头工作循环的 4 步。

名称	变量表	数据类型	地址
起动按钮SB1	默认变量表	Bool	%I0.0
限位开关SQ1	默认变量表	Bool	%I0.1
限位开关SQ2	默认变量表	Bool	%I0.2
限位开关SQ3	默认变量表	Bool	%I0.3
电磁阀YV1	默认变量表	Bool	%Q0.0
电磁阀YV2	默认变量表	Bool	%Q0.1
电磁阀YV3	默认变量表	Bool	%Q0.2

图 6-5　“机床动力头控制系统”的用户变量表

程序开始时处于 M0.0 步，当按下起动按钮 SB1 时，I0.0 为 1，M0.1 置 1，Q0.0 和

Q0.1 被接通，同时 M0.0 清 0，机床动力头处于快进状态。

当机床动力头快进至限位开关 SQ2 处时，I0.2 为 1，M0.2 置 1，这时 Q0.0 断开，Q0.1 继续保持接通状态，机床动力头处于工进状态。

当机床动力头工进至限位开关 SQ3 时，即 I0.3 为 1，则 M0.3 置 1，这时 Q0.1 断开，机床动力头停止工进，Q0.2 接通，机床动力头处于快退状态。

当机床动力头退回到 SQ1 时，I0.1 为 1，Q0.2 断开，机床动力头返回初始状态。若再按下起动按钮，便进入下一工作循环。

M1.0
M0.0
I0.0
M0.1 (Q0.0) (Q0.1)
I0.2
M0.2 (Q0.1)
I0.3
M0.3 (Q0.2)
I0.1

图 6-6　机床动力头顺序功能图

5. 基于顺序功能图的机床动力头的梯形图设计方法

（1）使用起保停电路的顺序控制设计法

根据图 6-6 机床动力头的顺序功能图设计梯形图时，可以用辅助继电器 M 来代表各步。某一步为活动步时，对应的辅助继电器为 1，某一转换条件实现时，该转换的后续步变为活动步，前级步变为不活动步，转换成的梯形图如图 6-7 所示。

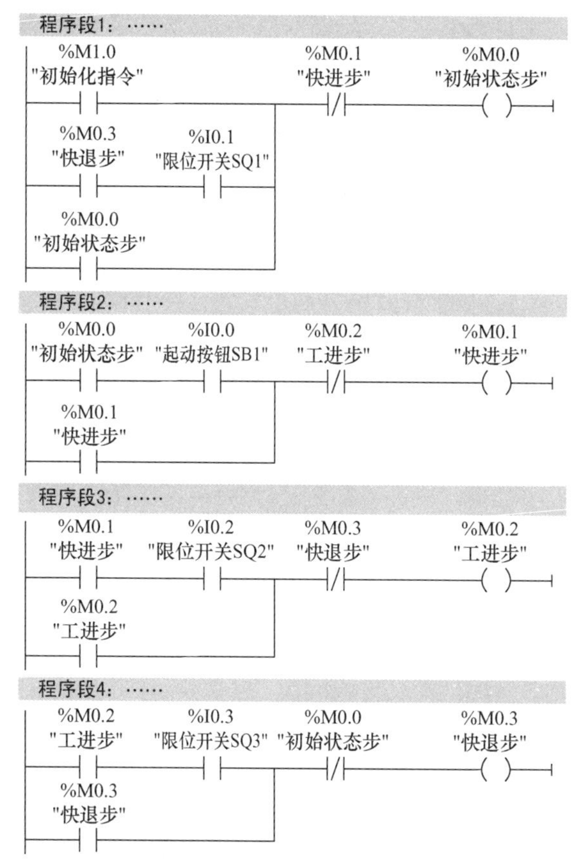

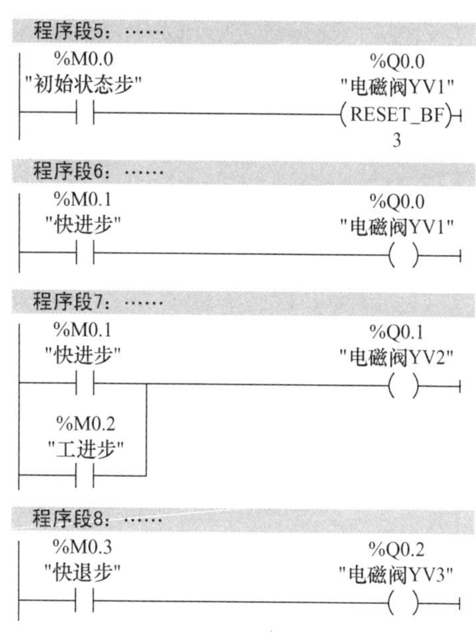

图 6-7　使用起保停电路设计的机床动力头梯形图程序

设计起保停电路的关键是找出它的起动条件和停止条件。根据转换实现的基本规则，转换实现的条件是它的前级步为活动步，并且满足相应的转换条件。在起保停电路中，应将代表前级步的存储器位（M×.×）的常开触点和代表转换条件的（I×.×）的常开触点串联，作为控制下一步的起动电路。

（2）以转换为中心的顺序控制设计法

根据机床动力头顺序功能图设计以转换为中心的梯形图如图6-8所示，当线圈被置位接通时，每一步相应的动作执行；当线圈被复位断开时，每一步相应的动作停止。

在使用S、R指令设计顺序控制程序时，将各转换的所有前级步对应的常开触点与转换对应的触点或电路串联，该串联电路作为使所有后续步置位（S指令）和使所有前级步复位（R指令）的条件。在任何情况下，各步的控制电路都可以用这一原则来设计，每一个转换对应一个这样的控制置位和复位的电路块，有多少个转换就有多少个这样的电路块。这种设计方法有规律可循，梯形图与转换实现的基本规则之间有着严格的对应关系，在设计复杂的顺序功能图的梯形图时，既容易掌握，又不容易出错。

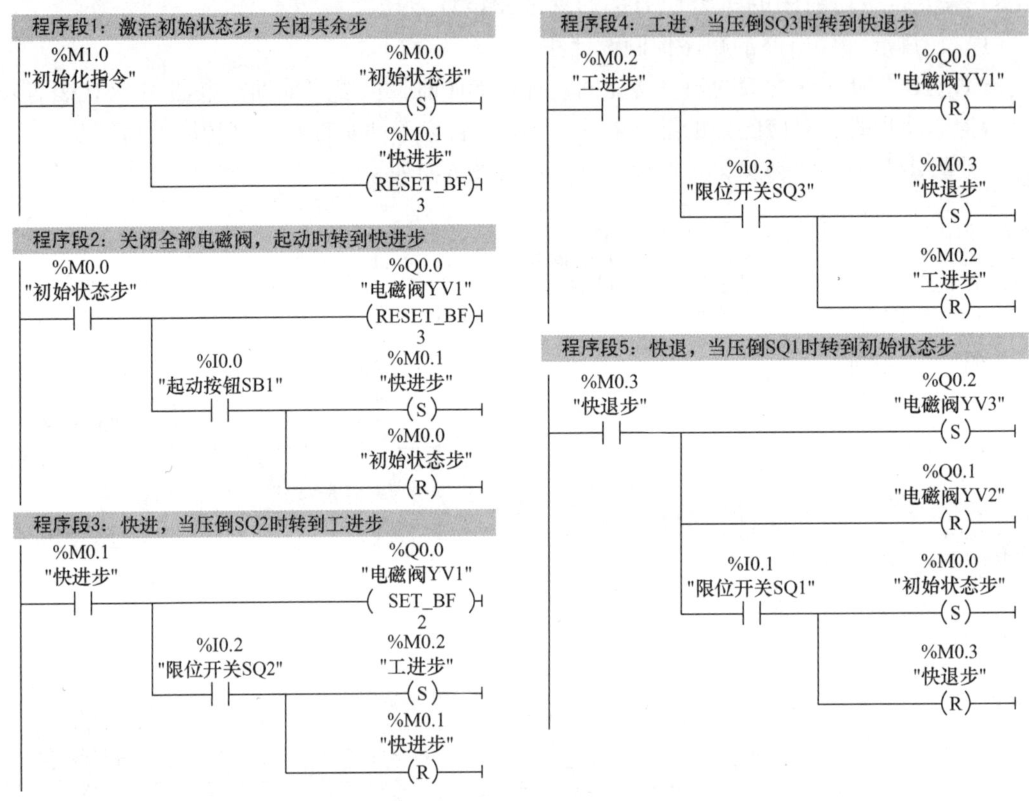

图6-8　以转换为中心的机床动力头梯形图程序

【拓展任务】

电液控制系统动力头PLC程序的设计

【课后测试】

1. 在顺序功能图中，与系统初始状态对应的步称为初始步，所以一个顺序功能图中（　　）。

A. 只有一个初始步　　B. 必须有两个以上的初始步

C. 至少有一个初始步　　D. 可用其他步来代替初始步

2. 在顺序功能图中，与有向连线垂直的短画线表示（　　）。

A. 动作　　B. 步　　C. 转换　　D. 转换条件

3. 某步为活动步时，该步对应的编程元件为（　　），（　　）对应的非存储型动作。

A. ON，执行　　B. OFF，执行　　C. ON，不执行　　D. OFF，不执行

【拓展思考与训练】

一、拓展思考

在工业应用现场为什么很多自动化生产设备要按照事先规定的生产工序顺序运行？

二、拓展训练

训练任务1：用正确的指令画出图6-9所示顺序功能图对应的梯形图。

训练任务2：某包装机，当光电开关I0.0检测到空包装箱放在指定位置时，按下按钮I0.1起动包装机。包装机的工作过程：①料斗Q0.0打开，物料落进包装箱。当箱中物料达到规定重量时，重量检测开关I0.2动作，关闭料斗，并起动封箱机Q0.1对包装箱进行5s的封箱处理。封箱机用单线圈的电磁阀控制。②当搬走处理好的包装箱，再搬上一个空箱时（均为人工搬），重复上述过程。③当成品包装箱满50个时，包装机自动停止运行。按上述要求，说出所需的控制电器元件，选择PLC机型，进行I/O分配，画出顺序功能图、PLC外部接线图和控制电路的主电路图，设计其梯形图程序。

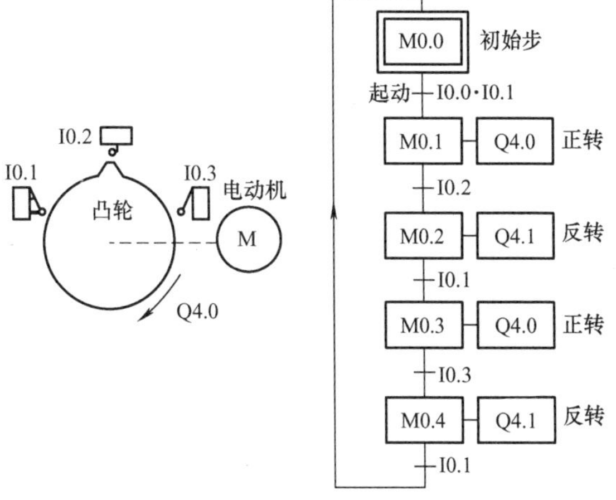

图6-9　控制系统顺序功能图

训练任务3：设计一个汽车库自动门控制系统，具体控制要求：当汽车到达车库门前时，超声波开关接收到车来的信号，门自动上升；当门升到顶点碰到上限位开关时，门停止；当汽车驶入车库后，光电开关发出信号，门电动机反转，门下降，当下降碰到下限位开关后，门电动机停止。试画出输入/输出设备与PLC的接线图，设计梯形图程序并加以调试，画出顺序功能图并编写出梯形图。

任务6.2　大、小球分拣设备的PLC顺序控制

【任务布置】

一、任务引入

随着科学技术迅速发展，工业机械手代替人工的情况逐渐增多，如汽车制造、舰船制

造、家电产品（电视机、电冰箱、洗衣机等）的制造，自动化生产线中的点焊、弧焊、机械手喷漆、切割、电子装配及物流系统的搬运、包装等工作。机械手也称为机器人，机械手能模仿人手和臂的某些动作功能，用以按固定程序抓取、搬运物件或操作工具。

二、问题思考

1. 在大、小球分拣控制过程中，动作的顺序是什么？
2. 机械手如何辨别大、小球？
3. 如何用顺序功能图编程实现大、小球分拣控制要求？

【学习目标】

一、知识目标

1. 掌握顺序功能图的基本结构。
2. 掌握选择性分支程序顺序功能图的编写方法。
3. 掌握大、小球分拣控制系统硬件电路的设计方法。
4. 掌握大、小球分拣控制系统程序的编写和调试方法。

二、能力目标

1. 能对大、小球分拣控制系统硬件电路进行正确接线。
2. 能正确编写和调试 PLC 程序。

三、素养目标

1. 培养学生的责任意识和质量意识。
2. 培养学生制造强国、科技强国的使命担当意识。

【知识准备】

顺序功能图的基本结构

知识点 1：顺序功能图的基本结构

1. 顺序功能图单序列

顺序功能图单序列的动作过程是一步一步完成的，每一个状态仅连接一个转换，每个转移也仅连接一个状态，其特点是没有分支与合并，如图 6-10a 所示。

2. 顺序功能图选择序列

在顺序控制流程中，分支选择指多条分支控制状态流需要选择。一个控制流可能转入多个分支控制流中的某一个，但不允许多路分支同时执行。实际流程中到底进入哪一个分支，取决于控制流前面的转换条件是否满足。选择序列的开始称为分支，如图 6-10b 所示，转换符号只能标在水平连线之下。如果步 4 是活动步，并且转换条件 h 为 ON，则发生由步 4→步 5 的进展。如果步 4 是活动步，并且 k 为 ON，则发生由步 4→步 7 的进展。

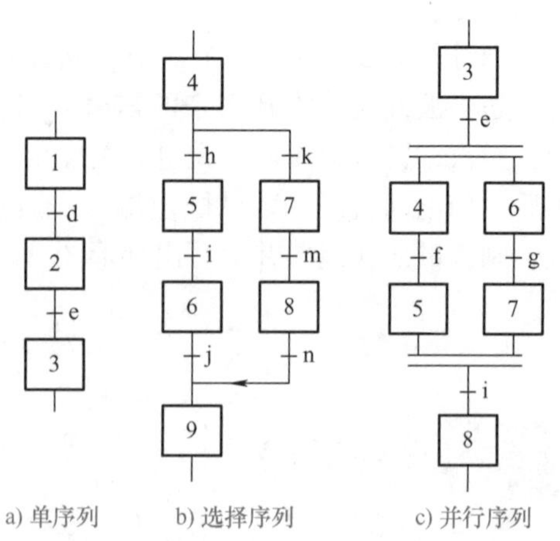

图 6-10　顺序功能图结构

选择序列的结束称为合并，几个选择序列合并到一个公共序列时，用需要重新组合的与序列相同数量的转换符号和水平连线来表示，转换符号只允许标在水平连线之上。

如图6-10b所示，如果步6是活动步，并且转换条件j为ON，则发生由步6→步9的进展。如果步8是活动步，并且n为ON，则发生由步8→步9的进展。

选择性分支的编程：选择性分支的编程与一般状态的编程一样，先进行驱动处理，然后进行转移处理，所有的转移处理按顺序执行，简称先驱动后转移。

3. 顺序功能图并行序列

并行序列用来表示系统的几个同时工作的独立部分的工作情况。并行序列的开始称为分支，如图6-10c所示。在顺序控制流程中，一个顺序控制状态分成多个分支时，所有的分支控制状态流在同一条件下同时被激活。当多个控制状态流产生的结果相同时，可以将这些控制状态流合并成一个控制状态流，即并行分支的合并。当进行控制状态流合并时，所有的分支控制状态流必须都是已完成了的，在同一转换条件下才能转换到同一个状态。当转换的实现导致几个序列同时激活时，这些序列称为并行序列。当步3是活动步，并且转换条件e为ON时，步4和步6同时变为活动步，同时步3变为不活动步。为了强调转换的同步实现，水平连线用双线表示，步4和步6被同时激活后，每个序列中活动步的进展将是独立的。在表示同步的水平双线之上，只允许有一个转换符号。

并行序列的结束称为合并，在表示同步的水平双线之下只允许有一个转换符号。当直接连在双线上的所有前级步（步5和步7）都处于活动状态，并且转换条件i为ON时，才会发生步5和步7转换到步8的进展，即步5和步7同时变为不活动步，而步8变为活动步。

知识点2：选择序列的编程方法

如果某一转换与并行序列的分支、合并无关，则它的前级步和后续步都只有一个，需要复位、置位的存储器位也只有一个。因此选择序列的分支与合并的编程方法实际上与单序列的编程方法相同。

在图6-11所示的顺序功能图中，除了I0.3对应的转换以外，其余的转换均与选择序列的分支、合并无关，I0.0～I0.5对应的转换与选择序列的分支、合并有关，它们都只有一个前级步和一个后续步。与选择序列的分支、合并无关的转换对应的梯形图是非常标准的，每一个控制置位、复位的电路块都由前级步对应的一个存储器位的常开触点和转换条件对应的

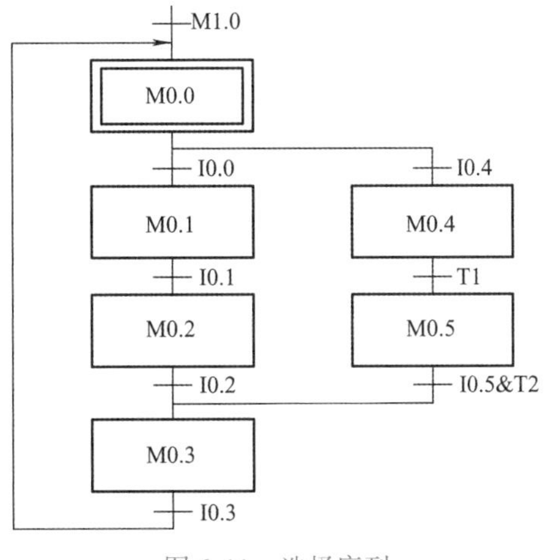

图6-11　选择序列

触点组成的串联电路、一条置位指令和一条复位指令组成。

转换成梯形图如图 6-12 所示。

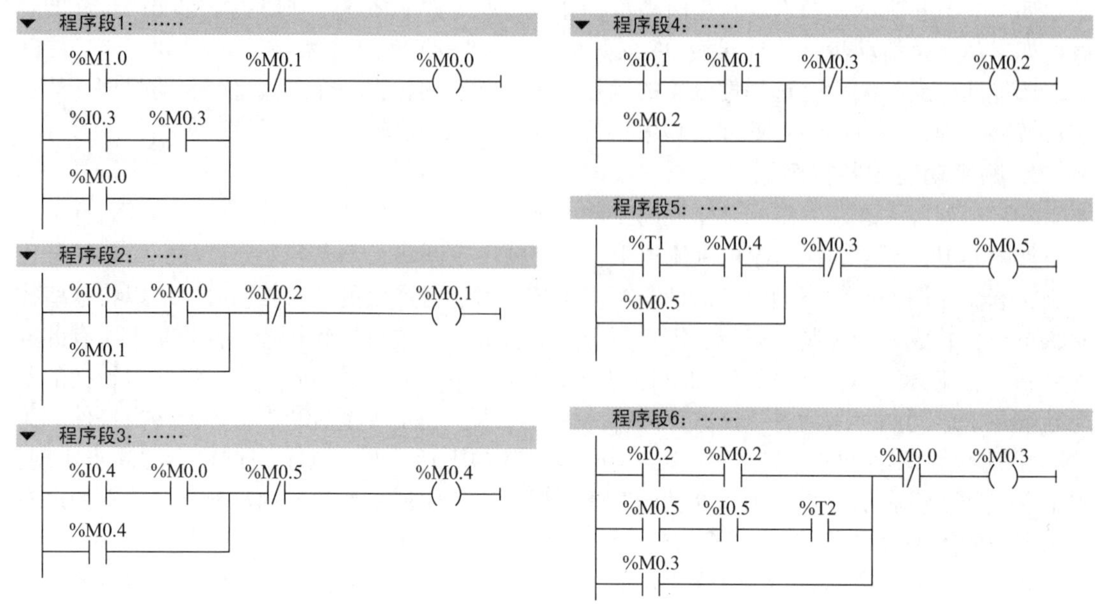

图 6-12　选择序列梯形图程序

【任务实施】

图 6-13 所示为用机械手实现大、小球分拣动作的示意图。

大、小球分拣顺序控制

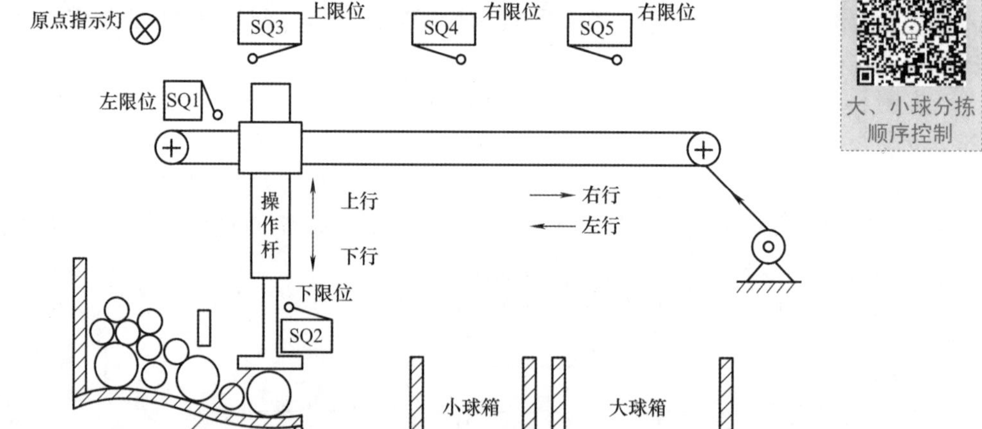

图 6-13　大、小球分拣动作的示意图

控制要求：

1）当输送机处于起始位置时，上限位开关 SQ3 和左限位开关 SQ1 被压下，限位开关 SQ 断开。

2）起动装置后，操作杆下行，一直到限位开关 SQ 闭合。此时，若碰到的是大球，则下限位开关 SQ2 仍为断开状态；若碰到的是小球，则下限位开关 SQ2 为闭合状态。

3）接通控制吸盘的电磁阀线圈。

4）假设吸盘吸起小球，则操作杆上行，碰到上限位开关SQ3后，操作杆右行；碰到右限位开关SQ4（小球的右限位开关）后，操作杆下行，碰到下限位开关SQ2后，将小球释放到小球箱里，然后返回到原点。

5）如果起动装置后，操作杆下行一直到SQ闭合后，下限位开关SQ2仍为断开状态，则吸盘吸起的是大球，操作杆右行碰到右限位开关SQ5（大球的右限位开关）后，将大球释放到大球箱里，然后返回到原点。

实施步骤

1. I/O 地址分配

依据大、小球分拣的控制要求，确定输入元器件包括起动按钮SB1和限位开关SQ1～SQ5、SQ，输出元器件包括电磁阀YV1～YV5，完成I/O地址分配，见表6-3。

表6-3　大、小球分拣系统I/O地址分配表

输入地址分配		输出地址分配	
输入地址	功能描述	输出地址	功能描述
I0.0	起动按钮SB1	Q0.0	机械臂下降
I0.1	左限位开关SQ1	Q0.1	吸球
I0.2	下限位开关SQ2	Q0.2	机械臂上升
I0.3	上限位开关SQ3	Q0.3	机械臂右移
I0.4	右限位开关（小）SQ4	Q0.4	机械臂左移
I0.5	右限位开关（大）SQ5	Q0.5	原点指示灯
I0.6	限位开关SQ		

2. 设计硬件电路

选用S7－1200系列PLC，CPU 1214C DC/DC/RLY，并完成系统组态。设计大、小球分拣控制系统硬件电路如图6-14所示，并按图完成电路接线。

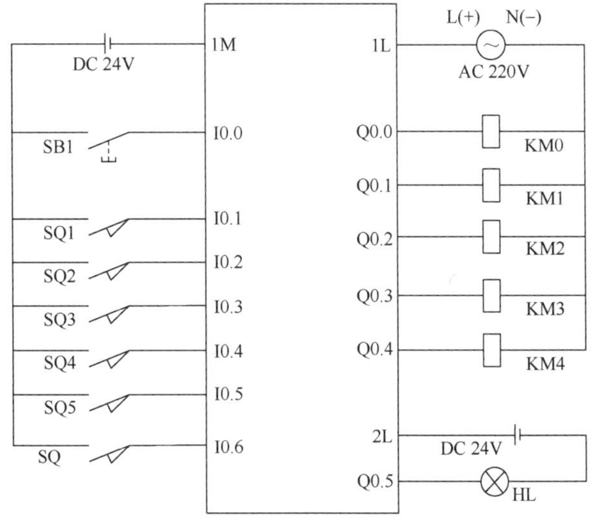

图6-14　大、小球分拣控制系统硬件电路

3. 定义用户变量表

在项目树中选择新添加的 PLC—PLC 变量—默认变量表，按照表 6-3 在默认变量表中定义“大、小球分拣控制系统”的用户变量表，如图 6-15 所示。

默认变量表

	名称	数据类型	地址
1	起动按钮SB1	Bool	%I0.0
2	左限位开关SQ1	Bool	%I0.1
3	下限位开关SQ2	Bool	%I0.2
4	上限位开关SQ3	Bool	%I0.3
5	右限位开关（小）SQ4	Bool	%I0.4
6	右限位开关（大）SQ5	Bool	%I0.5
7	限位开关SQ	Bool	%I0.6
8	机械臂下降	Bool	%Q0.0
9	吸球	Bool	%Q0.1
10	机械臂上升	Bool	%Q0.2
11	机械臂右移	Bool	%Q0.3
12	机械臂左移	Bool	%Q0.4
13	原点指示灯	Bool	%Q0.5

图 6-15　“大、小球分拣控制系统”的用户变量表

4. 顺序功能图设计

根据控制要求设计顺序功能图，如图 6-16 所示，共分为 9 个步，其中 M0.0 为初始步，在此步时，原点指示灯亮。在本程序中，系统存储器字节采用 MB2，即 M2.0 为初始化脉冲。

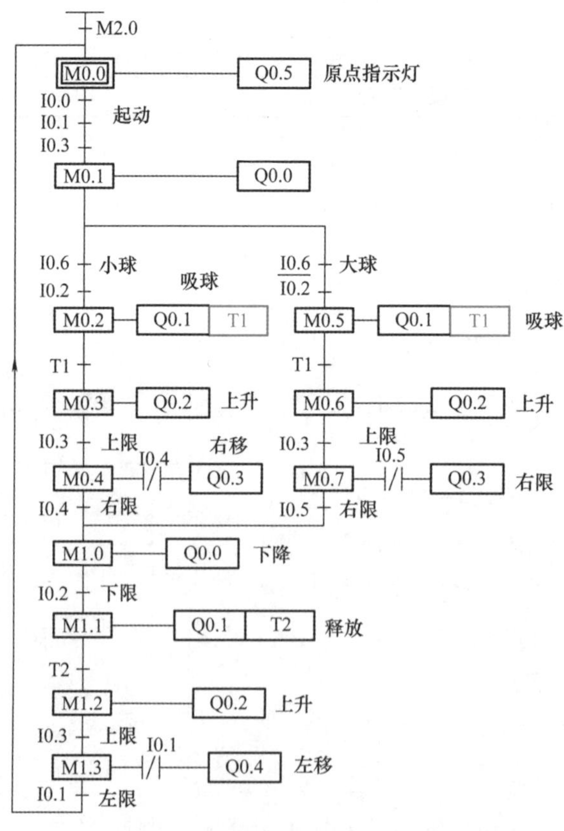

图 6-16　“大、小球分拣控制系统”顺序功能图

5. 梯形图设计

根据顺序功能图，采用置位/复位指令编写其对应的梯形图程序，如图6-17所示。

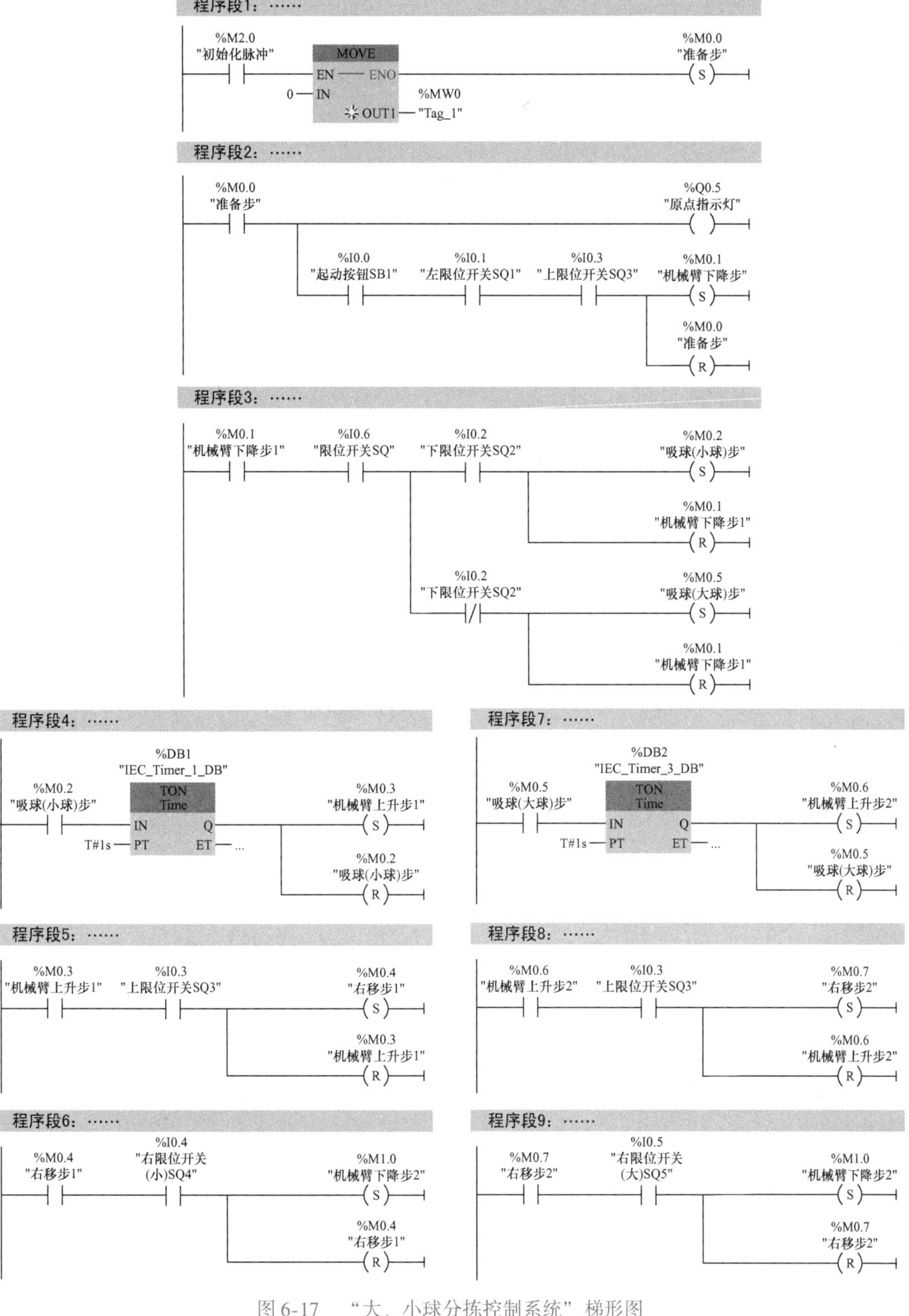

图6-17　“大、小球分拣控制系统”梯形图

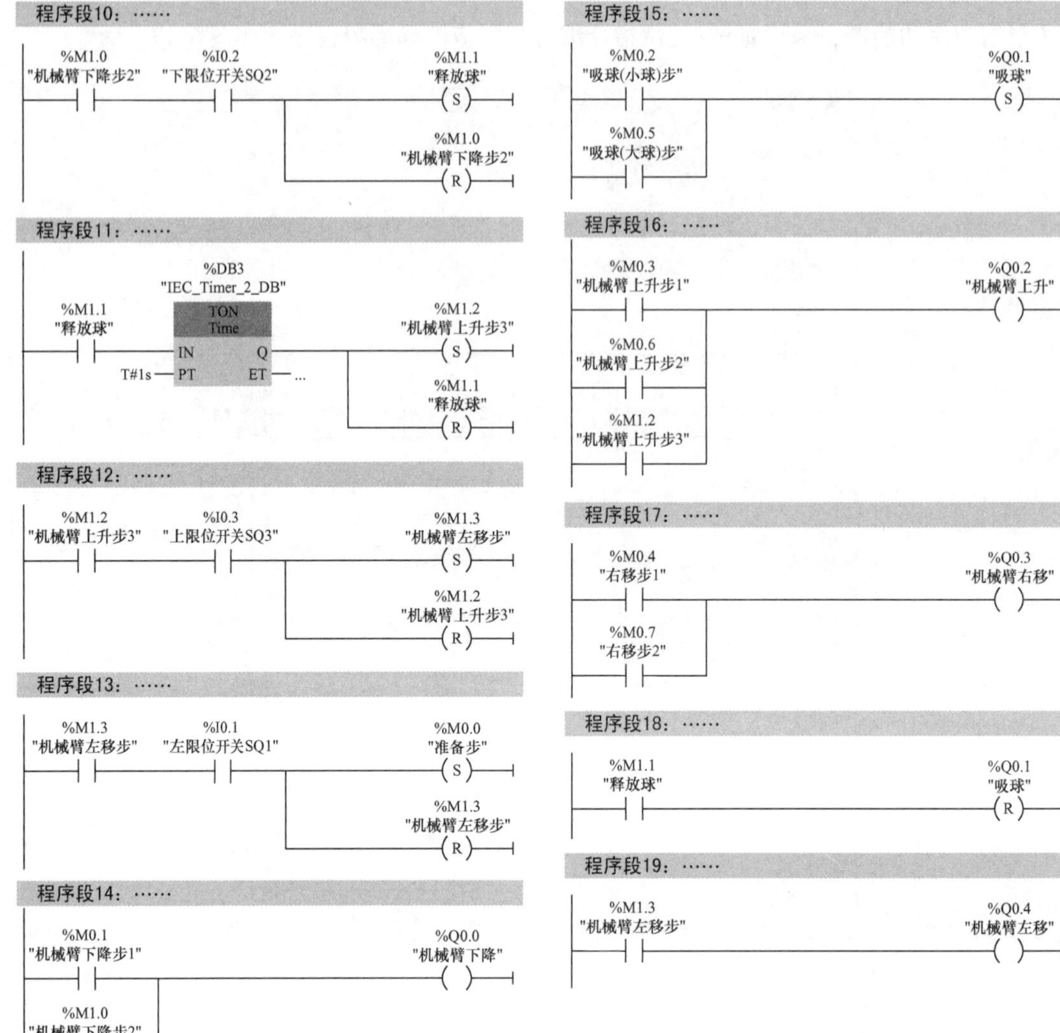

图6-17　“大、小球分拣控制系统”梯形图（续）

【课后测试】

1. 选择序列的开始称为________，选择序列的结束称为________。

2. 顺序功能图中，转换实现的条件之一是（　　）。

A. 所有的前级步均为活动步　　B. 所有的后续步均为活动步

C. 部分后续步为活动步　　D. 所有的前级步均为不活动步

3. 在顺序功能图中，（　　）。

A. 两个步直接相连或通过转换隔开　　B. 两个步不能直接相连，必须通过转换隔开

C. 两个步不能直接相连也不能用转换隔开　　D. 两个步可以直接相连但不能用转换隔开

4. 划分步的原则是（　　）。

A. 同一步内和相邻两步之间输出量的ON/OFF状态均有变化。

B. 同一步内和相邻两步之间输出量的ON/OFF状态均不变。

C. 同一步内输出量的 ON/OFF 状态不变，相邻两步之间输出量的 ON/OFF 状态变化。
D. 同一步内输出量的 ON/OFF 状态不变，相邻两步之间输出量的 ON/OFF 状态不变。

【拓展思考与训练】

一、拓展思考

1. 大、小球分拣控制系统中，行程开关还可以用什么元件代替？
2. 大、小球分拣控制系统用的是哪种结构的顺序功能图？

二、拓展训练

拓展任务：请举出一个符合选择分支顺序控制的生产过程，并设计出其顺序功能图。

任务 6.3　城市交通信号灯的 PLC 顺序控制

【任务布置】

一、任务引入

在前面项目 4 的任务 4.4 中运用了基本逻辑指令实现交通信号灯控制程序的编写，本任务将介绍利用顺序功能图完成相同的控制任务。

交通信号灯存在的目的是为了在确定的行政规定约束下，采用合适的营运方法来确保公共和私人运输方式达到最佳的交通运行状态。围绕这一目的研制出的道路交通控制系统，把受控对象看成一个整体，采用科学的并行顺序控制进行分流的方法，最大限度地保证交通流运动的连续性，减少受控区域的交通流冲突，使其平稳、有规则地运动。

二、问题思考

1. 交通信号灯的动作是否可以用顺序控制描述？
2. 交通信号灯的动作有什么特点？
3. 交通信号灯的闪烁是如何实现的？

【学习目标】

一、知识目标

1. 掌握并行性分支程序顺序功能图的编写方法。
2. 掌握交通信号灯控制系统硬件电路的设计方法。
3. 掌握交通信号灯控制系统的程序编写和调试方法。
4. 掌握双头钻床控制系统程序的编写和调试方法。

二、能力目标

1. 能对交通信号灯控制系统硬件电路进行正确接线。
2. 能正确编写和调试 PLC 程序。

三、素养目标

1. 通过对交通信号灯顺序控制的学习，培养学生遵纪守法，讲诚信的优秀品质。
2. 养成良好的自我学习和信息获取能力。
3. 提升学生创新设计能力。

【知识准备】

知识点：并行序列的编程方法

在顺序控制流程中，当一个顺序控制状态流分成两个或多个不同分支控制状态流时，称为并行分支。当一个控制状态流分成多个分支时，所有的分支控制状态流必须同时激活。当多个控制流产生的结果相同时，可以把这些控制流合并成一个控制流，称为并行分支的合并。在合并控制流时，所有的分支控制流必须都是已完成的。这样，在转移条件满足时才能转移到下一个状态。并行序列一般用双水平线表示，同时结束若干个顺序也必须用双水平线表示。

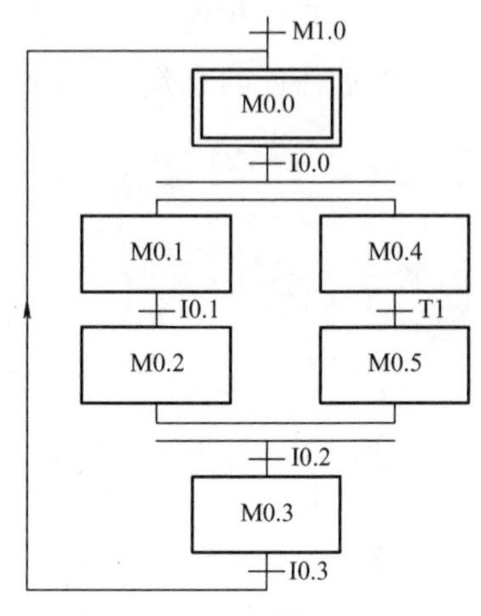

图 6-18　并行序列顺序功能图

图 6-18 所示为并行序列的顺序功能图。步 M0.0 之后有一个并行序列的分支，当 M0.0 是活动步，并且转换条件 I0.0 满足时，步 M0.1 与步 M0.4 应同时变为活动步，这是用 M0.0 和 I0.0 的常开触点组成的串联电路使 M0.1 和 M0.4 同时置位来实现的。与此同时，步 M0.0 应变为不活动步，这是用复位指令来实现的。

I0.2 对应的转换之前有一个并行序列的合并，该转换实现的条件是所有的前级步（即步 M0.2 和 M0.5）都是活动步，同时转换条件 I0.2 满足。由此可知，应将 M0.2、M0.5 和 I0.2 的常开触点串联，作为控制后续步对应的 M0.3 置位和前级步对应的 M0.2、M0.5 复位的条件。

对应的梯形图程序如图 6-19 所示。

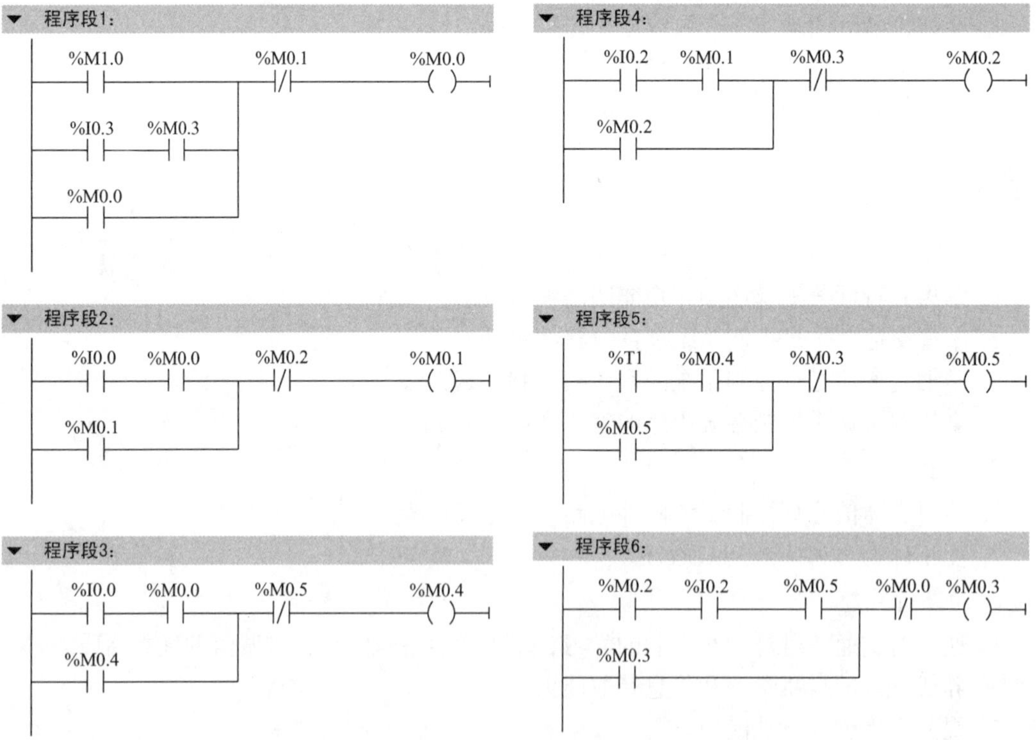

图 6-19　并行序列梯形图程序

【任务实施】

交通信号灯是指挥交通运行的信号灯，一般由红灯、绿灯、黄灯组成。红灯亮表示禁止通行，绿灯亮表示准许通行，黄灯亮表示即将禁止通行预警指示。十字路口交通信号灯系统如图 4-42 所示。在系统工作时，交通信号灯控制时序关系如图 6-20 所示。

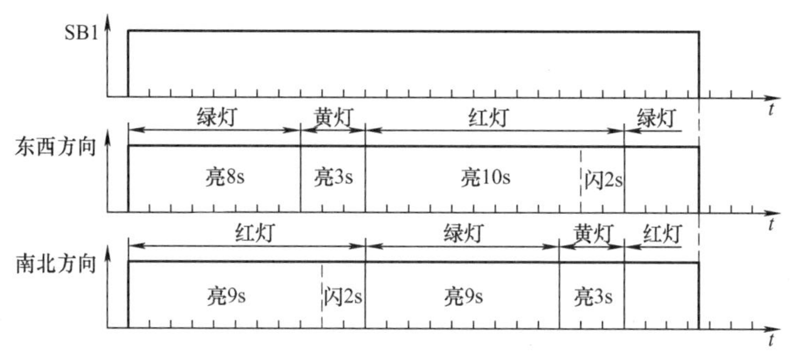

图 6-20　交通信号灯控制时序

其具体控制要求如下：

1）信号灯系统的工作受起停开关控制，开关闭合开始工作，开关断开停止工作。

2）闭合开关后，东西方向绿灯亮 8s 后灭，接着黄灯亮 3s 后灭，接着红灯亮 10s 后灭。

3）同时，对应的南北红灯亮 9s 闪 2s 后灭，接着绿灯亮 9s 后灭，接着黄灯亮 3s 后灭。

4）两个方向的信号灯按上面的要求周而复始地进行工作，直到开关断开。

实施步骤

1. I/O 地址分配

根据交通信号灯的控制要求进行 I/O 地址分配，见表 6-4。

表 6-4　I/O 地址分配表

输入地址分配		输出地址分配	
输入地址	功能描述	输出地址	功能描述
I0. 0	起动按钮 SB1	Q0. 0	东西绿灯 HL1
I0. 1	停止按钮 SB2	Q0. 1	东西黄灯 HL2
		Q0. 2	东西红灯 HL3
		Q0. 3	南北绿灯 HL4
		Q0. 4	南北黄灯 HL5
		Q0. 5	南北红灯 HL6

2. 设计硬件电路

选用 S7－1200 系列 PLC CPU 1214C DC/DC/DC，并完成系统组态。设计交通信号灯控制系统硬件电路如图 6-21 所示，并按图完成电路接线。

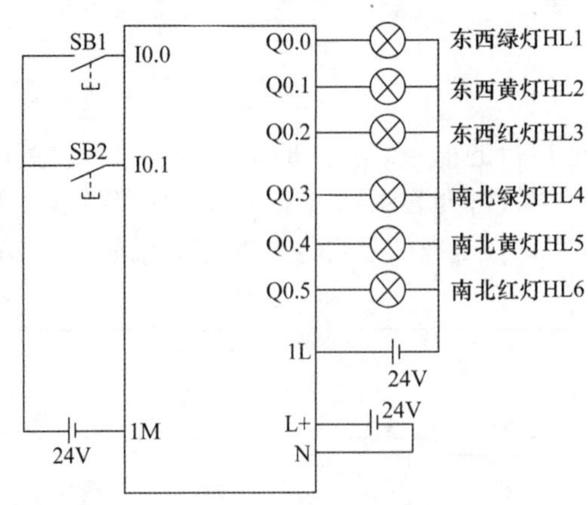

图 6-21　交通信号灯控制系统硬件电路

3. 定义用户变量表

在项目树中选择新添加的 PLC—PLC 变量—默认变量表，按照表 6-4 在默认变量表中定义“交通信号灯控制系统”的用户变量表，如图 6-22 所示。

名称	变量表	数据类型	地址
起动按钮SB1	默认变量表	Bool	%I0.0
停止按钮SB2	默认变量表	Bool	%I0.1
东西绿灯HL1	默认变量表	Bool	%Q0.0
东西黄灯HL2	默认变量表	Bool	%Q0.1
东西红灯HL3	默认变量表	Bool	%Q0.2
南北绿灯HL4	默认变量表	Bool	%Q0.3
南北黄灯HL5	默认变量表	Bool	%Q0.4
南北红灯HL6	默认变量表	Bool	%Q0.5

图 6-22　“交通信号灯控制系统”用户变量表

4. 顺序功能图设计

按照控制要求设计的交通信号灯控制系统的顺序功能图如图 6-23 所示。

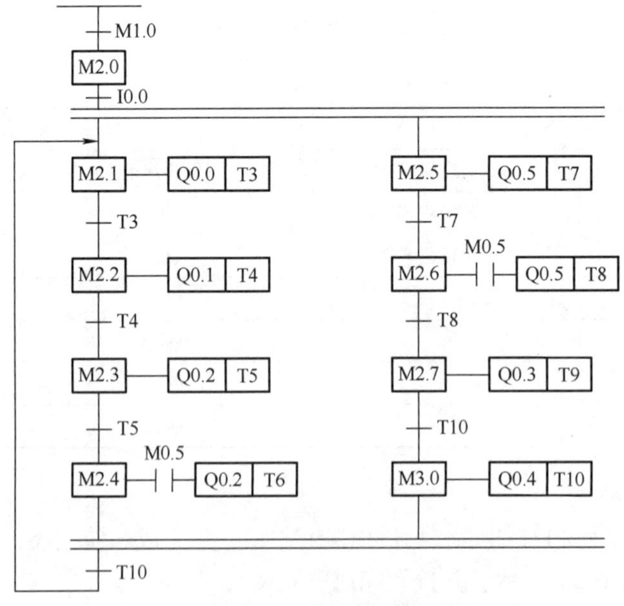

图 6-23　交通信号灯控制系统顺序功能图

5. 梯形图设计

根据顺序功能图，采用以转换为中心的编程方法编写梯形图程序，如图 6-24 所示。

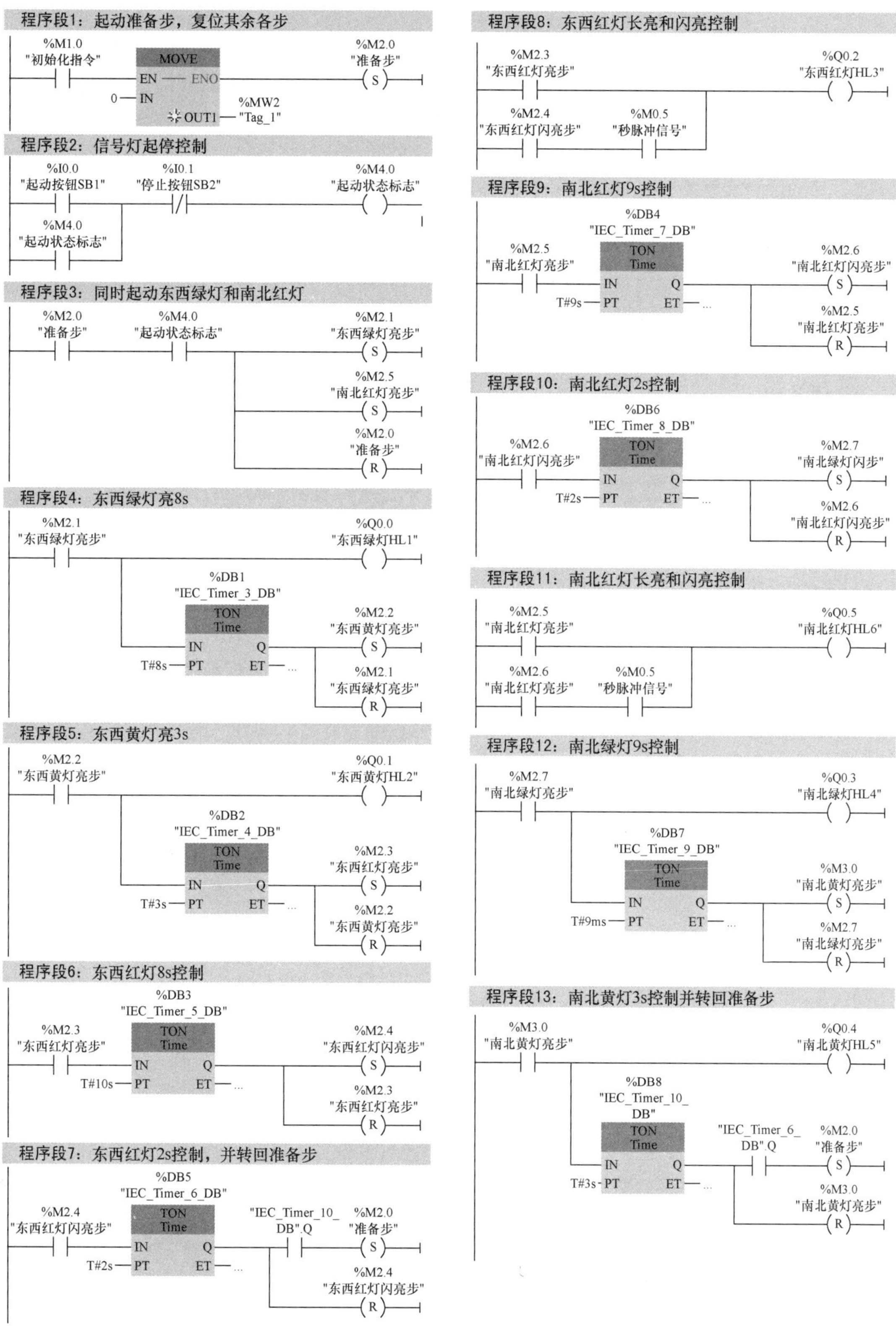

图 6-24　城市交通信号灯的 PLC 顺序控制

【拓展任务】

专用钻床控制系统 PLC 程序的设计		专用钻床顺序控制	

【课后测试】

1. 简述划分步的原则。
2. 简述转换实现的条件和转换实现时应完成的操作。
3. 顺序功能图的英文缩写是（　　）。

A. PLC　　B. FBD

C. SWF　　D. SFC

【拓展思考与训练】

一、拓展思考

结合并行分支程序顺序功能图在交通信号灯控制系统中的应用，想一想并行分支的编程方法还能用于什么样的控制系统中？

二、拓展训练

训练任务：在交通信号灯控制中，南北方向绿灯和东西方向绿灯不能同时亮，如果同时亮则应立即自动关闭信号灯系统，并发出报警信号。对此，顺序功能图程序应该如何修改？

项目7 数控机床电气控制系统连接与调试

数控机床的电气控制系统连接与调试是保障数控机床稳定可靠运行的前提条件，在连接与调试过程中需要遵循相应的连接规则及标准。数控机床与普通机床的主要区别体现在电气控制系统上，数控机床的电气控制系统不仅包括普通机床的低压控制线路、PLC 控制电路，还有实现数字化控制与信息处理的数控装置、MDI 面板、显示器、伺服驱动装置、测量装置等。在调试中，除了硬件调试外，还涉及相关的 PMC 编程调试等。本项目以企业广泛使用的 FANUC 数控系统为学习对象，设计完成 FANUC 数控系统的硬件连接、PMC 程序编写与调试。

任务 7.1 FANUC 数控系统的硬件连接

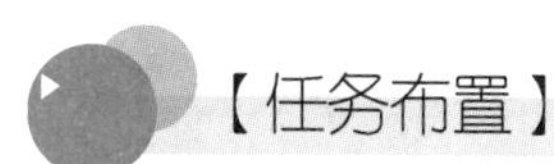

【任务布置】

一、任务引入

数控机床在交付使用前需要对电气控制系统进行连接与调试，其主要包括数控系统及其相关驱动器与I/O 部件之间的连接。通常熟悉控制系统的接口、功能及连接规则，就能够使电气控制技术人员正确地对整机控制系统进行连接。尤其是对不同数控系统，其接口通常都是标准化的接口，但连接规则区别较大，对技术人员来讲必须熟悉其接口标准与规则，否则在后期调试通电时将可能导致设备损坏甚至危及人身安全。

本任务基于数控车床电气控制系统，以目前国内使用广泛的 FANUC 数控系统为例，学习如何进行 FANUC 0iD 系统外部各单元之间的连接，熟悉并掌握 FANUC 数控系统的标准接口及基本的模块连接规则。

二、问题思考

1. FANUC 数控系统都有哪些接口？各接口的功能是什么？
2. FANUC 数控系统有哪些类型？
3. FANUC 伺服放大器都有哪些类型？
4. FANUC 数控系统主轴驱动连接有哪几种类型？

【学习目标】

一、知识目标

1. 掌握 FANUC 数控系统的类型及其接口功能。
2. 掌握 FANUC 伺服放大器的类型及其接口功能。
3. 掌握 FANUC I/O 模块的类型及其连接规则。
4. 掌握 FANUC 主轴驱动的连接方法。

二、能力目标

1. 能够按照各模块接口功能及连接规则正确进行数控系统部分的连接。
2. 能够运用相关知识，针对不同数控机床系统进行连接。

三、素养目标

通过对数控系统硬件连接知识的学习，学生应掌握硬件连接过程的标准、规则，养成遵守规则的职业习惯与职业道德。

【知识准备】

FANUC数控系统的硬件接口

知识点 1：FANUC 数控系统的类型及连接

数控机床的核心是数控系统，数控系统是数字控制系统的简称，数控系统装备的机床大大提高了零件加工的精度、速度和效率。现代数控系统通过其外部接口将各种外部设备进行连接，完成机床数控功能，正确进行外部设备的连接是数控机床能够有效工作的前提。

FANUC 数控系统是目前国内市场应用较多的数控系统，其 FS－0iD 系列产品可用于 5 轴及 5 轴以下全功能数控机床的控制。

FS－0iD 系列分为标准型的 FANUC 0i－MODEL D（简称 FS－0iD）和精简型的 FANUC 0i－Mate－MODEL D（简称 FS－0i Mate D）。其中，FS－0iD 系统又分为 FANUC 0iTD 车床系统和 FANUC 0iMD 铣床系统；FS－0i Mate D 系统又分为 FANUC 0i Mate TD 车床系统与 FANUC 0i Mate MD 系统，其外形如图 7-1 所示。

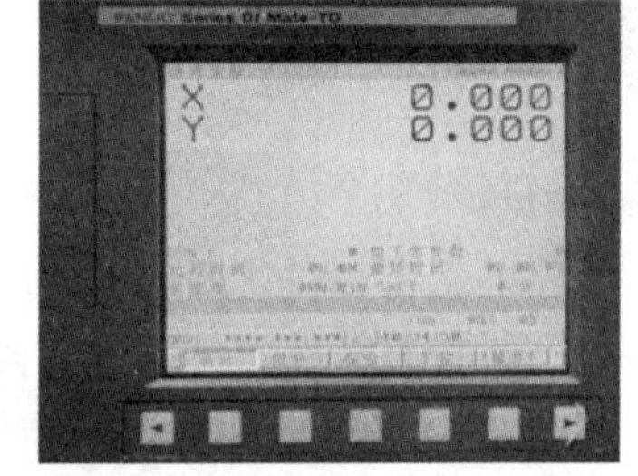

图 7-1　FS－0i Mate D 系统外形

FS－0iD 系列计算机数字控制（CNC）系统与早期普及型 CNC 系统相比，功能已大大增强，但在 FANUC 产品中仍属于实用型 CNC 系统。其结构一般采用 CNC/MDI/LCD 集成结构，显示器为 7.2in（1in＝2.54cm）单色或 8.4in 彩色。标准结构分为水平布置型和垂直布置型两种，其 LCD 和 MDI 安装位置有所区别，但其连接器布置、连接要求均相同。FS－0iD CNC 系统结构如图 7-2 所示，主要接口及其功能见表 7-1。

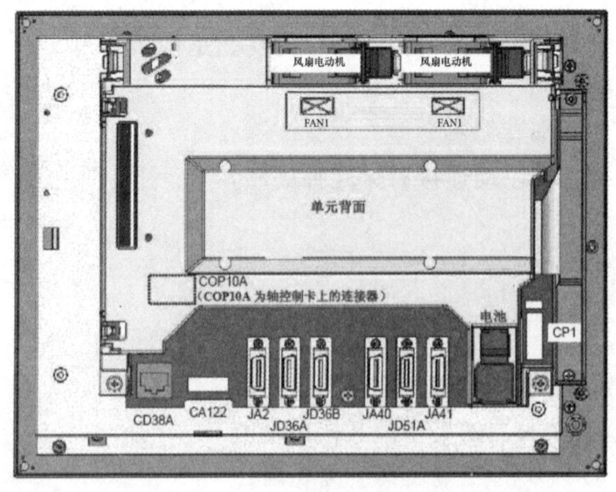

图 7-2　FS－0iD CNC 系统结构图

表 7-1　FS－0iD CNC 系统主要接口及其功能

序号	接口名称	用途
1	CP1	系统 DC 24V 电源输入接口
2	COP10A	FSSB 串行伺服总线光缆连接接口
3	JA41	串行主轴驱动器/模拟主轴编码器连接接口
4	JA40	模拟主轴变频器连接接口
5	JD51A	I/O－Link 总线电缆接口
6	JD36A/JD36B	RS－232C 串行通信接口
7	CD38A	以太网通信接口
8	CA122	系统软键信号接口
9	JA2	系统 MDI 键盘接口

FS－0iD CNC 系统的综合连接图如图 7-3 所示，按照功能可分为主电路的连接、CNC 基本单元的连接、主轴/伺服驱动单元的连接及 I/O 单元的连接。

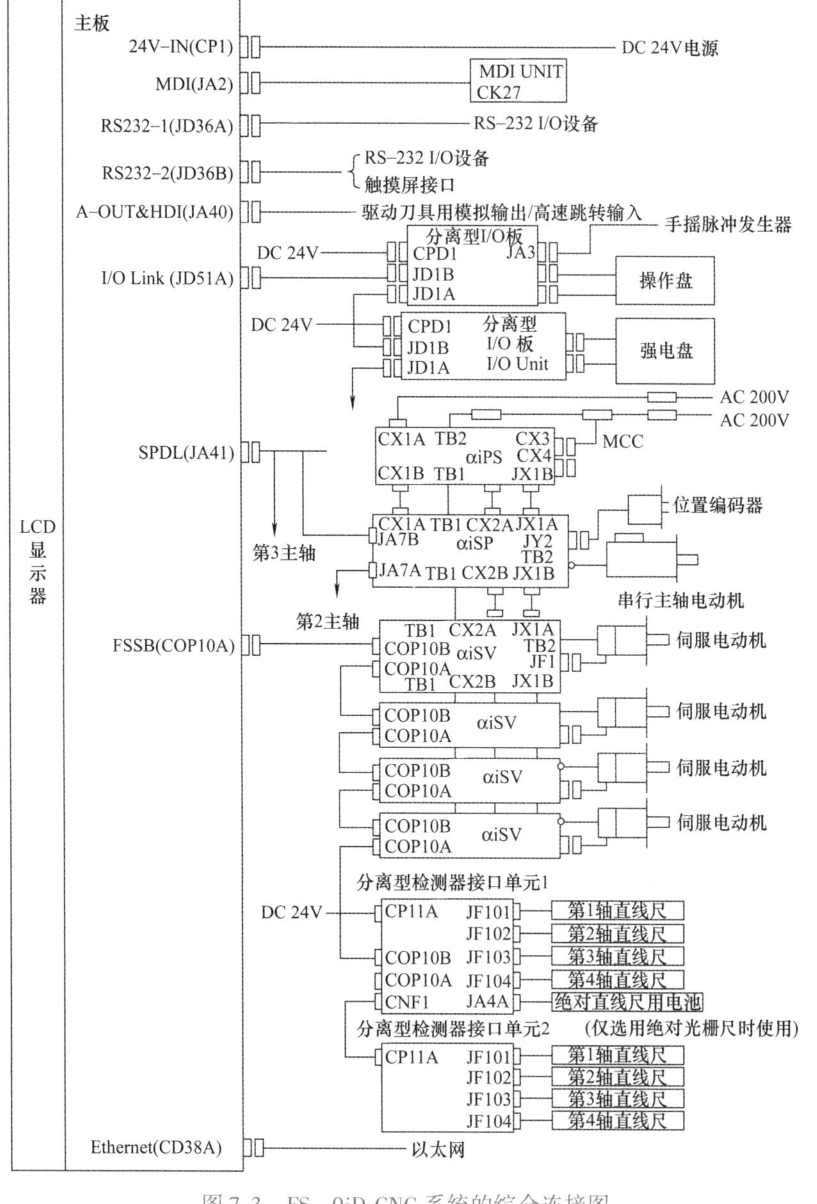

图 7-3　FS－0iD CNC 系统的综合连接图

1. 主电路的连接

主电路主要包括系统、I/O 单元及驱动单元等单元部件的 DC 24V 电源回路，以及伺服/主轴驱动器的主电源回路、驱动器/电动机风扇等电源回路。

2. CNC 基本单元的连接

CNC 基本单元大多数采用总线控制，主要是将 CNC 系统的接口正确与外部单元进行连接，实现对外部设备的控制，其接口主要包括 JD51A（I/O Link 接口）、COP10A（FSSB 串行伺服总线接口）、JA41（串行主轴接口）、JA40（主轴模拟量输出接口）等。如需进行网络通信，可能还需要 RS－232C 通信接口或 Ethernet 网络通信接口的连接。

3. 主轴驱动/伺服驱动单元的连接

主轴驱动/伺服驱动单元的连接主要包括驱动器主电源、电动机动力电源、控制信号及检测信号等的连接。FS－0iD CNC 系统所配套的驱动器及驱动电动机主要有 αi、βi 系列，不同的驱动器在连接过程中有所差异，在下文中将进行详细介绍。

4. I/O 单元的连接

I/O 单元的连接主要是指按照连接规则将 I/O 单元与 CNC 系统进行正确连接，具体是将机床行程开关、按钮、指示灯、接触器、继电器、电磁阀、机床操作面板等开关量信号连接至 I/O 单元。FS－0iD CNC 系统常用的标准 I/O 单元有标准机床操作面板、操作盘 I/O 等。

知识点 2：FANUC 伺服驱动器及其接口连接

FANUC 伺服驱动器分为 αi 驱动器和 βi 驱动器，βi 伺服驱动器又分为独立型及 βiSVSP 一体化伺服驱动器。其结构如图 7-4 所示。

FANUC伺服驱动器接口

a) αi驱动器

b) βi驱动器(独立型)

c) βiSVSP一体化伺服驱动器

图 7-4　FANUC 伺服驱动器

下面以 βi 独立型伺服驱动器为例介绍伺服驱动器的构成及其连接。βi 独立型驱动器均采用 AC3～200V 输入，在控制形式上有 FSSB 总线控制型和 I/O－Link 总线控制型两种。βi 独立型 20A 伺服驱动器和 4A 伺服驱动器有同样的接口，接口功能图如图 7-5 所示。其接口功能说明如下：

1）CZ27（L1、L2、L3）：主电源接口，伺服驱动器主电源输入电压为 AC 200V（－15%）～240V（＋10%）（即 170～264V），电源频率为 50/60Hz±1Hz，三相不平衡电压小于额定电压±5%。

2）CZ27（DCC、DCP）：制动电阻接口，不使用制动电阻时断开。

3）CZ27（U、V、W）：伺服电动机三相动力电源接口。

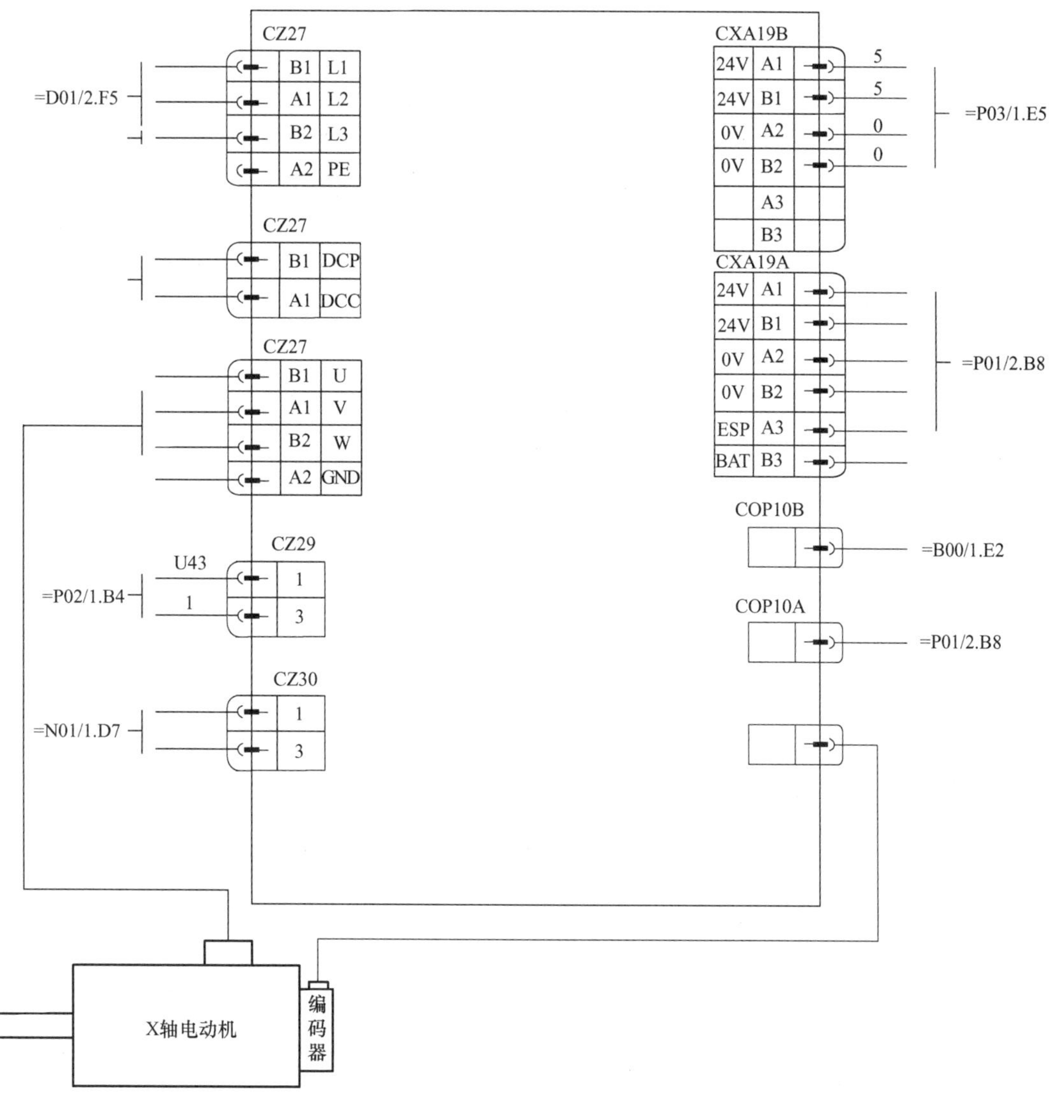

图 7-5 βi 独立型伺服驱动器接口功能图

4）CXA19A/CXA19B：驱动器控制总线接口，主要包括外部 24V 控制电源、急停信号接口 ESP 及电池接口 BAT。第一个驱动器的 CXA19B 连接外部 DC24V 控制电源，第一个驱动器的 CXA19A 接口连接下一个驱动器上的 CXA19B 接口，后续驱动器接口按此规则依次连接。

5）CZ29：驱动器主电源通断允许触点输出接口，当驱动器共用主电源接触器时，为了提高可靠性，应将所有驱动器输出触点依次串联后作为主电源接触器的通/断允许信号。

6）CZ30：急停信号输入接口，第一个驱动器 CZ30 接口连接外部急停输入，后续驱动器信号通过驱动器控制总线 CXA19A/CXA19B 接口进行连接。

7）COP10B/COP10A：FSSB 总线接口，第一个驱动器的 COP10B 连接至 CNC 控制系统的 COP10A，后续驱动器的 COP10B 连接至上一驱动器的 COP10A。

8）JF1：伺服电动机编码器的反馈连接接口。

知识点3：FANUC I/O 单元及其接口连接

在 FANUC-0iD CNC 控制系统中，I/O 单元（从站）通过数据通信方式与 CNC、PLC 等进行数据交换。其与 I/O 单元之间通过网络总线进行连接，其总线为 I/O-Link，故其 I/O 单元又称为 I/O-Link 从站。FANUC 数控系统通常用的 I/O 单元有 FANUC I/O UINT-MODEL A、FANUC I/O UINT-MODEL B、手持单元盒、分线盘用 I/O 模块、机床标准操作面板等，其功能详见表 7-2。

FANUC I/O模块及接口

表 7-2　FANUC 数控系统常用的 I/O 单元

I/O 单元名称	功能	手轮接口	输入/输出点数
FANUC I/O UNIT-MODEL A	一种模块结构的 I/O 装置。能够适应机床强电控制电路的输入/输出要求，并可以进行模块间的任意组合	无	最大 256/256
FANUC I/O UNIT-MODEL B	一种分散型的 I/O 装置。能够适应机床强电控制电路的输入/输出要求，并可以进行模块间的任意组合	无	最大 224/256
机床标准操作面板	安装于机床操作盘上，带有矩阵排列的按钮、LED 和手摇脉冲发生器装置，按键帽可以随意组合	有（3 台）	最大 256/256
0i 用 I/O 单元	带有机床操作盘接口的装置。主要用于 0i 系统，带有手摇脉冲发生器接口	有	96/64
βi 系列 SVU	用 I/O Link 连接 CNC 后控制伺服电动机的装置	无	无
手持单元盒	一种手持式机床操作盘，除配有手摇脉冲发生器之外，还装有用 PMC 控制的按钮和显示屏	有	无
操作盘用 I/O 模块（矩阵）	带有机床操作盘接口的装置。 矩阵为 5V 输入	有（3 台）	72/56
分线盘用 I/O 模块	一种分散型的 I/O 模块。 能够适应机床强电电路输入/输出的要求，并可进行任意组合	有（3 台）	最大 256/256
操作盘用 I/O 模块	带有机床操作盘接口的装置，可以适应强电电路对输入/输出信号的要求。带有手摇脉冲发生器接口	有	48/32
强电盘 I/O 模块	具有强电接口，可以适应强电电路对输入/输出信号的要求，与操作盘用 I/O 模块不同，不带有手摇脉冲发生器接口	无	48/32
I/O Link	结合 I/O Link 的控制情况，传送输入/输出信号的单元	无	最大 256/256

其中，操作盘用 I/O 模块（矩阵）通用输入 16 点，矩阵输入 56 点，输出 56 点。伺服单元 βi 系列 SVU 有 FSSB 接口和 I/O Link 接口两种接口。

FANUC I/O 单元连接中有组、座、槽的概念，如图 7-6 所示，具体说明如下：

1）组：系统的 JD1A 到 I/O 单元的 JD1B、JD1A 到下一单元的 JD1B，形成串行通信，每个从属的 I/O 单元就是一个组，组的顺序以离系统的连接距离依次定义为 0，1，…，n（$n \leqslant 15$）。

2）座：对于特殊模块 I/O U_{int}来说，在一个组中可以有扩展单元。因此，对于基本模块和扩展模块可以分别定义成 0 座、1 座，对于其他通用 I/O 模块来说都默认为 0。

3）槽：对于特殊 I/O U_{int} 来说，在每个座上都有相应的模块插槽，定义时分别以安装槽的顺序 1，2，…，10 来定义每个插槽的物理位置。

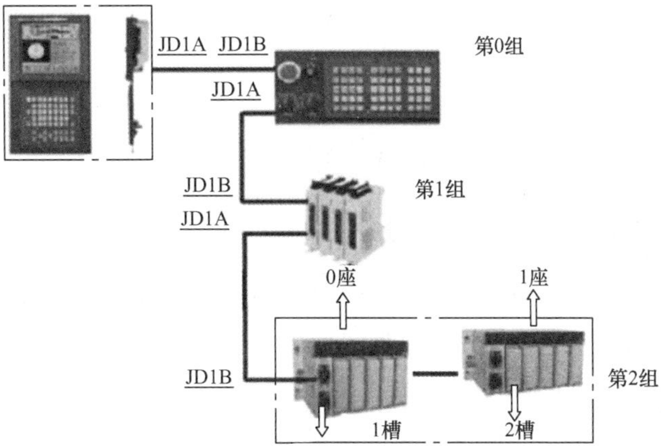

对于各 I/O 模块之间的连接有如下规则：

1）一个 I/O Link 最多可连接 16 组子单元。

2）电缆的连接从一个模块的 JD1A 连接到下一模块的 JD1B，保证 B 进 A 出，最后一个模块的 JD1A 口空置。

图 7-6　FANUC 数控系统中的组、座、槽

3）每个通道的 I/O 点数均为 1024。

4）每组的 I/O 点数最大均为 256。

5）手轮连接在离系统最近的一个 16B 大小模块的 JA3 接口上。

知识点 4：FANUC 主轴放大器及其接口连接

FANUC 数控系统的主轴分为模拟主轴和伺服主轴两种类型，模拟主轴一般采用变频器 + 三相异步电动机的方式进行驱动，主要实现对主轴的速度控制；伺服主轴（也称为串行主轴）采用 FANUC 专用的主轴伺服放大器 + 伺服电动机进行驱动，实现对主轴的速度控制及位置控制，两者在硬件连接及控制方式上有较大差异。

下面主要以模拟主轴为例，对主轴控制的连接进行介绍。变频器控制的主轴构成部件有 CNC、变频器、主轴电动机（一般为三相异步电动机）、主轴编码器等，其硬件连接如图 7-7所示，图中变频器为欧姆龙通用变频器。

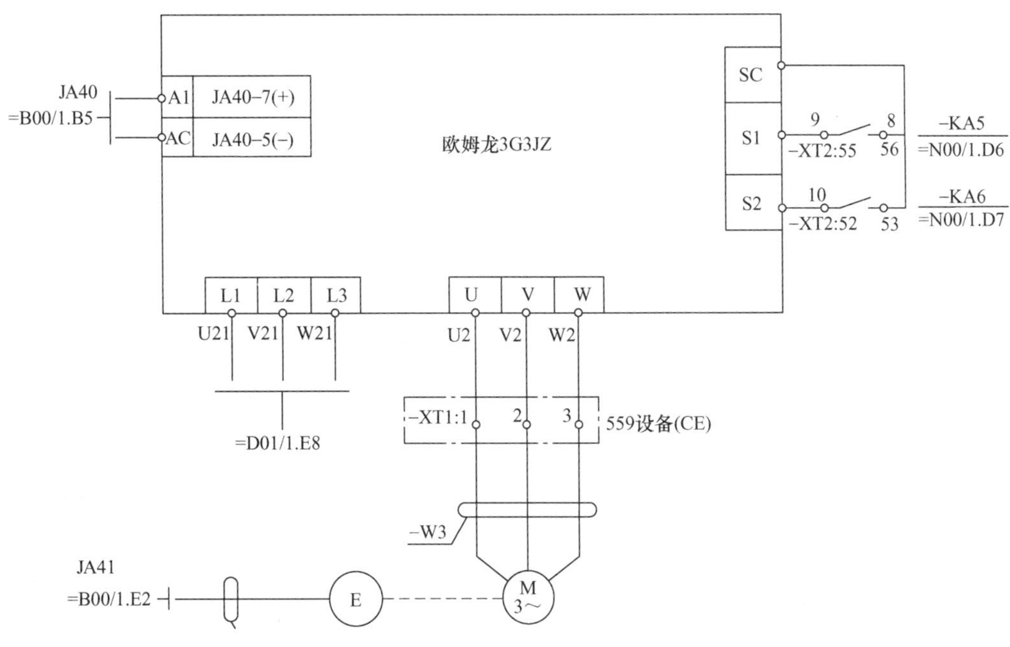

图 7-7　变频器控制的主轴硬件连接

其中，JA40 接口接收来自 FANUC 数控系统 0 ~ 10V 的模拟电压，对变频器连接的 L1、L2、L3，380V、50Hz 的主电源频率进行调节，输出频率可调节的电压通过 U、V、W 加至电动机 M；主轴编码器 E 的位置信号反馈至 JA41；继电器 KA5、KA6 通过机床内置 PMC 程序控制主轴电动机实现正转和反转。

【任务实施】

数控机床的硬件连接主要包括数控系统与伺服系统的连接、数控系统与主轴控制系统的连接及数控系统与外部 I/O 的连接。正确的硬件连接是保障数控机床稳定可靠运行的基础。

典型机床的硬件连接—以数控车床为例

现有 FANUC 0iMateTD 数控系统一台，FANUC βi 伺服电动机及伺服驱动器各两台，分别控制数控车床 X、Z 轴电动机，主轴采用一台三相异步电动机进行变频控制（欧姆龙变频器），I/O 单元采用 0i 用 I/O 单元，按照 FANUC 数控系统的连接规则完成以下任务内容：

1）完成数控系统与伺服驱动器之间的连接。

2）完成数控系统与 I/O 单元之间的连接。

3）完成数控系统与主轴变频器之间的连接。

实施步骤

通过学习 FANUC 数控系统及其相关部件接口功能及连接规则，结合本任务要求实施任务。实施过程按照先进行数控系统与伺服驱动器之间连接、再进行 I/O 单元的连接、最后进行变频器主轴连接的顺序进行。连接过程中，先进行强电部分的连接，再进行控制信号部分的连接。对于接口部分的连接，要选择合适的接口电缆或光缆，防止将电缆、光缆等接口线插接错误，造成后期的设备故障或人身安全隐患。

1. 完成数控系统与伺服驱动器之间的连接

熟悉数控系统及伺服驱动器各接口的功能，连接数控系统与数控车床 X 轴、Z 轴伺服驱动器、伺服驱动器与伺服电动机之间的连线。连接前，选择正确的连接电缆（或光缆），按照前述 βi 伺服驱动器的连接规则进行连接，连接示意图如图 7-8 所示。

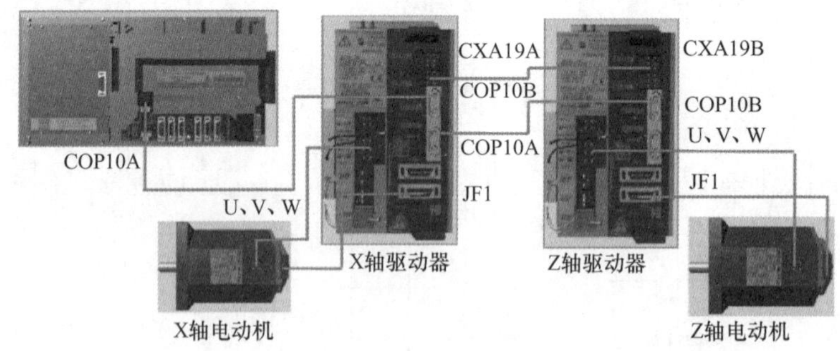

图 7-8　数控车床 βi 伺服驱动器的连接示意图

2. 完成数控系统与 I/O 单元之间的连接

熟悉数控系统及 I/O 单元的连接规则，连接数控系统与各 I/O 单元之间的连线。该项目采用的 I/O 单元包括 FANUC 标准的机床操作面板及 0i 用 I/O 单元，其连接示意图如图 7-9 所示。

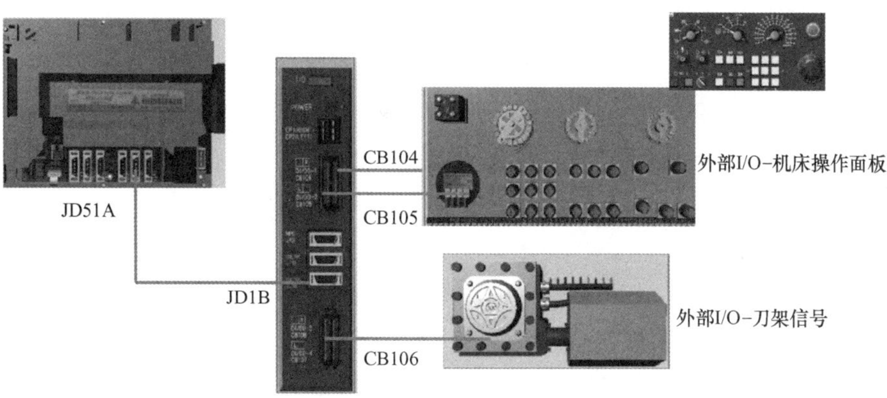

图 7-9 I/O 单元的连接示意图

I/O 单元外部连接有数控机床厂家配置的机床操作面板，该操作面板使用0i 用 I/O 单元进行连接，其按键及指示灯需要连接至 0i 用 I/O 单元 CB104、CB105，每个接口具有 24 个输入和 16 个输出。外部其他开关量信号，如机床限位开关、刀位、控制用继电器、电磁阀、指示灯等，连接至 CB106 接口，CB107 接口不进行连接。0i 用 I/O 单元共有 96 点输入和 64 点输出，其接口如图 7-10 所示。

CB104 HIROSE 50PIN

	A	B
01	0V	24V
02	Xm+0.0	Xm+0.1
03	Xm+0.2	Xm+0.3
04	Xm+0.4	Xm+0.5
05	Xm+0.6	Xm+0.7
06	Xm+1.0	Xm+1.1
07	Xm+1.2	Xm+1.3
08	Xm+1.4	Xm+1.5
09	Xm+1.6	Xm+1.7
10	Xm+2.0	Xm+2.1
11	Xm+2.2	Xm+2.3
12	Xm+2.4	Xm+2.5
13	Xm+2.6	Xm+2.7
14		
15		
16	Yn+0.0	Yn+0.1
17	Yn+0.2	Yn+0.3
18	Yn+0.4	Yn+0.5
19	Yn+0.6	Yn+0.7
20	Yn+1.0	Yn+1.1
21	Yn+1.2	Yn+1.3
22	Yn+1.4	Yn+1.5
23	Yn+1.6	Yn+1.7
24	DOCOM	DOCOM
25	DOCOM	DOCOM

CB105 HIROSE 50PIN

	A	B
01	0V	24V
02	Xm+3.0	Xm+3.1
03	Xm+3.2	Xm+3.3
04	Xm+3.4	Xm+3.5
05	Xm+3.6	Xm+3.7
06	Xm+8.0	Xm+8.1
07	Xm+8.2	Xm+8.3
08	Xm+8.4	Xm+8.5
09	Xm+8.6	Xm+8.7
10	Xm+9.0	Xm+9.1
11	Xm+9.2	Xm+9.3
12	Xm+9.4	Xm+9.5
13	Xm+9.6	Xm+9.7
14		
15		
16	Yn+2.0	Yn+2.1
17	Yn+2.2	Yn+2.3
18	Yn+2.4	Yn+2.5
19	Yn+2.6	Yn+2.7
20	Yn+3.0	Yn+3.1
21	Yn+3.2	Yn+3.3
22	Yn+3.4	Yn+3.5
23	Yn+3.6	Yn+3.7
24	DOCOM	DOCOM
25	DOCOM	DOCOM

CB106 HIROSE 50PIN

	A	B
01	0V	24V
02	Xm+4.0	Xm+4.1
03	Xm+4.2	Xm+4.3
04	Xm+4.4	Xm+4.5
05	Xm+4.6	Xm+4.7
06	Xm+5.0	Xm+5.1
07	Xm+5.2	Xm+5.3
08	Xm+5.4	Xm+5.5
09	Xm+5.6	Xm+5.7
10	Xm+6.0	Xm+6.1
11	Xm+6.2	Xm+6.3
12	Xm+6.4	Xm+6.5
13	Xm+6.6	Xm+6.7
14	COM4	
15		
16	Yn+4.0	Yn+4.1
17	Yn+4.2	Yn+4.3
18	Yn+4.4	Yn+4.5
19	Yn+4.6	Yn+4.7
20	Yn+5.0	Yn+5.1
21	Yn+5.2	Yn+5.3
22	Yn+5.4	Yn+5.5
23	Yn+5.6	Yn+5.7
24	DOCOM	DOCOM
25	DOCOM	DOCOM

CB107 HIROSE 50PIN

	A	B
01	0V	24V
02	Xm+7.0	Xm+7.1
03	Xm+7.2	Xm+7.3
04	Xm+7.4	Xm+7.5
05	Xm+7.6	Xm+7.7
06	Xm+10.0	Xm+10.1
07	Xm+10.2	Xm+10.3
08	Xm+10.4	Xm+10.5
09	Xm+10.6	Xm+10.7
10	Xm+11.0	Xm+11.1
11	Xm+11.2	Xm+11.3
12	Xm+11.4	Xm+11.5
13	Xm+11.6	Xm+11.7
14		
15		
16	Yn+6.0	Yn+6.1
17	Yn+6.2	Yn+6.3
18	Yn+6.4	Yn+6.5
19	Yn+6.6	Yn+6.7
20	Yn+7.0	Yn+7.1
21	Yn+7.2	Yn+7.3
22	Yn+7.4	Yn+7.5
23	Yn+7.6	Yn+7.7
24	DOCOM	DOCOM
25	DOCOM	DOCOM

图 7-10 FANUC 0i 用 I/O 单元接口图

3. 完成数控系统与主轴变频器之间的连接

按照图7-7完成数控系统与主轴变频器之间的连接，以及主轴变频器与主轴电动机之间的连接，将主轴编码器正确连接至数控系统，进行主轴位置信号的反馈。连接中确保各连接电缆选择合理，线路连接正确可靠。

【课后测试】

1. FS-0iD系统连接按照功能可分为________连接、________连接、________单元的连接及________连接。

2. FANUC数控系统通常用的I/O单元有FANUC I/O UINT-MODEL A、FANUC I/O UINT-MODEL B、________、________模块、________等，I/O单元之间通过网络总线进行连接，其总线为________。

【拓展思考与训练】

一、拓展思考

1. FANUC数控系统采用的电源规格是什么？如何进行连接？

2. FANUC数控系统的硬件连接包含哪些内容？怎样识别各接口和电缆以保障正确连接各硬件？

3. FANUC I/O单元都有哪些类型？其连接规则有哪些？

4. FANUC数控系统JA40、JA41各有什么作用？在连接不同的主轴控制单元时，如何进行连接？

二、拓展训练

训练任务：某数控车床I/O单元采用FANUC标准机床操作面板和0i用I/O单元连接，试根据相关知识设计该车床I/O单元的连接。

任务7.2　FANUC数控系统的PMC程序结构

【任务布置】

一、任务引入

数控机床的PMC程序是数控系统进行机床控制的一个重要环节，其主要作用是完成数控机床I/O信号的控制，不同的数控系统的程序结构及编程规则有较大的区别，认识不同数控系统的PMC程序结构，熟悉其编程规则是正确进行PMC程序开发的基础。

通常，数控系统的I/O信号一般控制着机床的外部动作，如运行指示灯、液压卡盘、自动门、刀库换刀等，I/O信号在编程中的正确使用是机床安全运行的重要保障，编程调试中的错误引用可能引起严重的设备故障。因此，在程序开发过程中务必养成严谨细致的工作作风。

本任务主要学习FANUC数控系统PMC程序开发，程序开发者需要熟知FANUC数控系统的PMC程序结构，在此基础上，利用CNC内置可编程控制器进行PMC I/O信号的分配及测试，确保数控机床控制功能正常，外部动作可靠。

二、问题思考

1. 什么是 PMC？它和 PLC 有什么区别？
2. FANUC 数控系统 PMC 程序的结构有什么特点？
3. FANUC 数控系统 PMC 信号有哪些类型？各有什么含义？
4. FANUC 数控系统 I/O 单元地址如何分配？有什么规则？

【学习目标】

一、知识目标

1. 掌握 FANUC 数控系统 PMC 程序的结构。
2. 掌握 FANUC 数控系统 PMC 信号的类型。
3. 掌握 FANUC 数控系统 I/O 单元地址分配的方法。

二、能力目标

1. 能够进行 FANUC 数控系统 PMC 二级程序的建立。
2. 能够根据外部 I/O 单元的硬件连接正确进行 I/O 单元地址的分配。

三、素养目标

1. 通过数控系统 PMC 程序结构及 I/O 单元分配规则的学习，使学生认识到遵守规则、规范的重要性。

2. 培养学生在 FANUC 数控系统 PMC 程序开发过程中严谨细致的学习态度，熟悉其类型、工作过程，按照操作流程正确组织程序结构，避免出现错误。

【知识准备】

知识点 1：FANUC 数控系统 PMC 的类型和结构

PMC 是内置于 CNC，用来执行数控机床顺序控制操作的可编程机床控制器，其主要功能是对数控机床进行顺序控制，即按照事先确定的顺序对每一个阶段依次进行控制，控制对象主要包括机床各行程开关、传感器、按钮、继电器、电磁阀、指示灯等开关量信号。主要实现工作方式的切换，如手动运行控制、手轮控制、倍率控制、主轴控制及自动运行控制等。

FANUC 0iD PMC 的类型主要包括 0iD PMC、0iD PMC/L、0i MateD PMC/L，其基本规格见表 7-3。

表 7-3　FANUC PMC 的基本规格

规格	0iD PMC	0iD PMC/L	0i MateD PMC/L
编程语言	梯形图	梯形图	梯形图
梯形图级别	3	2	2
一级程序周期	8	8	8
基本指令执行速度	25ns/步	1μs/步	1μs/步
梯形图容量	≤32000	≤8000	≤8000
基本指令数	14	14	14

（续）

规格	0iD PMC	0iD PMC/L	0i MateD PMC/L
功能指令数	93	92	92
F 接口	768 B×2	768 B	768 B
G 接口	768 B×2	768 B	768 B
输入（X）点	≤2048	≤1024	≤256
输出（Y）点	≤2048	≤1024	≤256
程序保存区	≤384	128	128
内部继电器（R）	8000 B	1500 B	1500 B
系统继电器（R9000）	500 B	500 B	500 B
扩展继电器（E）	10000 B	10000 B	10000 B
信息显示（A）请求	2 000	2 000	2 000
可变定时器（TMR）	500 B（250 个）	80 B（40 个）	80 B（40 个）
可变计数器（CTR）	400 B（100 个）	80 B（20 个）	80 B（20 个）
固定计数器（CTRB）	200 B（100 个）	40 B（20 个）	40 B（20 个）
保持继电器（K-用户）	100B	20B	20B
保持继电器（K-系统）	100B	100B	100B
数据表（D）	10000B	3000B	3000B
固定定时器（TMRB）	500	100	100
标签（LBL）/个	9999	9999	9999
子程序（SP）/个	5000	512	512

FANUC PMC 程序的结构包括两部分：一级程序和二级程序，如图 7-11 所示。一级程序只处理短脉冲信号，通常与急停、超程、返回参考点减速、进给暂停信号等需要机床进行快速响应的信号有关。二级程序主要包括操作方式切换、手动进给、手轮进给、主轴及进给倍率处理、辅助功能处理、刀架/刀库控制、信息处理、外部报警显示等。一级程序以 END1 指令结束，二级程序以 END2 指令结束。二级程序后可设置子程序，子程序以 SP 指令开始，以 SPE 指令结束，顺序程序的结束指令为 END。

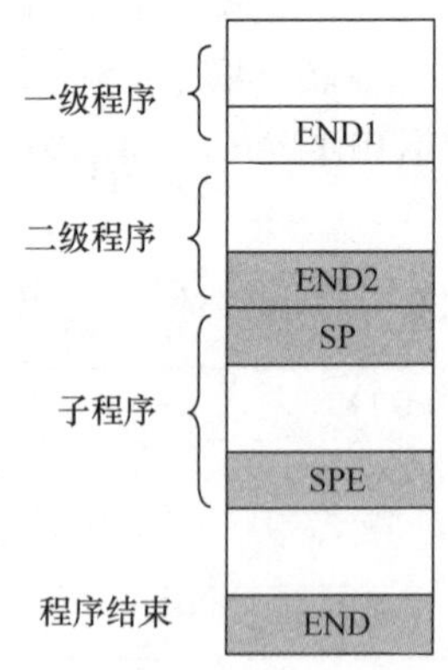

图 7-11　FANUC PMC 程序结构

FANUC PMC 程序的执行与通用型 PLC 程序的执行略有差别。因为数控系统除执行 PMC

程序外，大部分时间需要用来处理NC系统事件。从执行顺序上讲，一级程序要求每8ms执行一次，二级程序采用分割执行的方式，每8*n*ms执行一次，也就是说二级程序分割成*n*段进行执行。CNC系统启动后，与PMC同时运行，在8ms的工作时间内，PMC只有1.25ms的处理时间，剩余的6.75ms由CNC占用。执行PMC程序时，首先执行全部一级程序，然后执行二级程序的一部分。在各处理周期内，执行过程均与此相同，如果一级程序的步数增加，则在8ms内二级程序的动作步数就相应减少，此时会导致二级程序的分割数变多，整个处理程序时间变长。因此一级程序应编制得尽可能短。一般为急停、超程等需要紧急处理的程序放在一级程序中。程序执行的时序图如图7-12所示。

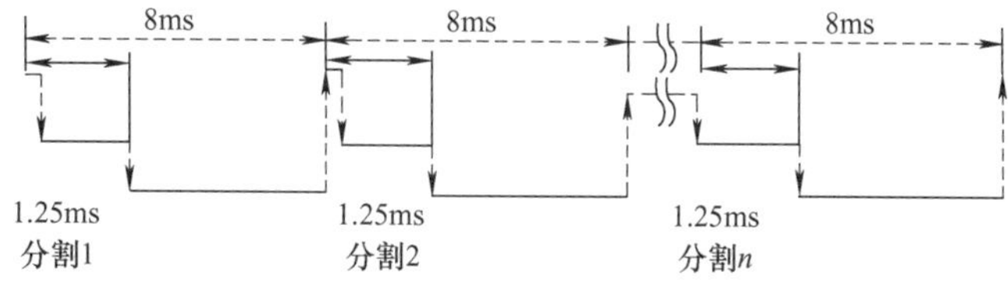

图7-12　PMC程序执行的时序图

知识点2：FANUC数控系统PMC的信号类型

FANUC数控系统PMC的信号类型主要有输入信号X、输出信号Y、CNC接口输入F信号、CNC接口输出G信号、内部继电器R等，具体信号类型及地址见表7-4。

表7-4　FANUC数控系统PMC信号类型及地址

信号类型	0iD PMC	0iD PMC/L	0i MateD PMC/L
F信号	F0～F767 F1000～F1767	F0～F767	F0～F767
G信号	G0～G767 G1000～G1767	G0～G767	G0～G767
X信号	X0～X127 X200～X327	X0～X127	X0～X127
Y信号	Y0～Y127 Y200～Y327	Y0～Y127	Y0～Y127
内部继电器R	R0～R7999	R0～R1499	R0～R1499
系统继电器R9000	R9000～R9499	R9000～R9499	R9000～R9499
扩展继电器E	E0～E9999	E0～E9999	E0～E9999
信息继电器A	A0～A249	A0～A249	A0～A249
可变定时器T	T0～T499	T0～T79	T0～T79
可变计数器C	C0～C399	C0～C79	C0～C79
固定计数器C	C5000～C5199	C5000～C5039	C5000～C5039
保持继电器K（用户）	K0～K99	K0～K19	K0～K19
保持继电器K（系统）	K900～K999	K900～K999	K900～K999
数据表D	D0～D9999	D0～D9999	D0～D9999
标签L	L1～L9999	L1～L9999	L1～L9999
子程序P	P1～P5000	P1～P512	P1～P512

一般将数控机床分为“NC 侧”（数控系统侧）和“MT 侧”（机床侧）两大部分。“NC 侧”主要包括 CNC 的硬件、软件、外围设备等。“MT 侧”包括机床的机械部分和控制部分，机械部分主要是液压、气动、冷却、润滑、排屑等辅助装置，控制部分主要有机床操作面板、继电器控制线路及机床强电线路等。PMC 的信息交换是在 PMC、CNC 和 MT 三者之间交互进行的，其信号接口关系如图 7-13 所示。

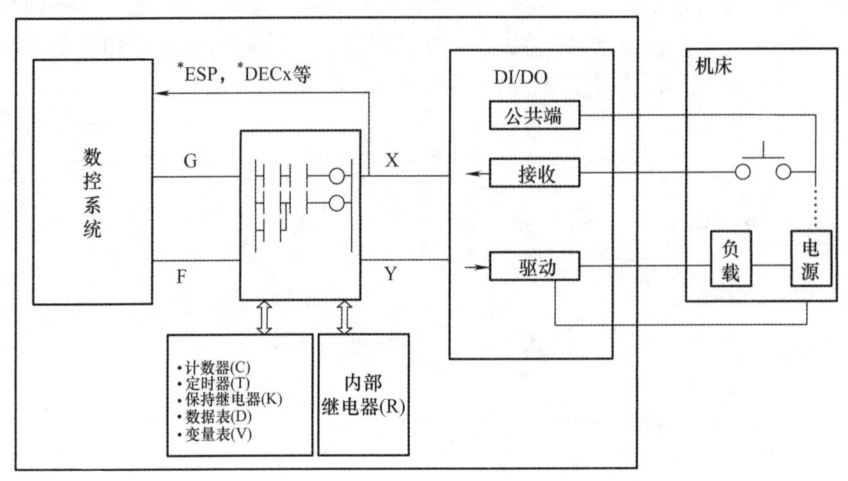

图 7-13　PMC 信号接口关系

机床开关量输入信号 X 由“MT 侧”送入 PMC，PMC 控制机床的开关量输出信号 Y 由 PMC 发送到“MT 侧”，PMC 发送给数控系统 G 信号，数控系统将 F 信号反馈给 PMC。G、F 信号的具体含义由数控系统厂家进行设定，不可改变或删除。PMC 内部还有内部继电器 R、计数器 C、定时器 T、保持继电器 K、数据表 D 等。

知识点 3：FANUC 数控系统 I/O 单元地址的分配

FANUC 数控系统 I/O 单元地址的分配主要是对输入信号 X、输出信号 Y 所在的模块进行的地址分配，分配地址时需要确定模块起始地址，并分配相应的字节长度。FANUC 数控系统 PMC 不同的模块名称即代表了不同的字节长度，见表 7-5。

表 7-5　FANUC 数控系统 PMC 模块名称与字节长度

模块名称	输入字节长度	输出字节长度
OC01I	12	
OC01O		8
OC02I	16	
OC02O		16
OC03I	32	
OC03O		32
/n	n	
/n		n
CM16I	16	
CM08O		8

地址分配需要遵循以下原则：

1）FANUC 0iD 系统的 I/O 单元分配是自由的，但有一个规则，即连接手轮的单元必须为 16B，并且手轮连在离系统最近的一个 16B 单元的 JA3 接口上。

2）各 I/O 单元都有独立的名字，在进行地址设定时，需要指定起始地址和单元名称，单元名称表示了字节长度。

3）单元在分配完成后需要保存，在机床下次通电后，分配的地址才能生效。

对图 7-14 所示 I/O 连接进行地址分配，I/O 地址分配结果见表 7-6。

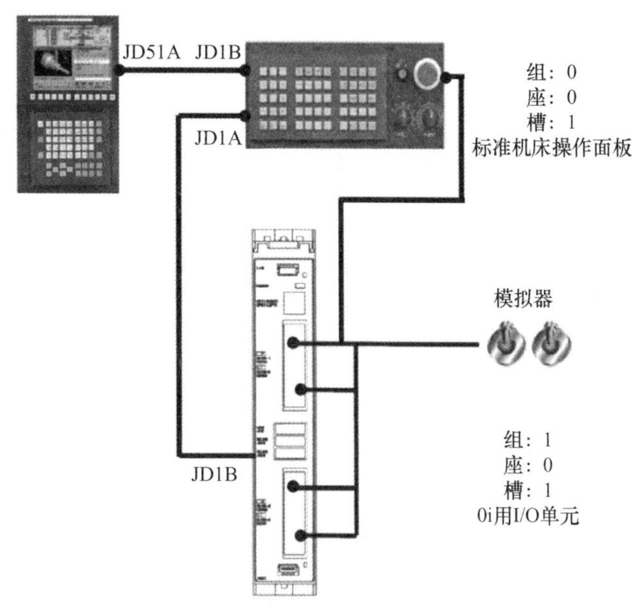

图 7-14　I/O 连接图

表 7-6　I/O 单元的地址分配结果

区分	地址	组	座	槽	名称	数据
输入	X0000	1	0	1	OC02I	16
	X0020	0	0	1	OC02I	16
输出	Y0000	1	0	1	/16	16
	Y0024	0	0	1	OC02O	16

地址分配完成后，第 0 组 I/O 的输入地址为 X20.0 ~ X35.7，输出地址为 Y24.0 ~ Y39.7；第 1 组 I/O 的输入地址为 X0.0 ~ X15.7，输出地址为 Y0.0 ~ Y0.7。

【任务实施】

现有 FANUC 0i Mate TD 数控系统一台，I/O 单元采用 FANUC 标准机床操作面板及 0i 用 I/O 单元，0i 用 I/O 单元主要连接外部机床开关信号（如刀位、继电器、电磁阀、指示灯等）。数控系统内置 PMC，按照 FANUC 数控系统 PMC 程序开发流程完成以下任务：

1）完成 FANUC 数控系统两级程序结构的建立。

2）完成 PMC 中 I/O 地址的分配并进行地址确认。

实施步骤

在进行程序开发前，按照 FANUC 数控系统的二级程序结构正确进行二级程序构建及 I/O地址分配。首先进行二级程序的构建，分别进行一级程序的设置与二级程序的设置并进行程序保存与确认；然后按照 I/O 单元的连接规则及地址的分配规则进行 I/O 单元地址的分配；分配完成后，在测试画面确认 I/O 信号是否有效。

1. 完成 FANUC 数控系统两级程序结构的建立

1）按下 MDI 面板上的[SYSTEM]按键，按下扩展按键，找到 PMC 相关画面，如图 7-15 所示。

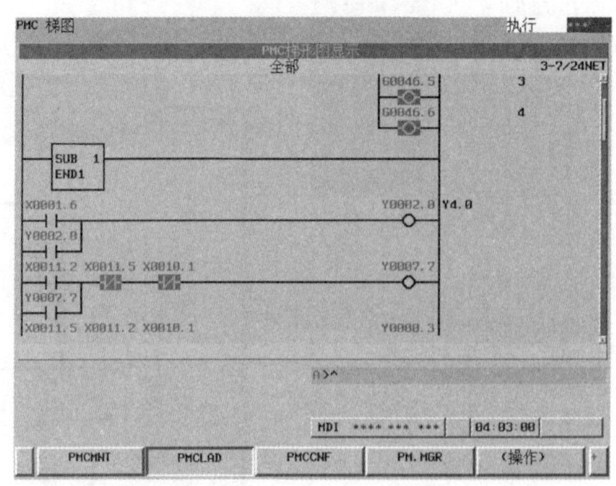

图 7-15　PMC 相关画面

2）在图 7-15 中按下 （操作） 按键，进入梯形图编辑画面，如图 7-16 所示。

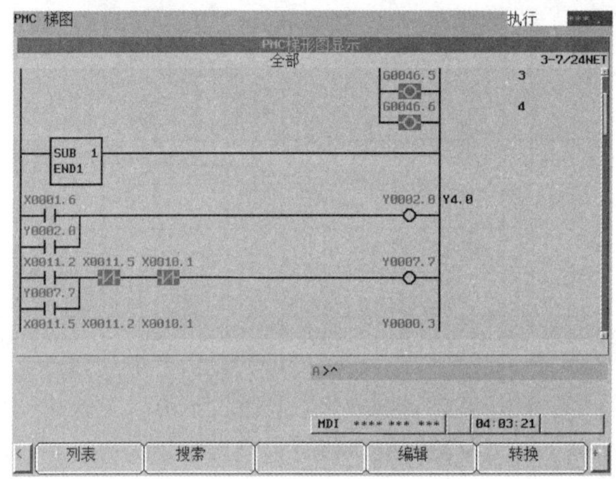

图 7-16　梯形图编辑画面

3）在图 7-16 中按下 编辑 按键，进入编辑状态，按方向键定位黄色光标，如图 7-17 所示。

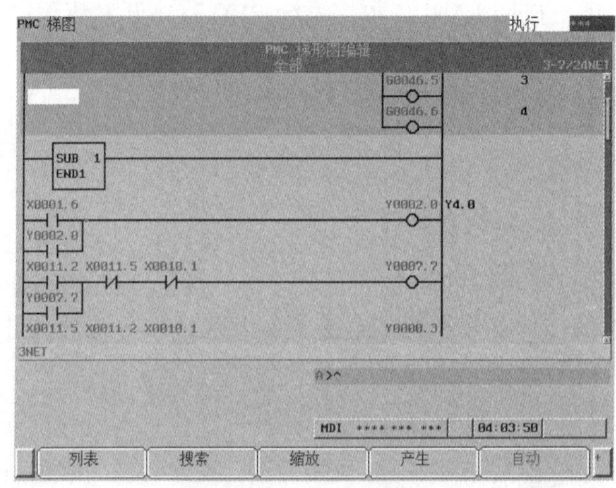

图 7-17　PMC 编辑状态

4）在图 7-17 中按下 缩放 按键，进入程序编辑状态，如图 7-18 所示。

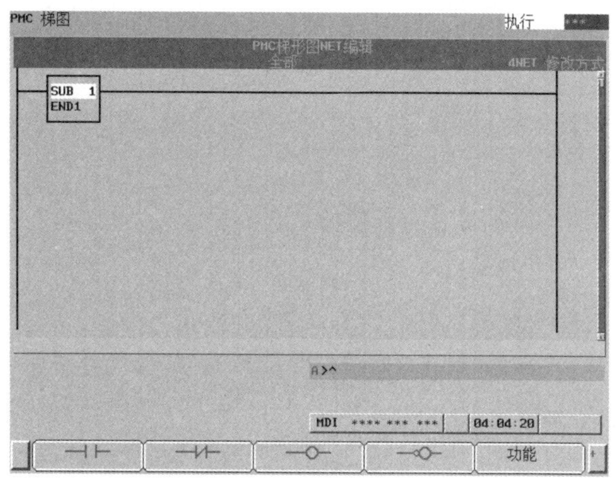

图 7-18　PMC 程序编辑状态

5）在图 7-18 中按下 功能 按键，进入功能指令选择画面，选择 END1 指令，如图 7-19 所示。用同样的方法选择 END2 指令和 END 指令。

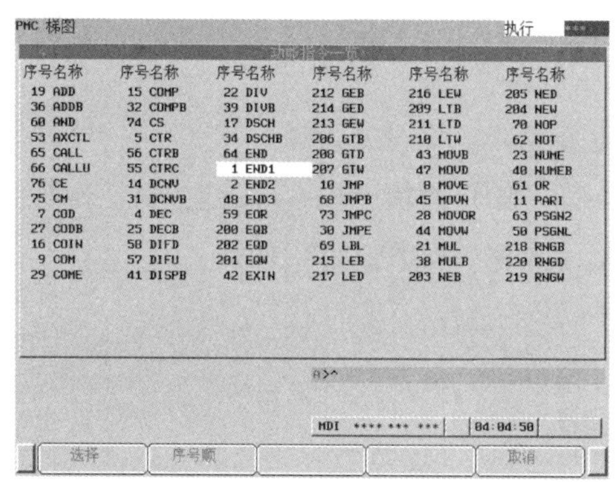

图 7-19　END1 指令选用

6）在图 7-19 中按下 取消 按键，回到梯形图编辑画面，可以看到梯形图的两级程序结构，即级 1 和级 2 程序，如图 7-20 所示。

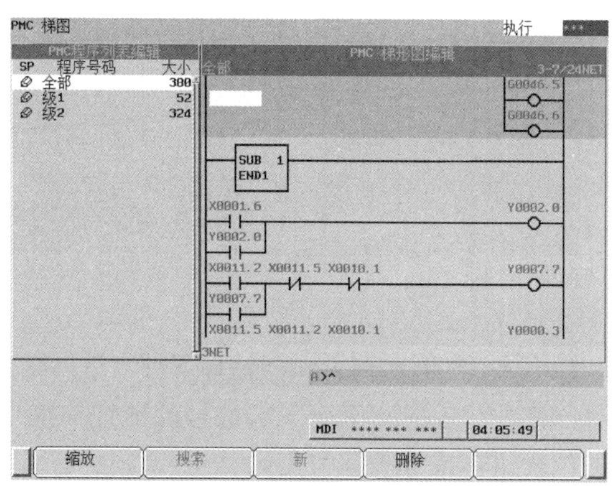

图 7-20　PMC 的两级程序结构

2. 完成 PMC 中 I/O 地址的分配并进行地址确认

1）I/O 模块地址的分配。按照图 7-14 进行 I/O 模块地址的分配。按下 MDI 面板上的按键，再依次按下按键，进入 I/O 模块地址分配画面，如图 7-21 所示。

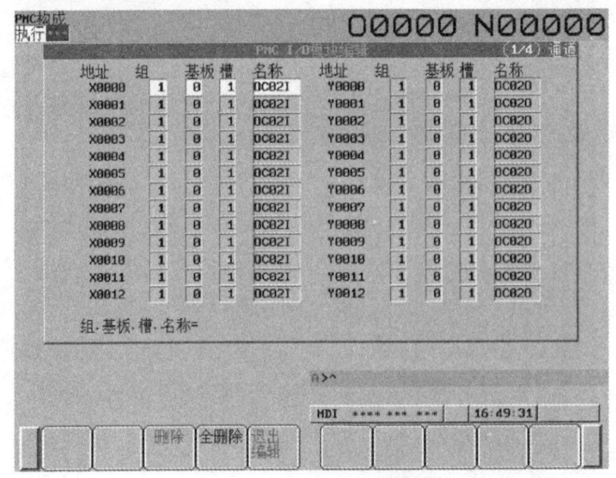

图 7-21　I/O 模块地址分配画面

在该画面下，按照表 7-6 对 I/O 模块的地址进行分配。地址分配完成后，按下按键，至此模块地址设定完成。

注意： 需要将系统断电重启后，新地址才能生效。

2）地址信号的确认。按下 MDI 面板上的按键，再依次按下按键。I/O Link 各通道的模块连接按顺序显示出来，如图 7-22 所示。

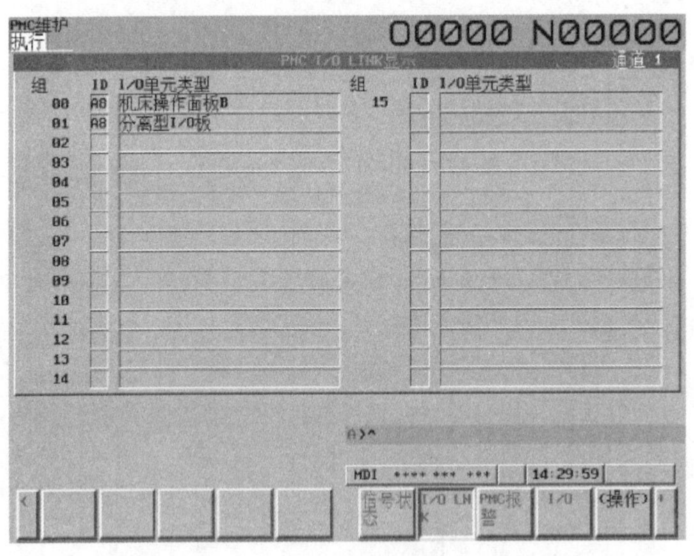

图 7-22　I/O Link 模块

按下 MDI 面板上的按键，再依次按下按键，进入信号诊断画面，如图 7-23 所示。当光标显示在信号的某一位上时，画面下部信号的地址、符号和注释也会随之显示。操作相应的按钮，对应的位发生 0 或 1 状态的变化。

图 7-23　信号诊断画面

【课后测试】

1. PMC 主要功能是对数控机床进行________，主要的控制对象是________信号。

2. FANUC PMC 程序的结构包括：________和________两部分。

3. FANUC PMC 的信号类型主要有________、________、________、________、内部继电器 R 等。

4. PMC 的信息交换是在________、________和________三者之间交互进行。

【拓展思考与训练】

一、拓展思考

1. 对于不同的 PMC 规格，其定时器及计数器有什么区别？

2. FANUC 一级程序和二级程序的结束标志如何区分？

3. FANUC 数控系统 I/O 分配中模块的名称都有哪些？各代表什么含义？

二、拓展训练

训练任务：在数控系统 PMC 程序中，删除所有模块地址的分配，观察会有什么现象发生？检验机床手动进给、手轮进给、操作方式切换等与 PMC 相关的功能是否有效。如果 PMC 功能有误，应如何恢复 PMC 功能？

任务 7.3　FANUC 数控系统 PMC 程序设计

【任务布置】

一、任务引入

数控系统的 PMC 程序设计与开发通常涉及数控机床外围的众多部件，主要包括机床操作面板按键控制、进给倍率控制、主轴倍率控制、手轮控制、刀架或刀库控制、机床辅助功能控制等，是一个相对较复杂的控制系统，尤其对大型机床或由多台机床组成的智能化生产线，其涉及的 PMC 控制将更加复杂。

通常，大型复杂的系统工程涉及上百个专业，上万人的研发团队，需要不断拓展创新边界，引领技术发展，团队合作与分工协作显得尤为重要。例如，中国战机经历五十年的艰苦征程，歼-20 试飞成功，标志着我国成为继美、俄之后，第三个掌握最新战机技术的国家。歼-20 试飞成功后，欧美媒体纷纷问：中国是如何做到这一点的？要探寻答案，首先得走近一个神秘的战机研制团队。歼-20 研发团队从方案设计、初步设计、详细设计、试制和试飞、定型等经历多个不同阶段，各阶段、各环节均涉及单位之间、部门之间的协同作战，相互之间通力合作至关重要，每个人、每个部门、每个单位都需要在此过程中切实承担起自己的义务与责任，具有高度的家国情怀、社会责任感、历史使命感，才可能保障任务的顺利完成。

该任务以数控车床 PMC 程序设计为例，采用 FANUC 数控系统及其相关驱动器与 I/O 部件，进行 PMC 程序开发与设计，以保障机床功能可靠实现。在项目实施过程中，需要各小组精诚团结、分工协作，开发出功能完善、动作正常、运行稳定可靠的 PMC 控制程序，为机床最终能够进行工件加工奠定基础。

二、问题思考

1. FANUC 数控系统 PMC 的一级程序都包括哪些？急停的 G 接口信号是什么？
2. FANUC 操作方式切换的 PMC 程序如何实现？
3. FANUC 进给倍率开关编码有哪些类型？
4. FANUC 进给倍率 PMC 控制如何实现？
5. 主轴正反转的 M 代码如何用 PMC 程序实现？

【学习目标】

一、知识目标

1. 掌握 FANUC 数控系统超程、急停等一级 PMC 程序的编写与调试方法。
2. 掌握 FANUC 数控系统手动进给 PMC 程序的设计与调试方法。
3. 掌握 FANUC 数控系统手轮进给 PMC 程序的设计与调试方法。
4. 掌握 FANUC 数控系统 M 代码的 PMC 程序的设计与调试方法。

二、能力目标

1. 能够进行数控机床操作面板程序的设计。
2. 能够进行数控系统 M 代码 PMC 程序的设计。

三、素养目标

通过机床 PMC 程序的整体设计开发，培养学生的团队协作能力，内化敬业、团结、专注、创新的“工匠精神”。

【知识准备】

知识点 1：FANUC 数控系统 PMC 的编程指令

FANUC 数控系统 PMC 除具有通用 PLC 的基本指令外，还具有丰富的功能指令。除常开指令、常闭指令、线圈输出指令、边沿触发指令、定时器及计数器指令外，还有专门针对机床 PMC 而设计的指令。下面就部分通用指令及任务开发所需要的功能指令进行介绍。

1. 顺序程序结束指令

（1）第一级程序结束指令（END1）

第一级程序每隔 8ms 读取一次，主要处理系统急停、超程、进给暂停等紧急动作。由于第一级程序过长将会延长 PMC 整个扫描周期，所以第一级程序不宜过长。当不使用第一级程序时，必须在 PMC 程序开头指定 END1，否则 PMC 程序无法正常运行。

（2）第二级程序结束指令（END2）

第二级程序用来编写普通的顺序程序，如系统就绪、运行方式切换、手动进给、手轮进给、自动运行、辅助功能（M、S、T 功能）控制、调用子程序及信息显示控制等顺序程序。通常第二级程序的步数较多，在一个 8ms 内不能全部处理完（每个 8ms 内都包括第一级程序），所以在每个 8ms 中顺序执行第二级程序的一部分，直至执行到第二级程序的结束（即读取到 END2）。在第二级程序中，因为有同步输入信号存储器，所以输入脉冲信号的信号宽度应大于 PMC 的扫描周期，否则顺序程序会出现误动作。

（3）程序结束指令（END）

END 指令为整个 PMC 程序的结束指令，按照 FANUC 梯形图的顺序，在最后一个子程序结束后需要插入 END 指令。

2. 定时器指令

在数控机床梯形图编制中，定时器是不可缺少的指令，主要用于程序中需要与时间建立逻辑关系的场合。其功能相当于定时继电器（延时继电器）。FANUC 系统 PMC 的定时器按时间设定形式不同可分为可变定时器（TMR）和固定定时器（TMRB）两种，其格式如图 7-24 所示。

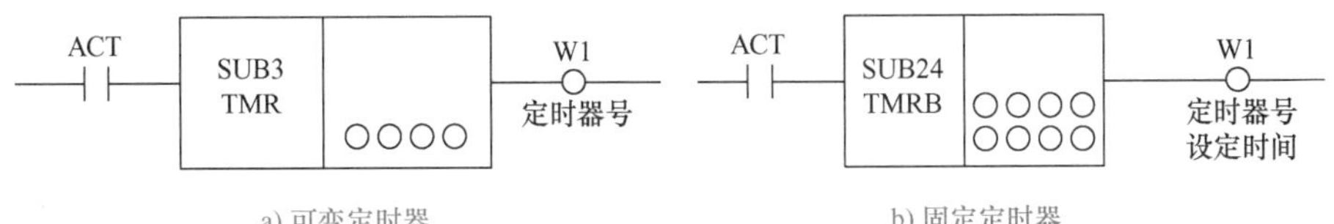

a) 可变定时器　　b) 固定定时器

图 7-24　定时器指令

TMR 定时器的定时时间可通过 PMC 参数进行修改，定时器号：1 号～40 号，其中 1 号～8 号最小单位为 48ms（最大为 1572.8s）；9 号以后最小单位为 8ms（最大为 262.1s）。定时器的定时时间在 PMC 参数中设定（每个定时器占两个字节，以十进制数直接设定）。

1）可变定时器（TMR）。当 ACT＝0 时，不启动定时器，输出继电器 W1＝0；当 ACT＝1 时，启动定时器，到达设定值后，输出继电器 W1＝1。其定时时间可以通过 PMC 的参数进行修改。

2）固定定时器（TMRB）。TMRB 的设定时间需要在指令中进行设定，与顺序程序一起被写 EEPROM 中，其定时时间不能在 PMC 中修改。

3. 计数器指令

计数器指令的主要功能是进行计数，可以是加计数，也可以是减计数。计数器指令的预置值形式是 BCD 代码还是二进制形式，由 PMC 的参数设定。计数器指令可以计数加工工件的件数，进行分度工作台的自动分度控制及加工中心自动换刀装置中换刀位置的自动检测控制等。图 7-25 为计数器指令格式，计数器分为可调计数器和固定计数器。

计数器指令中 CN0 为计数器初始值设定，为 1 时，计数器的初始值为 1；为 0 时，计数器

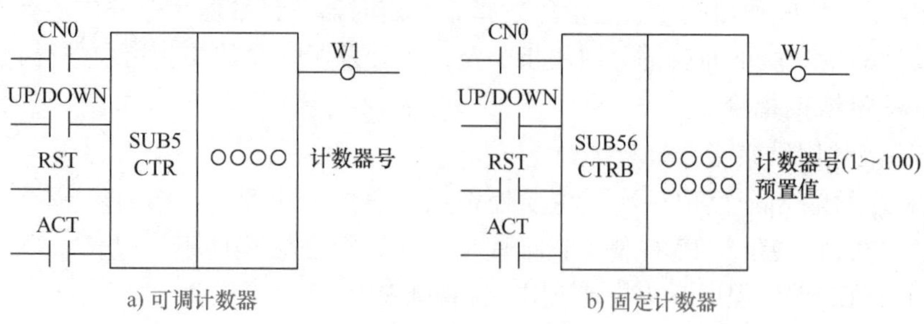

图 7-25　计数器指令格式

的初始值为 0。UP/DOWN 设定加计数或减计数，为 0 时，进行加计数；为 1 时，进行减计数。RST 为 1 时，将计数器复位为初始值，加计数器复位为 CN0 的初始值；减计数器复位为计数器的预置值。ACT 为计数控制端，收到信号的上升沿时进行 1 次计数并更新计数器值。

4. 译码（DEC/DECB）指令

（1）DEC 指令

其功能是当两位 BCD 码与给定的值一致时，输出为 1；不一致时，输出为 0。一条 DEC 指令只能译一条 M 代码。图 7-26 为 DEC 指令的格式。

图 7-26　DEC 指令

其中，ACT 为控制条件，为 1 时，执行译码指令；反之，则不执行译码指令。译码数据地址用来指定包含两位 BCD 码信号的地址，对 M 代码来说，系统固定为 F10。译码指令包括译码数值 nn 和译码参数 dd 两部分。译码数值为要译码的两位 BCD 数，译码参数代表译码位数，其可选值为 01、10 或 11，分别代表译码时只译低四位、只译高四位和高、低位都译。译码结果输出为 W1，当指定译码地址的译码数值和要求译码的数值相等时，为 1；否则为 0。下面以 M03、M04、M05 为例说明译码指令的应用，图 7-27 所示为 M 代码的译码程序。

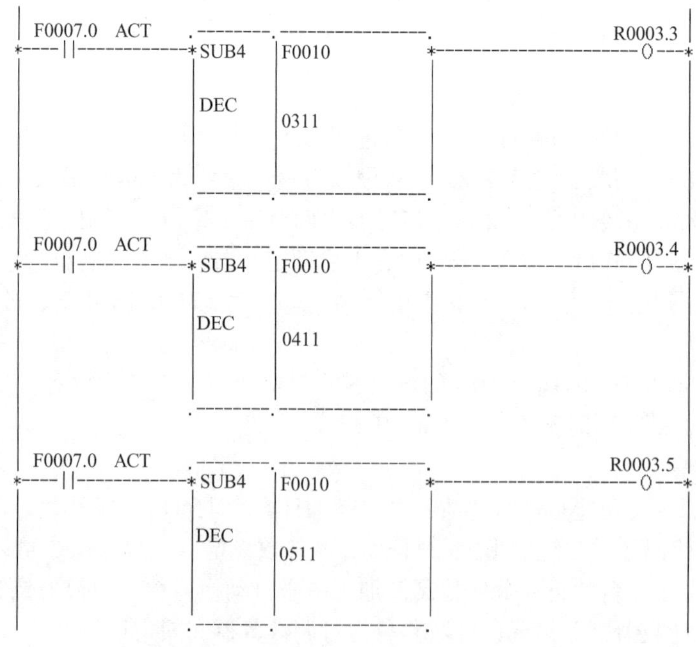

图 7-27　M 代码的译码程序

当加工程序执行到 M03、M04、M05 时，F7.0 接通，执行相应的译码指令，R3.3，R3.4，R3.5 分别为 1，从而实现主轴的正转、反转和停止。

（2）DECB 指令

该指令可以对 1 字节、2 字节或 4 字节的二进制数据进行译码，所指定的 8 位连续数据之一与代码数据相同时，对应的输出数据为 1。一条 DECB 指令可以译码 8 个连续的 M 代码，其指令格式如图 7-28 所示。

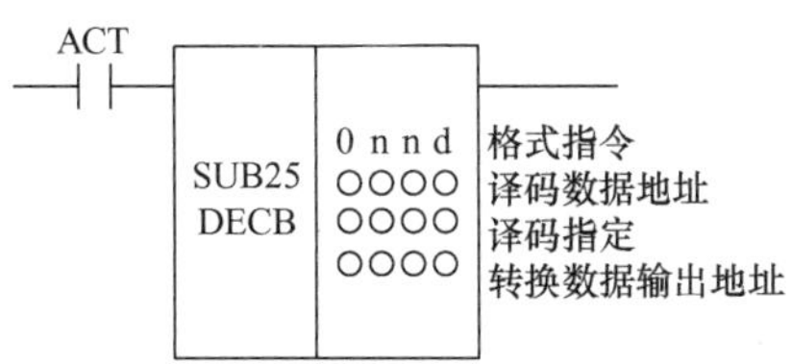

图 7-28 DECB 指令格式

其中，ACT 为执行条件，作用同 DEC 指令。格式指令 nn 为连续译码个数设定，当 nn 为 00 或 01 时，对连续的 8 个数值进行译码。当 nn 为 02 ~ 99 时，对连续的 nn × 8 个数值进行译码。d 代表译码数据的字节长度，可以为 1、2 或 4。译码数据地址为给定的存储代码数据的起始地址，M 代码译码数据地址为 F10 ~ F13。译码指定为指定译码的 8 个连续数值的第一个。转换数据输出地址为给定一个输出译码结果的地址。同样，对 M03、M04、M05 进行译码，用 DECB 指令进行译码的程序段如图 7-29 所示。

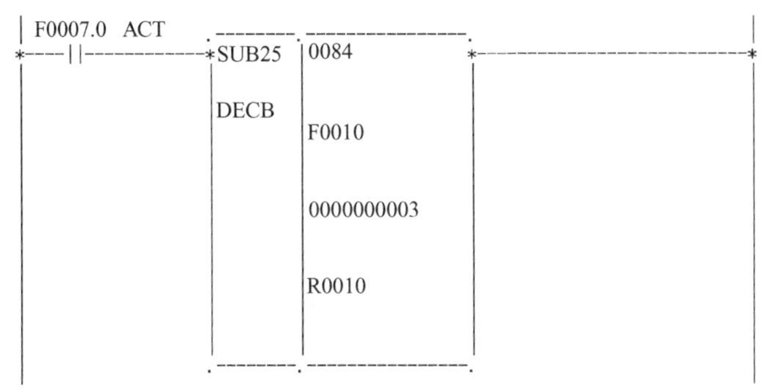

图 7-29 用 DECB 指令的译码程序段

译码指令执行后，若程序读到 M03 指令，则 R10.0 接通；读到 M04 指令时，R10.1 接通；读到 M05 指令时，R10.2 接通。该指令译出一组 M 代码，共 8 个，译出的 M 代码为 M03 ~ M10，译码结果存储在 R10.0 ~ R17.7 对应的状态位中。

5. 二进制代码转换（CODB）指令

CODB 指令是把 2 个字节的二进制代码（0 ~ 256）数据转换成 1 个字节、2 个字节或 4 个字节的二进制数据指令。指令格式如图 7-30 所示。

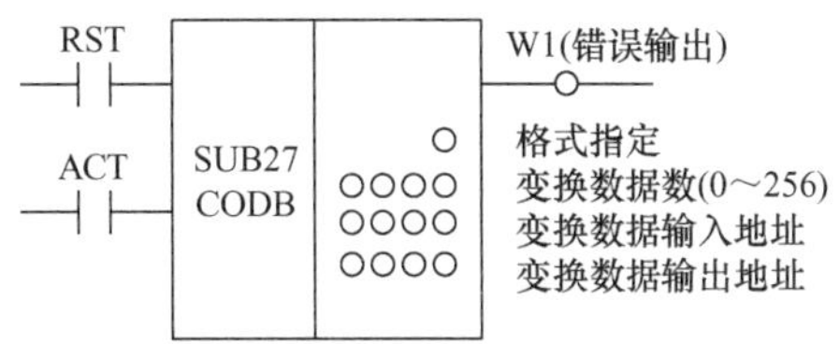

图 7-30 CODB 指令

指令中 RST 为复位控制条件，为 1 时，复位输出 W1 为 0；ACT 为 1 时，执行 CODB 指令。控制参数中，格式指定为执行变换数据的长度，可以为 1、2、4 个字节；变换数据数指变换数据的容量（0～256）；变换数据输入地址为存储变换表表号的地址，需要指定 1 个字节的数据；变换数据输出地址为变换完成后，存储数据表输出的数据。执行 CODB 指令时，如果转换输入地址出现错误，则输出为 1。

知识点 2：辅助功能 M 代码的执行

在编制数控加工程序的过程中经常会遇到 M 指令，M 指令在 MDI 或自动方式下运行，需要在 PMC 程序内部进行处理。M 代码执行的时序图如图 7-31 所示。

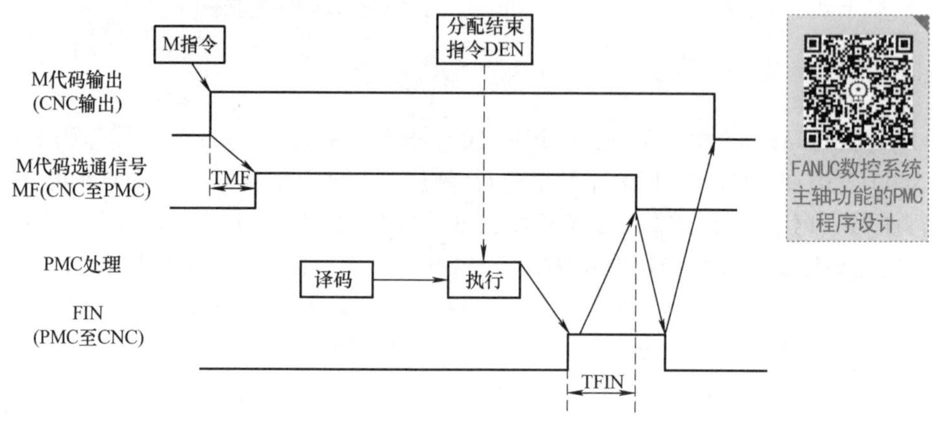

图 7-31　M 代码执行的时序图

M 功能也称为辅助功能，其代码用字母“M”后跟随 2 位数字表示。通过 M 代码的编程，可以控制主轴的正、反转及停止，主轴齿轮箱的变速，冷却液的开关，卡盘的夹紧和松开及自动换刀装置的取刀和还刀等。当 CNC 读到加工程序的 M 代码时，需要输出 M 代码信息，其输出地址为 F10～F13，为 4 字节的二进制码。例如，当指令为 M03（主轴正转）时，上述 4 字节的数据为 F10 = 00000011，F11 = 00000000，F12 = 00000000，F13 = 00000000。当 CNC 读到加工程序中有 M 代码时，会将 M 代码选通信号 MF（F7.0）接通，PMC 此时需要对读到的 M 代码进行译码并执行相应的操作。M 代码执行完成后，PLC 需将辅助功能完成信号 FIN（G4.3）送给 CNC 系统，系统切断 M 代码选通信号及 M 代码指令输出信号，加工程序继续执行并准备读取下一条 M 代码指令信息。

当 M 代码译码完成后，需要 PMC 编程完成相应的 M 代码动作功能。下面以 FANUC 串行主轴正、反转为例进行说明。当执行 M03、M04 指令时，需要接通正、反转控制信号 G70.5 和 G70.4。图 7-32 为控制主轴正转及停止的执行程序段。

```
|  R0010.0   R0010.1   R0010.2   F0001.1   G0008.4   F0003.5            G0070.5 |
*----||---*---|/|------|/|-------|/|-------||---*---||---*-------------( )---*
|          |                                *ESP |          |
|  G0070.5 |                                     | F0003.4  |
*----||---*                                     *---||---*
|                                                |          |
|                                                | F0003.3  |
|                                                *---||---*
|                                                                              |
```

图 7-32　主轴正转及停止的控制程序

在自动方式（F3.5）、DNC 方式（F3.4）或 MDI 方式（F3.3）下，当 CNC 读到 M03 指令，且 PLC 完成译码后，R10.0 接通，将串行主轴正转信号 G70.5 接通，主轴进入正转状态，同时信号自锁，主轴正转。当加工程序读到 M05 指令时，译码结果使得 R10.2 接通，其常闭触点使得正转回路 G70.5 断开，主轴停止正转。反转控制的程序与正转类似。

当相应的 M 代码执行完成后，PLC 需将辅助功能完成信号 FIN（G4.3）送至 CNC，以便于加工程序执行完相应的 M 代码后继续执行加工程序。当系统不能得到正确的完成信号时，加工程序将停止继续执行。辅助功能完成的程序如图 7-33 所示。

```
|                                                                         |
|  F0007.0    F0007.1    F0007.2    F0007.3                       G0004.3 |
*----| |---*---|/|--*---|/|--*---|/|--*----------------------------( )---*
|          |          |          |          |                             |
|  F0007.2 |  R0001.0 |  R0001.1 |  R0001.2 |                             |
*----| |---*---| |---*---| |---*---| |---*                                  |
|          |                                                                |
|  F0007.3 |                                                                |
*----| |---*                                                                |
```

图 7-33　辅助功能完成的程序

程序中，F7.0、F7.2、F7.3 分别为 M、S、T 功能的选通信号，R1.0、R1.1、R1.2 分别为 M、S、T 功能的完成信号。对主轴正、反转的 M 代码完成控制，只需在上述程序的基础上添加完成信号程序段，如图 7-34 所示。

```
| R0010.0  G0070.5  F0045.3  F0007.0                          R0001.0 |
*----| |-------| |-------| |---*---| |---*--------------------------()---*
|                              |         |                              |
| R0010.1  G0070.4  F0045.3    |         |                              |
*----| |-------| |-------| |---*         |                              |
|                              |         |                              |
| R0010.2  G0070.4  G0070.5    |         |                              |
*----| |-------|/|-------|/|---*         |                              |
|                                        |                              |
| R0001.0  F0007.0                       |                              |
*----| |-------|/|-----------------------*                              |
```

图 7-34　M03、M04、M05 代码完成程序

以 M03 代码完成为例，当译码 R10.0 和正转信号 G70.5 接通，并且主轴速度到达信号 F45.3 接通时，即可认为 M03 代码执行完成，从而使得 R1.0 接通。同样，M05 代码的完成，可以认为当译码 R10.2 接通，且主轴正转信号 G70.4 和反转信号 G70.5 断开时，即主轴即不正转也不反转时，M05 执行完成。其他类似 M 代码的完成，均在上述程序段中进行添加完成信号程序段即可。

知识点 3：格雷码与二进制码之间的转换

数据机床的倍率开关输入方式通常有格雷码和二进制码两种，目前广泛使用的是格雷码，FANUC 标准机床操作面板目前采用的也是格雷码编码开关。格雷码又称为循环二进制码或反射二进制码，是 1880 年由法国工程师发明的一种绝对编码方式，它是具有反射特性和循环特性的单步自编码，消除了随机取数时出现重大误差的可能，是错误最小化的编码方式之一。因此，格雷码具有较高的可靠性。FANUC 标准机床操作面板的主轴倍率开关和进给倍率开关均采用此种编码方式，但在进行倍率 PMC 处理时，需要将格雷码转换为二进制

码。表7-7为操作面板进给倍率开关的格雷码输出，其中最后一位Xm+0.5为奇偶校验位。

表7-7 操作面板进给倍率开关的格雷码输出

%	Xm+0.0	Xm+0.1	Xm+0.2	Xm+0.3	Xm+0.4	Xm+0.5
0	0	0	0	0	0	0
1	1	0	0	0	0	1
2	1	1	0	0	0	0
4	0	1	0	0	0	1
6	0	1	1	0	0	0
8	1	1	1	0	0	1
10	1	0	1	0	0	0
15	0	0	1	0	0	1
20	0	0	1	1	0	0
30	1	0	1	1	0	1
40	1	1	1	1	0	0
50	0	1	1	1	0	1
60	0	1	0	1	0	0
70	1	1	0	1	0	1
80	1	0	0	1	0	0
90	0	0	0	1	0	1
100	1	0	0	1	1	1
105	1	1	0	1	1	0
110	0	1	0	1	1	1
120	0	1	1	1	1	0

格雷码与二进制码的转换可以按照如图7-35所示的方式进行，其基本规则如下：

1）二进制码转换为格雷码：从最右边一位起，依次将每位与左边一位异或，作为对应格雷码该位的值，最左边一位不变为0。

2）格雷码转换为二进制码：最左边一位不变，从左边第二位起，将每位与左边一位的值异或，作为二进制码对应值。

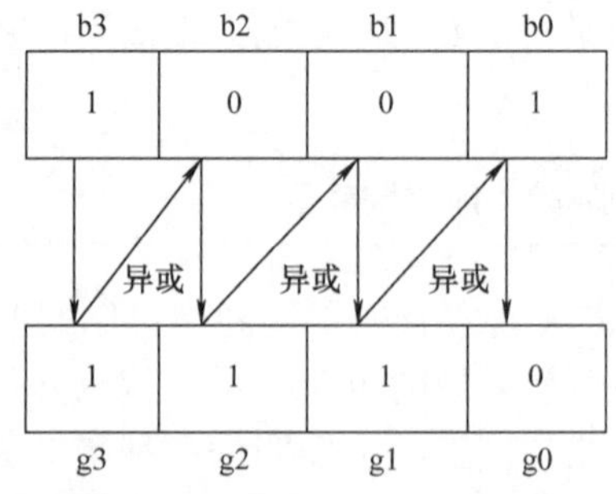

图7-35 格雷码与二进制码的转换

格雷码转换为二进制码的参考程序如图7-36所示。图中，X20.0～X20.4为进给倍率开关的地址，转换后的编码信号在R10.0～R10.4中，为二进制编码信号。

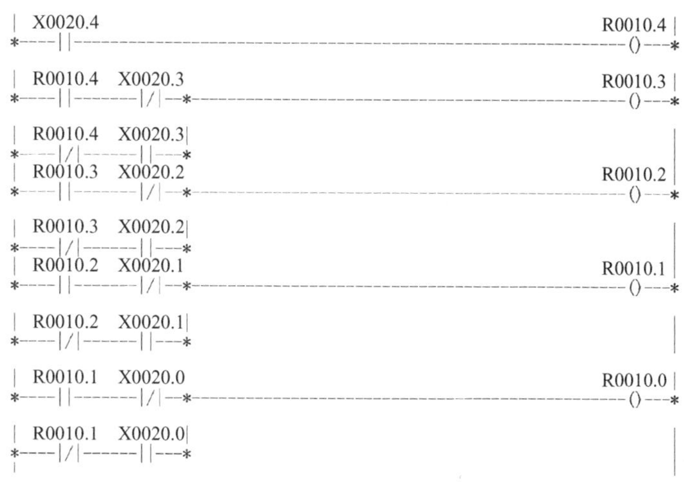

图 7-36 格雷码转换为二进制码的参考程序

知识点 4：数控系统与 PMC 的接口信号及应用

数控系统与 PMC 之间的接口信号为 G 信号和 F 信号，其具体含义由数控系统厂家进行定义。在 PMC 编程中，需要通过对相关信号的处理完成数控系统与 PMC 之间的信息交互，实现数控相关功能。下面对机床 PMC 程序设计中常用的 G、F 信号及其应用进行介绍。

1. 急停、超程信号

（1）急停信号（G8.4）

急停信号主要实现当机床发生紧急情况时，为了保障机床及人身安全，瞬时停止机床移动。当机床处于急停状态时，通常在界面上显示“EMG”“ALM”报警信号。急停信号有硬件信号和 G 信号，硬件信号地址为 X8.4，CNC 直接读取机床发出的硬件信号和由 PMC 向 CNC 发出的 G8.4 信号，两个信号之一为 0 时，机床便进入急停状态。通常在急停状态下，机床准备好信号 G70.7 断开，第一串行主轴 G71.1 信号也断开，其 PMC 程序如图 7-37 所示。由于急停程序实时性要求较高，因此通常将其放在 PMC 的一级程序里。

图 7-37 急停 PMC 程序

（2）超程信号（G114 和 G116）

限位控制是机床的一个基本安全功能。数控机床的限位分为软限位和硬限位，软限位通过参数设定实现，硬限位通过限位开关实现。当机床出现硬限位超程时，会出现“OT506”“OT507”报警信号，所有轴将停止移动，以实现对机床的保护。在 PMC 程序处理中，与超程有关的 G 信号为 G114 和 G116 信号，分别表示各轴的正超程和负超程。在 FANUC 系统中，“ * ”号所表示的符号为低电平有效，超程信号如图 7-38 所示。

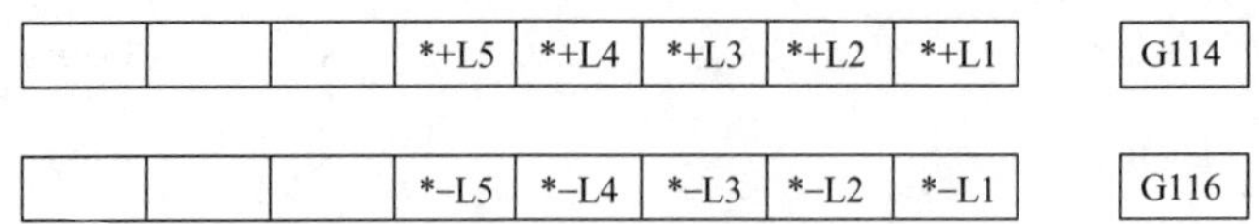

图 7-38　超程信号

超程相关 PMC 程序如图 7-39 所示，其中，X2. 0、X2. 1、X2. 2 为 X、Y、Z 轴的正限位开关，X2. 3、X2. 4、X2. 5 为各轴的负限位开关。

图 7-39　超程相关 PMC 程序

2. 操作方式切换相关信号

操作方式切换按键可以实现操作方式的转换及相应指示灯的显示。CNC 操作方式主要有自动、编辑、MDI、DNC、回零、手动、增量、手轮等。与操作方式有关的 G 信号是 G43、F3 和 F4，其具体含义见表 7-8。表中“—”表示 0、1 均无效。

表 7-8　CNC 操作方式切换相关信号

工作方式	G43. 7	G43. 5	G43. 2	G43. 1	G43. 0	F 信号
自动	—	0	0	0	1	F3. 5
编辑	—	—	0	1	1	F3. 6
MDI	—	—	0	0	0	F3. 3
DNC	—	1	0	0	1	F3. 4
回零	1	—	1	0	1	F4. 5
手动	0	—	1	0	1	F3. 2
增量	—	—	1	0	0	F3. 1
手轮	—	—	1	0	0	F3. 1

FANUC 标准机床操作面板的地址分配如下：自动（X24. 0）、编辑（X24. 1）、MDI（X24. 2）、DNC（X24. 3）、回零（X26. 4）、手动（X26. 5）、手轮（X26. 7）。操作方式切换 PMC 程序如图 7-40 所示。

CNC 系统工作方式确认后，利用系统确认信号控制工作方式指示灯，其 PMC 程序如图 7-41 所示，Y24. 0、Y24. 1、Y24. 2、Y24. 3、Y26. 4、Y26. 5、Y26. 7 信号分别为自动、编辑、MDI、DNC、回零、手动、手轮操作方式的指示灯信号。

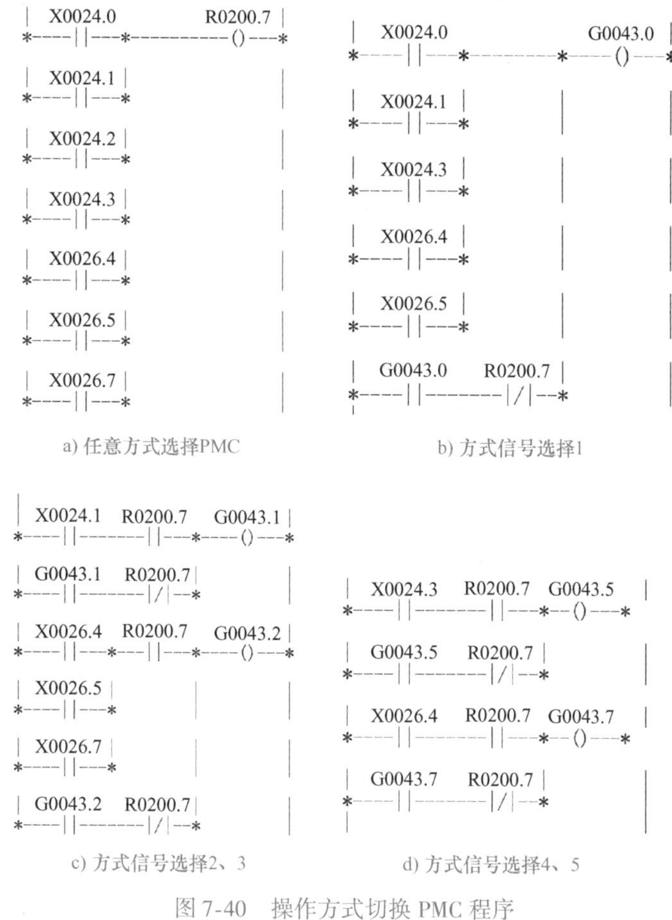

a) 任意方式选择PMC　　b) 方式信号选择1

c) 方式信号选择2、3　　d) 方式信号选择4、5

图 7-40　操作方式切换 PMC 程序

图 7-41　操作方式切换指示灯控制程序

3. 手动连续进给相关信号

机床的手动连续进给方式是指将机床置于手动方式下，选择 X、Y、Z 任意一进给轴，再选择“+”或“-”方向运行，则机床工作台可以正向或负向移动。机床在手动方式下要能够正常运动，必须满足轴选信号有效及倍率信号有效。

（1）轴选信号

轴选信号为 G100、G102，对应各轴的正方向和负方向，具体信号含义如

图 7-42 所示。其中 G100.0 ~ G100.7 对应 1 ~ 8 轴移动的正方向，G102.0 ~ 102.7 对应 1 ~ 8 轴移动的负方向。

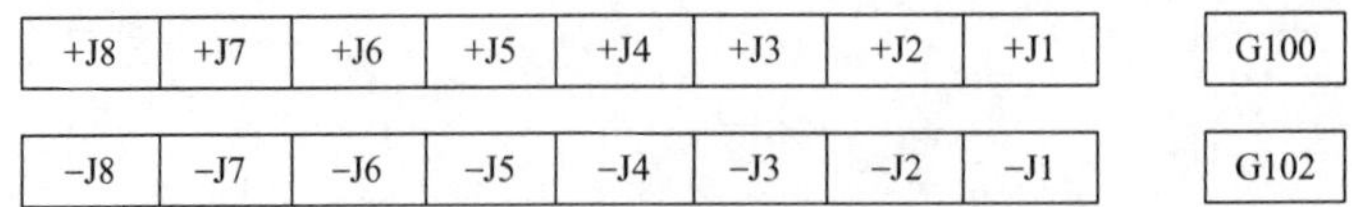

图 7-42　轴选信号含义

PMC 程序需要在按下相关轴选及方向按键时，接通对应的 G 信号，即可完成轴选择处理，程序如图 7-43 所示。其中，X29.4、X29.5 分别对应 X、Z 轴的轴选信号，X30.4、X30.6 分别为正方向选择和负方向选择按键。

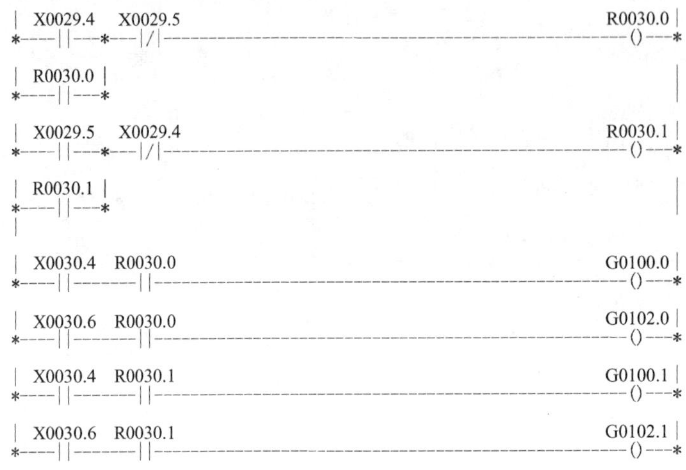

图 7-43　PMC 轴选程序

（2）倍率信号

倍率信号对应 G10 和 G11，使用 16 位二进制编码信号 * JV0 ~ * JV15，采用负逻辑，CNC 的输入地址为 G10.0 ~ G11.7，其信号地址如图 7-44 所示。

*JV7	*JV6	*JV5	*JV4	*JV3	*JV2	*JV1	*JV0	G10
*JV15	*JV14	*JV13	*JV12	*JV11	*JV10	*JV9	*JV8	G11

图 7-44　手动进给倍率信号地址

在 PMC 进行倍率信号处理时，根据输入信号的不同状态，利用代码转换指令将相应的倍率数值送到 G10、G11 中。FANUC 标准机床操作面板有 21 档倍率，将不同位置倍率进行转换送至 G10、G11 地址中，其倍率值（%）的计算公式为

$$\text{倍率值}(\%) = 0.01\% \times \sum_{0}^{15} |2^{i} \times V_{i}|$$

当 $*JV_i$ 为 1 时，$V_i=0$；$*JV_i$ 为 0 时，$V_i=1$，$i=1\sim15$。倍率输入与 G10、G11 组合关系见表 7-9。

表 7-9　倍率输入与 G10、G11 组合关系

倍率值/(%)	X20.4	X20.3	X20.2	X20.1	X20.0	G10、G11
0	0	0	0	0	0	0000000000000000

（续）

倍率值/(%)	X20.4	X20.3	X20.2	X20.1	X20.0	G10、G11
1	0	0	0	0	1	1111111110011011
2	0	0	0	1	1	1111111100110111
4	0	0	0	1	0	1111111001101111
6	0	0	1	1	0	1111110110100111
8	0	0	1	1	1	1111110011011111
10	0	0	1	0	1	1111110000010111
15	0	0	1	0	0	1111101000100011
20	0	1	1	0	0	1111110000101111
30	0	1	1	0	1	1111010001000111
40	0	1	1	1	1	1111000001011111
50	0	1	1	1	0	1110110001110111
60	0	1	0	1	0	1110100010001111
70	0	1	0	1	1	1110010010100111
80	0	1	0	0	1	1110000010110111
90	0	1	0	0	0	1101110011010111
95	1	1	0	0	0	1101101011100011
100	1	1	0	0	1	1101100011101111
105	1	1	0	1	1	1101011011111011
110	1	1	0	1	0	1101010100000111
120	1	1	1	1	0	1101000100011111

在前述格雷码转换程序处理完成后，可编制进给倍率的PMC程序，如图7-45所示。由于倍率信号为负逻辑，故PMC程序中的倍率应为 –(倍率开关值 × 100 + 1)。手动移动的基准速度需要在参数1423中进行设定，实际速度为基准速度 × 倍率。

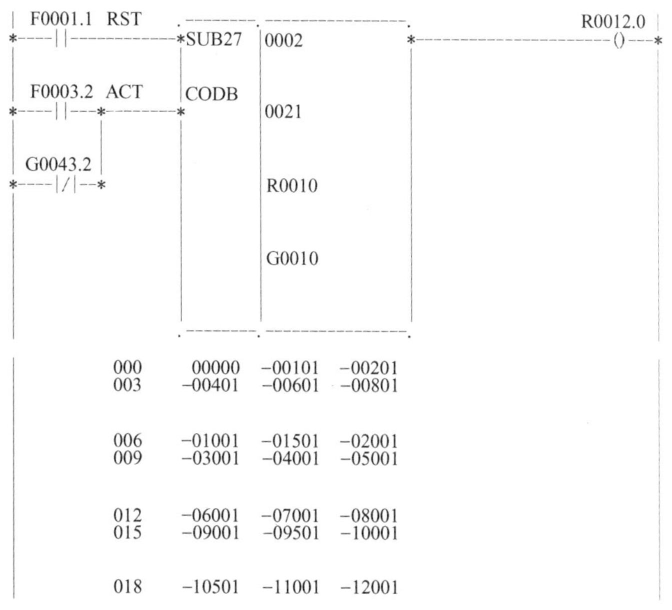

图7-45 进给倍率的PMC程序

4. 手动快移及手轮相关信号

机床在手动方式下选择轴选信号、方向选择信号并按下快移按键，进给轴将以快移速度移动，其速度倍率值一般分为 4 档，分别对应操作面板按键倍率的 F0、25%、50%、100%。其中，选择 F0 倍率时，快移速度在参数 1421 中设定，快移的基准速度在参数 1424 中设定，与快移相关的 G 信号见表 7-10。

表 7-10　快移相关 G 信号

G14. 1	G14. 0	倍率值
0	0	100%
0	1	50%
1	0	25%
1	1	F0（参数 1421 设定）

快移有效信号为 G19. 7，标准机床操作面板的 F0、25%、50%、100% 对应的倍率开关地址分别为 X27. 4、X27. 5、X27. 6、X27. 7，快移按键的地址为 X30. 5，其 PMC 程序如图 7-46 所示。

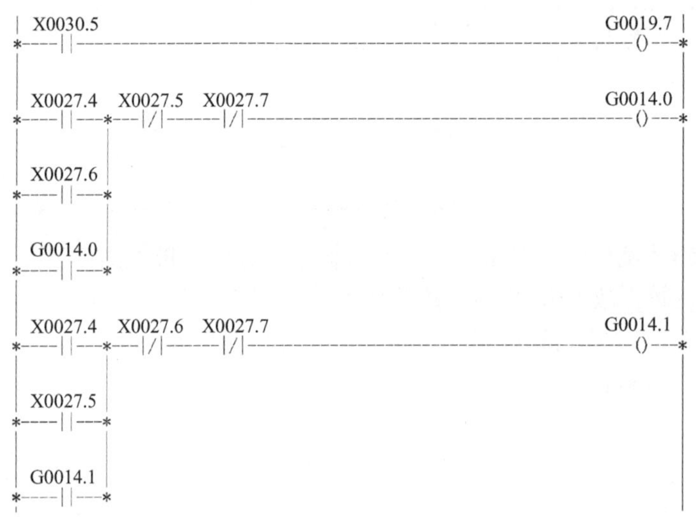

图 7-46　手动快移 PMC 程序

当使用手轮进给轴选择信号时，可通过参数 G18、G19 来选择三台手摇脉冲发生器，参数格式如图 7-47 所示。

HS2D	HS2C	HS2B	HS2A	HS1D	HS1C	HS1B	HS1A	G18
		MP2	MP1	HS3D	HS3C	HS3B	HS3A	G19

图 7-47　G18、G19 参数格式

其中，HS1A ~ HS1D 用来设置第一手轮，HS2A ~ HS2D 用来设置第二手轮，HS3A ~ HS3D 用来设置第三手轮，每组手轮信号组合用来进行轴选信号确定。表 7-11 为第一手轮轴选信号。

表 7-11　第一手轮轴选信号

HS1A G18.3	HS1B G18.2	HS1C G18.1	HS1D G18.0	进给轴
0	0	0	0	无选择
0	0	0	1	第 1 轴
0	0	1	0	第 2 轴
0	0	1	1	第 3 轴
0	1	0	0	第 4 轴
0	1	0	1	第 5 轴

手轮倍率信号 MP2、MP1 组合对应手轮倍率按键 ×1、×10、×100、×1000，其组合见表 7-12，×100、×1000 按键对应的倍率需要在参数 7113、7114 中进行设置。

表 7-12　手轮倍率信号组合

MP2 G19.5	MP1 G19.4	手轮倍率
0	0	×1
0	1	×10
1	0	×M（参数 7113 设定）
1	1	×N（参数 7114 设定）

手轮轴选及倍率的 PMC 程序编写方法与手动轴选及手动快移倍率的编写方法类似，这里不再赘述。

【任务实施】

现有 FANUC 0i Mate TD 数控系统一台，系统内置 0i Mate D PMC/L，I/O 单元采用 0i 用 I/O 单元及标准机床操作面板，如图 7-48 所示。按照要求开发设计 FANUC 数控系统的 PMC 程序并进行调试，使操作面板功能正常，具体完成的任务主要包括以下内容：完成 FANUC 数控系统一级程序的编写与调试；完成 FANUC 数控系统二级程序操作方式切换、手动控制、手轮控制程序的编写与调试；完成辅助功能 M 程序的设计与调试。

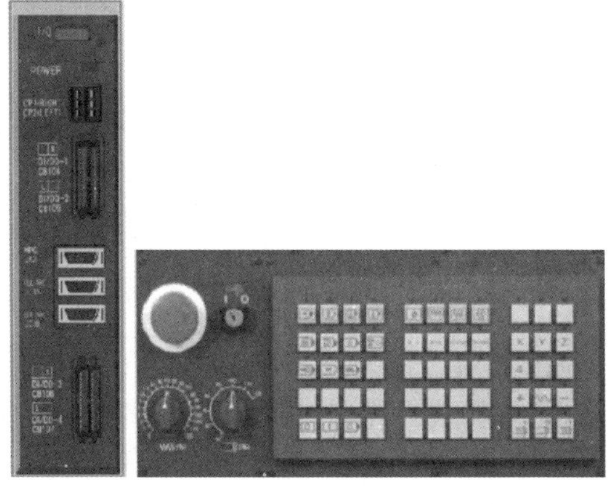

图 7-48　FNAUC 0i 用 I/O 单元及标准机床操作面板

实施步骤

按照PMC程序开发的流程，本任务首先进行一级程序的编程与调试，确保急停、超程等安全功能正常；随后进行二级程序的设计与开发，主要包括操作方式切换、手动控制、手轮控制、M代码的主轴控制，二级程序的开发各小组成员可以分工协作，以节省程序设计与调试的周期；最后完成辅助功能M程序的设计。在程序开发与测试中，尤其注意程序运行的正确性、稳定性与可靠性。

1. FANUC数控系统一级程序的编写与调试

1）按照知识准备中一级程序的编写要求及相关信号编写急停程序并测试其功能。按下机床急停按键，系统出现急停报警，松开急停按键并按“Reset”按键，急停解除，则程序功能正常。

2）编写超程程序并进行测试。按下机床各限位开关，机床出现“OT506”“OT507”各轴限位报警信号，松开限位开关并按“Reset”按键，超程解除，则程序功能正常。

2. FANUC数控系统二级程序操作方式切换、手动控制、手轮控制程序的编写与调试

1）编写操作方式切换程序并测试其功能。操作方式切换程序编写完成后，按下相应的操作方式按键，在机床的操作界面正确显示对应的操作方式并点亮相应操作按键的指示灯。如图7-49所示，按下“MDI”按键，在机床操作方式栏显示MDI，则程序测试正确。对各操作方式逐一进行测试。

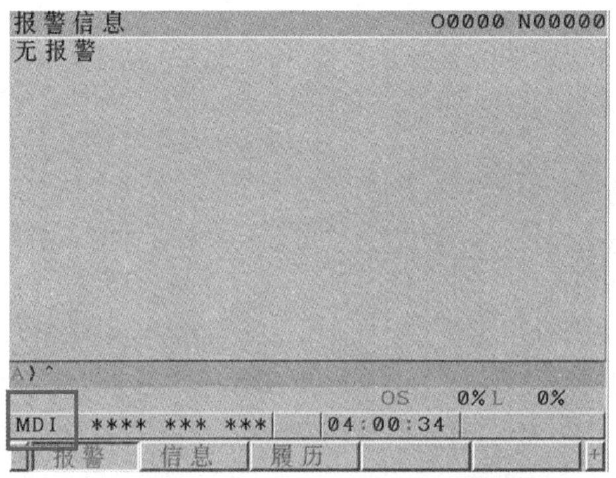

图7-49　操作方式切换PMC程序验证

2）编写手动及手动快移的PMC程序并验证。设置参数#1424 = 6000、#1421 = 100、#1423 = 2000。

① 将机床操作面板上手动进给速度倍率开关调至20%（400mm/min）并选择手动方式。

② 按下功能键POS若干次，显示相对位置坐标画面，如图7-50所示。

③ 选择X轴按键及正方向按键，观察轴移动的方向及速度是否为400mm/min。

④ 对各轴及倍率开关的各档位进行验证，若速度及进给方向正确，则程序调试正确。

3）编写手轮控制PMC程序并验证。设置参数#7113 = 100、#7114 = 1000、#1434 = 4000（手轮进给最大速度）。

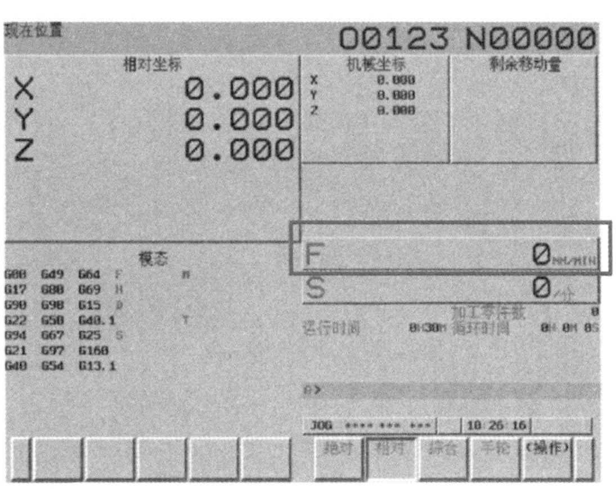

图 7-50 相对位置坐标画面

① 选择手轮方式，并选择手轮进给轴为 X 轴。

② 按下“×1”按键，选择手轮进给倍率。

③ 转动手轮，在仅发出一个脉冲的动作下，在图 7-51 中位置进给距离为 0.001mm。

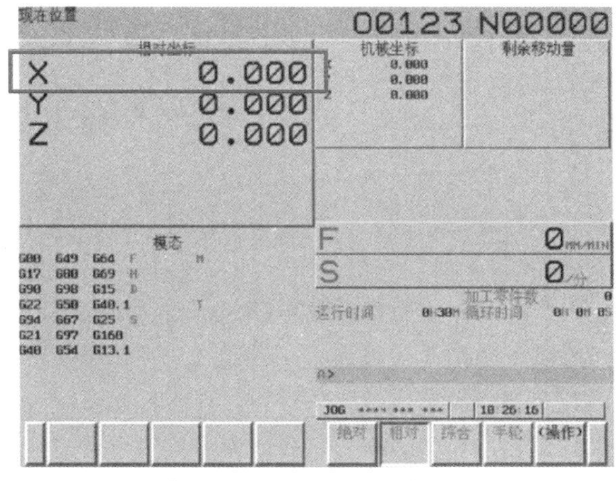

图 7-51 手轮功能确认

④ 对各轴及倍率进行确认，在 ×10、×100、×1000 倍率下，若每个脉冲的进给距离分别为 0.01mm、0.1mm、1mm，则手轮 PMC 程序调试正确。

3. 辅助功能 M 程序的设计

1）按照 M 代码的执行过程编写 M03、M04、M05 功能的 PMC 程序，分别对应主轴正转、反转和停止。

2）按下“MDI”按键，将机床操作方式置于 MDI 方式下。

3）将主轴倍率调至 60%（主轴倍率信号的处理与进给倍率 PMC 程序一致，不同之处在于信号 G30 为正逻辑）。

4）输入指令 M03 S1000 并运行。

5）在图 7-52 所示位置观察主轴转速是否为 600r/min。

6）对各倍率开关的档位进行测试，观察转速是否正确。

7）测试 M04、M05 功能是否正常，若以上都无问题，则主轴功能正常。

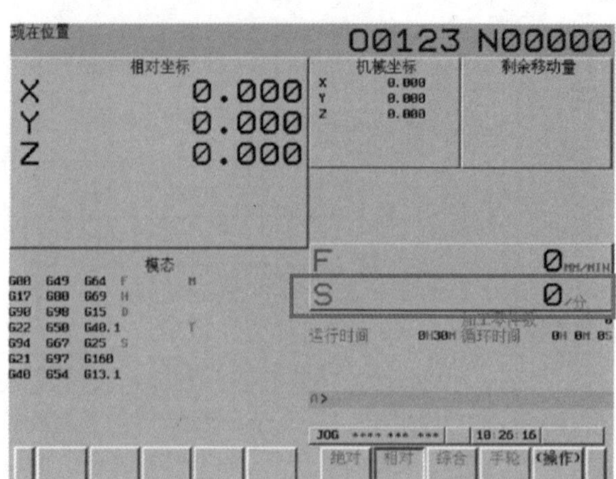

图 7-52　主轴功能测试

【拓展任务】

设计某数控车床操作方式切换开关

【课后测试】

1. FANUC 数控系统 PMC 除具有________指令外，还具有丰富的________指令。

2. 数据机床的倍率开关输入方式通常有格雷码和二进制码两种，目前比较广泛使用的是________。FANUC 标准机床操作面板目前采用的是________开关。

3. 数控系统与 PMC 之间的接口信号为________信号和________信号。

【拓展思考与训练】

一、拓展思考

1. FANUC 数控系统 PMC 程序有什么作用？

2. PMC 程序开发的流程包含哪些内容？

3. 波段式开关除采用译码指令进行操作方式转换外，是否还有其他 PMC 程序实现方法？

二、拓展训练

训练任务 1：某机床冷却系统在加工过程中需要进行冷却，采用 M08 指令进行冷却液打开，M09 指令进行冷却液的关闭，冷却继电器控制信号为 Y3.5，按照 M 代码程序开发流程设计冷却的 PMC 控制程序。

训练任务 2：设计机床报警灯的 PMC 控制程序：X8.4 为机床急停报警，R6.3 为主轴报警，R6.4 为机床超程报警，R6.5 为润滑系统油面过低报警，R6.6 为自动换刀装置故障报警，R6.7 为自动加工中机床的防护门打开报警。当上面的任何一个报警信号输入时，机床

报警灯（Y10.0）都闪亮（间隔时间为5s）。通过PMC参数的定时器设定画面分别输入定时器T01、T02的时间设定值（5000ms）。

训练任务3：设计数控机床润滑系统PMC控制程序

数控机床润滑系统的电气控制要求如下：①首次开机时，自动润滑15s（2.5s打油、2.5s关闭）。②机床运行时，达到间隔润滑时间（如20min）自动润滑一次，而且用户可以自行调整（通过PMC参数）间隔润滑时间。③加工过程中，操作者根据实际需要还可以进行手动润滑（通过机床操作面板的润滑手动开关控制）。④润滑泵电动机具有过载保护，当出现过载时，系统要有相应的报警信息。⑤润滑油箱油面低于极限时，系统要有报警提示（此时机床可以运行）。

参考文献

[1] 夏燕兰，李颖．数控机床电气控制［M］．3 版．北京：机械工业出版社，2018.
[2] 黄永红．电气控制与 PLC 应用技术［M］．3 版．北京：机械工业出版社，2019.
[3] 龚仲华．数控机床电气设计典例［M］．北京：机械工业出版社，2014.
[4] 王兰军，王炳实．机床电气控制［M］．5 版．北京：机械工业出版社，2015.
[5] 史宜巧，侍寿永．PLC 应用技术（西门子）［M］．北京：高等教育出版社，2016.
[6] 李方园．西门子 S7－1200 PLC 从入门到精通［M］．北京：电子工业出版社，2018.
[7] 侍寿永．西门子 S7－1200 PLC 编程及应用教程［M］．北京：机械工业出版社，2018.
[8] 关薇．数控机床装调与维修［M］．北京：北京交通大学出版社，2013.